Urban Smellscapes

Understanding and Designing City Smell Environments

城市嗅觉景观

诠释与设计城市气味环境

（Victoria Henshaw）

[英] **维多利亚·亨肖** 著

刘俊 谢辉 肖捷菱 译

U0161519

中国建筑工业出版社

著作权合同登记图字:01-2017-4549 号

图书在版编目(CIP)数据

城市嗅觉景观:诠释与设计城市气味环境 /(英)维多利亚·亨肖(Victoria Henshaw)著;刘俊,谢辉,肖捷菱译 . —北京:中国建筑工业出版社,2019.12(2021.12重印)

书名原文:Urban Smellscapes: Understanding and Designing City Smell Environments

ISBN 978-7-112-24253-5

Ⅰ.①城… Ⅱ.①维… ②刘… ③谢… ④肖… Ⅲ.①城市景观—景观设计—研究 Ⅳ.①TU984.1

中国版本图书馆CIP数据核字(2019)第217787号

责任编辑:李 东 陈海娇 董苏华
责任校对:李美娜

城市嗅觉景观

诠释与设计城市气味环境

[英] 维多利亚·亨肖 著

刘俊 谢辉 肖捷菱 译

*

中国建筑工业出版社出版、发行(北京海淀三里河路9号)

各地新华书店、建筑书店经销

北京点击世代文化传媒有限公司制版

北京建筑工业印刷厂印刷

*

开本:787毫米×1092毫米 1/16 印张:8⅝ 字数:254千字

2021年1月第一版 2021年12月第二次印刷

定价:48.00 元

ISBN 978-7-112-24253-5

(34758)

献给我的家人

目　录

致 谢

在这本书的创作期间，感谢我的家人给予我无私的支持。特别是我的老公托尼，三个儿子（布兰迪，阿尼斯达，奥利弗），以及我的父母（维克多和波琳）。

这本书是基于我的原创性研究：一部分来自于我在索尔福德大学的博士研究；另一部分来自于英国自然物理科学基金支持的后续研究内容。在此特别感谢我的博士导师们——特威科·克斯教授和安德鲁·克拉克博士，以及早期的麦格斯·亚当斯博士。

感谢曼彻斯特大学对"气味与城市"项目的资助，以及我合作的同事们——赛门·盖教授，阿尔贝娜·亚嫩瓦博士，多米尼克·麦德威教授，克里斯·铂金斯和盖里·瓦那比教授。同时，感谢给我的研究提出过宝贵建议的谢菲尔德大学的克雷格·沃特金斯教授和让·格鲁吉尔教授。

特别感谢唐卡斯特城区议会对我的田野调查的支持，及提供场地让我在当地进行访谈会面。还要特别感谢杰夫·普莱尔给予的帮助、建议和友情上的支持，以及贡献宝贵时间参与这项研究的所有人员。

我也要感谢所有参与由兰卡斯特大学瑞秋·库博教授主持的"活力2020"项目的学者们。感谢那些参与探讨环境质量的研究、设计和实施的学者们。感谢麦格斯·亚当斯博士及吉玛·摩尔负责了"活力2020"在曼彻斯特、谢菲尔德、克莱肯韦尔和伦敦地区的采访。

最后，感谢我的朋友、设计师及制图师凯特·麦克林对我的研究的大力支持并提供了一张她的精美气味地图作为本书的封面。

图表目录

图片名称

表格名称

1　引言

　　2012 年 7 月一个阳光明媚的午后，我和我的家人观看完精彩的环法自行车赛总决赛后，坐上了开往巴黎的拥挤的地铁。当我们还在兴高采烈地谈论刚才的比赛时，我们发现通往巴黎北站的地铁站已经关闭。于是我们和很多其他乘客一起提前一个站下了车。但就在列车车门打开的那一瞬间，奇怪的事情发生了。我也记不清我首先看到的是什么了，我只记得当时的空气非常干燥，到处乌烟瘴气。而我周围的人有的已经开始咳嗽、打喷嚏。我的鼻子也开始发痒，嗓子还有一种刺痛感，甚至是灼烧感，有点类似于被辣椒呛到的感觉。我和周围的人都努力克制着作呕和吐唾沫的冲动，并试图驱逐这些难闻的气味。这时，我开始搜寻其他的感官信息，并试图找到造成这种不适感的综合原因。但我并没有发现什么异常。我们走下站台，沿着大街一直往下走。当看到那些建筑物的屋顶时，我找到了问题的所在。

　　在过去的几年里我来巴黎的次数并不算少，但这个有着多元文化而且离巴黎很近的地方我还是头一次来。整个地方到处都是人，成群的人站在食品店门口，女人和小孩聚集在沙丽店门口，涂了皮质纹理油漆的肉店卖着清真肉品和其他一些对我来说比较陌生的食物。水泄不通的道路把拥挤的人群从中间分开，马路上的车流几乎没有往前移动，人行道上扛着各类彩色塑料袋的行人被淹没在汽车尾气中。我和我的家人都是第一次来这里，而空气中弥漫着的不熟悉的气味让这个地方显得更加陌生。一开始我以为这种气味是因为有人在恶作剧，最后发现这其实是食用香料、灰尘和汽车尾气混合在一起的味道。这种类似的遭遇在巴黎 Barbes Rochechouart 和 La Chappelle 地区并不罕见。尤其是在每年一度的甘奈施节来临时，成千上万的人会聚集在这里，庆祝这一颇受爱戴的印度神的生日。人们会在游行队列穿过大街时焚烧樟脑油（图 1-1）。这样的气味并不能让人联想到巴黎这个以街边咖啡馆、高卢烟

图 1-1　甘奈施节，巴黎 La Chappelle，拍摄于 2009 年 ©melodybuhr

和公共小便池为代表的地方。然而，这些气味却展现了巴黎不一样的一面，也体现了人们的文化差异和嗅觉感知的不同。

　　这件事让我想起了几年前我在伦敦听过的一次演讲。演讲人是当时还在牛津大学工作的杰米·弗尼斯（Jamie Furniss）。演讲内容是关于他在埃及开罗的扎巴林社区的人种学实地研究工作（图 1-2）。扎巴林意为"清理垃圾的人"。而扎巴林社区的居民们在一堆堆垃圾中生活和工作。他们每天把垃圾分类整理，以方便回收。他们这样做更多的是为了挣钱，而不是为了保护环境。弗尼斯在他的演讲中反复强调该地区的气味难闻，并讲述了他在从事研究工作的同时是如何学着应对这种强烈气味引起的身体反应的（弗尼斯，2008）。弗尼斯的演讲让我开始思考气味在城市和城市生活中的地位。我同时也在思考，如果扎巴林社区的气味泄漏到富人居住区，那里的人又会有怎样的反应呢？从此，我试图去了解更多关于城市中的气味体验的知识，并逐渐发现，人们对气味的体验实际上是人群、气味和环境在特定的时间和地点共同作用

图 1-2　一个小女孩从垃圾堆中走过，开罗扎巴林 © 杰米·弗尼斯（Jamie Furniss）

的结果。同时，我也开始研究在我所在的学科领域（城市环境设计和管理）中已知的和潜在的与气味有关的因素。我将我的研究成果都记录在这本书里。

对城镇来说，气味环境有着举足轻重的地位。在其他感官信息的共同作用下，气味可以直接对人们、对城市生活和对不同场所、街道和街区的日常体验产生直接影响。但是，每当我跟他人提起我正在研究城市中的气味时，他们总会一脸好奇地问我研究城市环境中的气味有什么意义。

有人说，如果我们无法忍受城市中不可避免的污染、垃圾或二手烟的气味，我们可以选择远离城市。最初听到这种言论的时候我有些惊讶。但是，我现在反而欣赏这种打破人们固有的对事物（人、环境和物体）的外表和（在少数情况下）声音的认知。我现在也明白这样的言论是受到一些嗅觉特性的影响。正如理查德·森内特（Richard Sennett）（1994）在 *Flesh and Stone* 中所指出的，城市领导人和建筑环境从业人员们并没有太多地考虑人的生理机能在环境中的变化，从而错失了为人类创造一个舒适的、与众不同的居住环境的机会。

但是，首先要说明一下我这里所说的"建筑环境从业人员"指的是什么。另外，我要阐述一下通过这本书我希望让相关的从业人员和相关学科的学生们了解哪些知识。"建筑环境从业人员"在这本书中指的是所有参与到城市环境规划、设计、开发、控制、维护和市场营销过程中的每一个人，不论是作为他们的日常工作，或是从事中长期规划，也不论是特定的场地，或是站在整个城市的总体层面。因此，"建筑环境从业人员"这个名词涵盖了城市规划者、建筑师、城市设计者和城市管理者，同时也包括城市工程师、地理学者、市场营销人员，以及对城市研究总体感兴趣的人。我相信所有以上这些从业人员都对嗅觉在相关领域的研究所知甚少且苦于资源的匮乏。所以，我希望这本书能够帮助他们审视现有的研究，及时尽可能地避免陷入窘境。

很显然，创造一个满足人们需求的城市环境是我们当下最重要的任务。2008年，全球人类历史上城市人口首次超过了非城市人口（联合国，2008）。随着印度孟买、中国上海和尼日利亚拉各斯等特大城市的出现，全球城市人口密度的增长已经出现了势不可挡的趋势，随之而来的是新的生活方式，和更高的城市设计和管理难度。在此之前有关城市生活感官方面的研究大多数都主要集中在不良特性方面，并将其称之为"环境压力源"。这类环境压力源包括如噪声、振动等不良环境刺激，同时从嗅觉的角度上还包括较差的空气质量和"恶臭"味。但是，谢弗（Schafer）（1994）及其同行在位于加拿大温哥华的世界声景项目中，着重强调了"声音"不同于"噪声"对环境体验所起到的积极作用。同样，气味在城市生活中也同样能够发挥积极作用。

"嗅景"一词最初由波蒂厄斯（Porteous）（1990）提出，可以比作视觉景观一词，记录了眼睛看到的某个区域的景象。而这些眼睛看到的景观通常可以通过照片或是油画来记录。波蒂厄斯使用"嗅景"这个词来描述通过嗅觉所感知到的景观，包括片段式的（突出的或是分时段的）和突然的（背景）气味。但是，罗达韦（1994）指出，城市气味环境并不像视觉、听觉和触觉空间那样连续、完整和清晰。因此，在任何时间点上，普通人不能完整地探测到一个区域内的嗅景。基于波蒂厄斯的理论，书中的"城市嗅景"一词指的是城市气味环境这个整体。然而，在理解这个概念的时候，我们必须明白在任何时间点上人类只能探测到部分的嗅景。我们或许会在脑子里有一段记忆或是图像描述整个感知到的嗅景。然而，这种记忆并不会在当下产生多大影响，而是在日后遇到相似的情况下被记起。

虽然之前的研究对深入理解环境体验和设计有一定的帮助，但深入研究嗅觉的甚少。感官研究学者康士坦茨·克拉森（Constance Classen）等人（1994，2005a）、历史学家埃米莉·科克因（Emily Cockayne）（2007）及乔纳森·埃里纳尔茨（Jonathan Erinarz）（2013）从历史角度出发，写过人们在城市生活中日常嗅觉体验的文章。还有一些学者通过描写嗅觉体验去解析特定人群（通常是少数民族）的文化和生活（克拉森，1999；科恩，2006；马纳丹桑，2006）。洛（Low）（2009）对当代新加坡的嗅觉体验进行了深入研究；格雷西隆（Gresillon）（2010）也对当代巴黎的嗅觉体验进行了研究；马达利娜·迪亚科努（Madalina Diaconu）等人（2011）对奥地利维也纳公园、咖啡馆和公共交通工具上的嗅觉体验进行了研究。然而，为了给日常的城市设计和管理做法提供更多的依据，我们需要对城镇气味特征进行更加深入的、具体的研究。此书中，我希望通过深入探究气味在城镇中的作用，丰富相关的理论知识和实践知识。首先，我将对城市环境中不同的气味解释进行文字记录和调查，探知城市嗅景、城市体验及感知之间的关系。同时，我将探讨如何更好地将气味元素融入城市设计的决策过程中。最后，通过介绍一系列的设计工具，我将讲解如何更好地在城市设计实践中考虑气味元素。

书里的内容都是基于我对世界各地城市嗅景的体验和观察。其中，一部分是我自己通过"嗅景漫步"所观察到的，而另外一部分是我带着其他人一起在城市中"嗅景漫步"得到的结果。我将围绕两个在英国完成的实例展开。这两个案例将在第4章中进行详细的介绍。它们虽然是两个相互独立的案例，却有着不可分割的联系。此外，我还会在第4章中介绍"嗅觉漫步"这一城市嗅景的研究方法。

本书一共分三个部分，每个部分又分为三个章节。这样编排的目的是让读者既可以选择从头到尾完整阅读，也可以根据具体情况和自己的兴趣选择部分内容阅读。第一部分（第2、3、4章）介绍了城市嗅觉的重要背景知识，以方便读者理解城市嗅景。第一部分还整合了现有的关于嗅觉的杂散知识，阐述了嗅觉与城市体验和感知的关系。第2章重点讲述与城市环境及气味相关的措施。第3章讲解人类嗅觉器官的构造及运作机制。而第4章则介绍了"嗅觉漫步"这种被用作记录特定场所中气味的探测及意义的重要机制。第二部分（第5、6、7章）按气味来源类别对当代城市中的气味体验进行了深入探究，包括空气质量、污染、食物及城市管理造成的气味，例如禁烟法或提倡城市24小时不停息及城市夜生活等。第三部分（第8、9、10章）基于前面两个部分中的探究结果，总结了现有控制城市中气味扩散的流程，并指出了重要的影响因素。同时，这一部分还介绍了建筑环境从业人员可用于对城市嗅景产生积极影响作用的设计工具。此外，笔者还在这部分中陈述了自己关于气味在场所营造中所起到的作用的见解。

简而言之，本书探讨了日常城市生活中影响人们的气味体验和感知的因素。尽管本书基于英国城市中的嗅觉体验，但书中所提出的与设计相关的问题和解决方案同样也适用于世界其他城市。对此，本书增加了一些来自世界其他国家城市的案例进行补充说明。最后，通过编写此书，我还希望能够与其他专业学者、研究人员、建筑环境学生和从业人员等对城市研究充满热情的人建立联系，共同努力找到解决城市嗅觉问题的最佳方法。希望通过我们的努力能设计和创造出更具人文关怀、更加令人愉悦的城市空间。

第一部分
气味、社会和城市

2

气味和城市面面观 Ⅰ

在我开始研究空间内人类感官感受被剥夺这一现象的初期，我一度认为这个问题实际上是专业上的欠缺——现代建筑师、城市规划专业人士在城市设计过程中，并没有充分地考虑空间与人体感受之间的关系。后来我发现，这一现象早就存在，并且引起感官感受被剥夺的原因远远不止于此（森内特，1994:16）。

一家英国保险公司在 2008 年发出的关于与感官丧失相关索赔的建议中，将嗅觉完全丧失的索赔值估计为 14500~19100 英镑。而听觉完全丧失的索赔值为 52950~63625 英镑，视觉完全丧失的索赔值则达到 155250 英镑。只有味觉完全丧失的货币价值相对较低，只有 11200~14500 英镑（2008 年的标准）。这个估值看起来十分有趣，因为实际上味觉和嗅觉之间的关系非常紧密（70%~90% 的味觉感受都来自嗅觉）。然而，令人遗憾的是，西方国家把嗅觉排在了人类五大感官功能中的边缘位置，并认为嗅觉是人们最不在意的感官（弗龙，1997）。

我认识一位叫玛塔·塔法拉（Marta Tafalla）的巴塞罗那哲学家。塔法拉患有先天性嗅觉丧失，也就是说，她天生就没有嗅觉。塔法拉进行了一个关于审美体验的研究，发现如果没有嗅觉，人们感知到的这个世界将虽然会少一些丑陋却也会平淡无趣得多（塔法拉，2011）。在我本人的研究中，我发现人们只有在失去嗅觉能力之后才会意识到嗅觉在他们日常生活中的重要地位。我们贬低了嗅觉的价值，但随之而来的问题是，嗅觉是否在现代社会生活中真的没有太大的意义和作用呢？然而，我们对嗅觉的忽视，是否是在漫长的发展过程中，建筑环境没能取悦或者刺激到我们的嗅觉而产生的副作用呢？

　　要回答这个问题，我们首先应该从历史的角度来了解人们不那么重视嗅觉的原因。在克拉森等人（1994:88-91）、扎尔迪尼（Zardini，2005:277）和德罗巴尼克（Drobnick，2006）的文章中，我们能发现气味的积极作用在现代西方社会中明显减少。但本书并不会对他们的研究进行详解，而只总结一些与建筑环境设计和管理相关的内容。

　　在17世纪和18世纪期间，启蒙时期的出现标志着全社会朝着文明、人道主义又迈进了一步。视觉和听觉被当作"高等"的感官，优于"次要的"嗅觉、触觉和味觉。但是，这与这段时期内人们的认知方式及某些特定知识的产生不无关系；同时，这也与当时的建筑环境和建筑形式有着不可分割的关系。事实上，人类曾尝试通过摒弃身体的化学感官来区分人和动物。因为黑格尔和弗洛伊德（梅弗，2006）等名人都认为内在的身体化学感官是具有动物性的。而视觉和听觉则不一样，对于相同的事物，不同的人会有不同的听觉和视觉效果。就视觉而言，观察者能够主动选择要看什么，如果眼前的景象或者景观不合心意，他们可以转移目光。然而，嗅觉就不一样了。我们的嗅觉感官无法关闭，而我们的鼻腔也不会选择性地吸入气味，不论我们的感觉是好还是坏（恩根，1991:8）。简而言之，我们可以看出，视觉景观是和我们的身体相互独立的，并且我们可以选择看或不看。相反，只要我们不停止呼吸，我们就会被嗅觉景观包围。嗅觉是不受人控制的。然而，它确实是我们身体中无法分割的一部分。

　　此外，启蒙时期有一个观点认为，女性在自然界中的角色是由其身体构造和生物因素共同决定的。触觉、嗅觉和味觉被认为是女性化的感官，并且和"巫术"有关（勒·盖勒，1993:3-7；克拉森，2005b），而视觉和听觉则被认为是更加理性的男性化感官。在这段时期，社会上的优势群体（上层白种男性）试图操控女性和凌驾于女性之上。他们将女性的活动空间控制在家庭范围内。同时，这类人还试图控制其他弱势群体，比如劳动群众、少数民族、老年人和在乡村生活的人。这些群体都被和气味联系起来（科克因，2007）：一方面因为他们本身就是气味来源，另一方面是他们在生活中更依赖于嗅觉。瑞纳茨（Reinarz，2013）曾发表过关于在20世纪的英国是如何使用气味增强种族刻板印象的，他们要求外来移民随时准备好接受"卫生救助"。这在当时被认为是实现人类文明的必要过程。

视觉的重要性明显高过其他感官，而这一点从现代主义角度上讲尤为明显（芭芭拉和佩里茨，2006；厄里，1999：394-495）。在这种情况下，在这样一个不断进步的高质量城市环境中，嗅觉的积极作用再一次被削减。因此，产生的视觉中心主义被罗达韦（1994:160）描述为"一种视觉超现实主义"。

森内特（1994：16）认为这种视觉中心主义已经主导了城镇设计。实际上，霍尔·豪斯（Hall Howes，1991）也在1969年指出，建筑及城市环境的实践中人们不仅仅只是更加重视视觉感受，而且还采取各种措施抑制公共场所中的气味。这样一来就形成了"一片不可复制的、气味寡淡且千篇一律的土地。这样使得各个场所之间几乎没有区别，同时也剥夺了我们丰富多彩的生活。"帕拉斯玛（Pallasmaa，2005：12）解释道："建筑空间不应该被当作一系列孤立的视觉效果图来体验，而应该去领会设计者及使用者赋予建筑空间及材料的灵魂"。

由此可见，如同视觉中心主义一样，以嗅觉为中心的建筑实践将会对区分场所，创造场所感和场所意义有着重要的作用。当然了，我所谓的以嗅觉为中心，也并非要像视觉中心主义一样过分强调嗅觉。而且，这并不是一种普遍做法，也不一定适用于所有的城市规划和城市生活。

2.1 历史中的城市

克拉森等人（1994）、科克因（2007）和瑞纳茨（2013）都在发表的文章中指出，过去的城市里充满各种强烈的气味。这些气味来源于有大量人流聚集的闹市区。这里不断地循环着食物和货物等的供应，以及垃圾的生产和清除。而这些都会产生气味。从19世纪巴黎"难以忍受的气味"和伦敦这座"光怪陆离的城市"（瑞纳茨，2013），我们都可以看出，如果按今天的标准来衡量，在欧洲各个城镇工业革命之前都有很强烈的臭味。空气中弥漫着排泄物、泥土、腐烂的动物尸体、肉类、蔬菜和血制品等散发出的恶臭。饲养的猪经常在街上四处翻找食物，这可以减少一部分的垃圾，然而对于城市里的居民这并不能明显改善这肮脏的环境。同时，皮革制造、啤酒酿造和蜡烛制造等传统工业地区附近的居民区里经常有疾病流行。而人们认为空气中飘散的恶臭就是疾病的源头。在瘟疫肆虐时期（科克因，2007），人们对地面散发出的难闻气味的恐惧达到了顶峰。

工业化被芭芭拉（Barbara）和佩里斯（Perliss，2006：30）称为"建筑的糟粕时代"，而因家庭和工业企业烧煤产生的副产品引起了严重的空气污染，并对空气质量和日光都产生了影响。实际上，人们抵触的并不是烟雾，而是气味，因为比起呼吸道不适（科克因，2007），人们更害怕致命的疾病。城市人口密度的不断增长使情况变得更加恶劣。在19世纪50年代的一个炎热的夏天，位于伦敦的英国国会大厦正在考虑搬迁，原因就是被污水和其他垃圾污染的泰晤士河已经开始散发恶臭（斯蒂尔，2008）。然而，不同的人对这段时期有着不同的体验，具体取决于人们所在的位置、阶层、年龄和受教育程度。

启蒙时期的观点被上层社会和日益壮大的中产阶级所采纳。此外，他们还试图通过区域划分的方式，隔离气味来源，特别是"恶臭程度最严重"的区域（科克因，2007）。随着公共卫生领域对个人和社会卫生的重要性的意识逐渐加深（豪斯，1991：145），一些主要欧洲城市率先建立了城市污水处理系统，以提升城市卫生水平。随后，整个西方世界的其他城市也开始建立污水处理系统。但是，恶臭并没有因此消失。接下来的几十年里，恶臭卷土重来，但这次的臭味跟疾病并没有太大的关联（瑞纳茨，2013）。

渐渐地，那些靠近散发臭味的工业的地产的价值开始受到影响。这样一来，低收入者通常不得不居住在人口密度高、恶臭难当的区域，而多数情况下，富裕阶层则居住在城镇的西部区域。因为这些区域盛行的西风可以把恶臭吹散。城市管理和立法也得到发展，主要表现为人们开始通过工业分区和街道清洁制度等做法，对气味释放加以控制（罗达韦，1994：151-153）。在整个大西洋地区，包括纽约、芝加哥等城市在城市设计中将气味和空气质量纳入考虑，而纽约网格布局的定位方式也将通过"保障自由、充分的空气流通""改善城市健康状况"作为主要原则（New York Commissioners，引用于巴罗斯等，1999:420）。

随着建筑技术和建筑材料不断更新换代，世界各地的建筑物越来越高并且有了阳台。如此，富人们就可以俯视普罗大众而不会闻到他们身上"难闻的臭味"（厄里，2003）。与此同时，花园和公园也随之流行起来。因为人们认为花园和公园是城市的"肺脏"（森内特，1994；克拉森，2001），能够为人们提供新鲜的空气，改善人们的健康状况。在英国实施强制购买政策以前，花园和公园等绿化区域曾经通常都是低收入者生活的地点。

所以，这里我必须声明以往认为所有气味必须是好闻的那种乌托邦式的城市嗅景理念是不对的。相反，城市最主要的特征就在于它本身就是一个各种气味相互冲撞的场所。这里有不好闻的气味，也有不好闻却能接受的带着文化印记的气味。然而，当代城市嗅景已经没有特点可言。现代主义城市设计和城市管理已经使气味的作用在城市中不再重要。人们通常还会把城市环境中的气味视为负面影响因素。

2.2　气味相关立法和政策

全世界现有的关于环境气味的立法和政策大多数都把重点放在了空气质量以及空气污染物排放控制方面。许多这类法制工具都仅仅针对的是对人体、环境和大气有害的特定化学物质的存在和浓度，包括马路上的汽车和重工业生产过程释放的化学物质。自工业革命起，空气中的污染物，以及近几年的汽车尾气污染，都增加了各种呼吸系统疾病的发病率，危害人类健康，甚至增加了人类的死亡率。据世界卫生组织（2008）估计，全球每年因空气质量下降导致的过早死亡人数达到200万。

环境恶化和气候变化等相关问题不断加重，甚至已经引起了国际政界的关注。为此，多家国际组织出台了备受瞩目的国际协议（ASEAN，2008；UNFCCC，2008；欧洲议会，2009）。这些协议对大多数发达地区的地方政策产生了不小的影响，而协议的内容相对来说也大同小异。比如，欧盟发布了一系列指令，要求其成员国对硫和二氧化氮、悬浮颗粒和挥发性有机化合物（如苯）等已识别的主要污染物的水平进行评估，提供相关的重要信息，并和其他成员国合作，采取措施降低上述污染物的浓度水平（详见 http://www.airqualitynow.eu）。尽管各个成员国都有能力通过各种地方性机制响应上述指令的要求，但这一自上而下的全局性方法确实催生了一系列类似的行动，比如对城市中的主要空气污染物进行测量，以及确定污染热点等。

在发达国家，通过推广清洁燃料的使用、减少对重工业的依赖，以及将发电站选址在远离城市区域的位置等措施，使得城市的空气得到了明显的改善。但是，马路上的汽车数量不断增加，对空气质量造成了严重威胁，在车辆设计中采取减排措施也并没有起到太大的改善作用。相比之下，在发展中国家，与空气质量相关的立法或实施情况就不那么完善了。墨西哥的墨西哥城、尼日利亚的拉各斯和印度的孟买等新兴特大城市都出现了严重的空气污染，而雾霾已经严重到影响视线的程度（这里的雾霾指的是烟雾和雾气的混合物，20 世纪 50 年代的伦敦也出现了类似的现象）。中国城市北京在 2008 年奥林匹克运动会的准备阶段采取了各种措施改善空气质量，比如在奥运会开始之前暂停某些工地的施工、关闭部分发电厂和工厂，以及限制车流量等措施。这些措施也取得了显著的成效，中国首都的空气质量得到了明显改善（康奈尔大学，2009）。此外，在奥运会准备期间，中国政府还实施了提升城市卫生和清洁水平的相关措施，包括设定新的公共厕所卫生标准，以减少公共厕所散发出的臭气浓度（布里斯托，2012）。

尽管这些新兴特大城市均被视为受污染程度极高的地区，但根据世界卫生组织（2011）提供的信息，世界上空气污染最为严重、空气质量最差的城市大多数都是伊朗、印度和巴基斯坦等国家的一些规模小且知名度较低的城市。总体而言，全球的主要城镇确实存在空气质量较差的问题，而这些主要城镇的汽车尾气排放是造成空气污染最重要的原因（哈里森，2000）。

关于空气质量的抱怨中，气味是最重要的因素之一（博科娃，2010；麦金利等，2000）。尽管如此，气味在世界各国的法律中的体现却千差万别。在一篇对亚洲、澳大利亚、加拿大、欧洲、新西兰和美国的评论文章中，安娜·博科娃（Anna Bokowa, 2010）指出，就环境立法中关于气味的规定而言，某些国家的法律中几乎没有具体的规定，而在其他一些国家，法律则详细地规定了测试、建模、控制和监控机制的相关要求。在提及气味的规范和法律中，气味污染的定义都集中地体现为对人体和环境健康有害，或可能导致人体不适（引起"厌恶"或"烦躁"）的气味或挥发性物质。这一点是至关重要的，因为它说明了气味不仅能够对人体造成直接的伤害，比如当一个人吸入了氨气或烟雾等有毒物质，同时还能够诱发"烦扰"，对人体造成间接伤害。世界卫生组织将臭味公害的烦扰阈值定义为特定人群中有 5% 的人能在 2% 的时间里体验到烦扰的水平（诺丁，利登，2006: 141）。以英国立法为例，一些国家的条例是从个人体验的角度制定的，而不是采取人口百分比的方式。但同时也规定，应从一个合理的角度去界定一种气味是不是会引起普遍的厌恶感，而不是站在一个"过度敏感"的人的角度上。也就是说，这些气味必须是经过训练的专业人员也能察觉得到的。

在某些情况下，气味控制还被写入了与规划和开发相关的法律。1995 年，德国政府定下了一系列减少来自工业、农业和汽车尾气的烦扰的目标：到 2000 年影响人数不超过人口的 12%，到 2010 年完全消除严重气味烦扰的具体目标（拉各斯，2010）。为此，德国政府启用了多个不同的法律机制，包括空间规划等。立法实施后，关于气味污染的抱怨的确明显减少，但并没有达到当初设定的具体目标。造成这种情况的原因包括发展压力、住宅区域和办公区域距离越来越近等，同时城镇化建设也导致了气味来源的增加（拉各斯，2010）。同时，在发达国家，越来越多的气味源被搬迁到远离城市中心的位置，这样一来，烹制和售卖热食的店面、零售商、酒吧、俱乐部和住宅小区等就成了城市中剩下的主要气味源。

环境视觉方面，有针对重要建筑物或城市特定景物轮廓线的保护措施，而关于城市嗅景的各项立法和政策都把重心放在气味发散的控制上，并没有突出气味可能扮演的正面角色。有一个例外的案例，就是日本环境部出台的一项政策。该政策表明了"香气"和臭气管理在一个高质量的环境中的重要作用。日本政府还发起了一项倡导地方居民"主动参加当地活动,以了解保护良好的气味环境的重要性,同时通过减少臭气的方式改善生活环境"(日本环境部)。因此,日本政府在全日本境内划定了"100个芳香场地",日本全部的67个县都有被列入名单的场地。这些场地中,气味的来源各式各样,有植物(如"Kenashigasen山的狗牙堇和日本山毛榉"以及"万千桃花尽收眼底"等)、食品(比如"烤Gogasegawa河香鱼"和"Morioka的Nabu脆米饼"),还有自然环境特征(如"别府八个春天的蒸汽"以及"Iwami Tatamigaura的岩石海岸的芳香")。名单中也包括如"Hida Takayama的早市和传统都市景观"、"Kanda旧书店大街(东京)",以及"来自Kurayoshi白泥墙仓库的酒精和酱油的芳香"。在确定这些场地时,日本政府和当地居民都尽力地展现了当地特有的气味。这样一来,在这些区域的未来开发或设计中,就很可能会把这些气味纳入考虑范围。

2.3　气味分类、用语和测量

城市的管理者在尝试控制和实施气味相关法律和政策的过程中必须面对的一个问题,就是如何对气味进行记录、测量、描述和分类。这对于了解人类对城市嗅景的感知这个复杂的概念至关重要。然而,建立一个统一的气味分类法一直是困扰科学家们的难题。对产生气味的气味源进行分类要比直接对气味本身进行分类更加直观、易懂。

比如,亚里士多德将气味分成了7个类别:浓香、清香、葱香(蒜香)、食物香(麝香)、羊膻、难闻的和恶心的(兰德里,2006: 62)。而Cameroon的卡皮斯基(Kapsiki)则将气味分为14个类别,包括各类动物的气味、尿味、牛奶味、腐肉或尸体的气味等(克拉森等,1994:111)。显然,气味已经成为文化和信仰体系中不可分割的一部分。对于空气质量水平,我们可以使用探测空气中特定化学物质浓度的设备进行监控,而气味则不那么容易被量化。

此外,在大多数现代欧洲语言中,与气味相关的词汇严重缺乏,这一事实进一步加大了量化气味的难度。气味的描述也是比较棘手的问题。这里有必要对关于"鼻子的问题"进行一些简要说明。在某些情况下，我们虽然能够察觉到某种气味，但我们无法识别这种气味，也不能说出它的名字（造成这一现象的其中一个原因是我们是通过大脑中一个边缘系统中的情感中心处理气味信息）。加之我们在日常生活中反复使用"嗅"这个字，在需要区分嗅觉描述、嗅觉行为、以及气味本身时，这一问题变得更加复杂。福克斯（Fox，2006：26）指出，当有人说某个东西"有味道"的时候，我们通常会理解为不好的"味道"，除非说话者作出特别说明；"如果我们要说一个东西气味好闻，我们必须说'好闻'或者'很香'；在人们的潜意识里，气味指的就是难闻的气味"。

丹恩（Dann）和雅各布森（Jacobsen，2003）观察到，人们在描述气味时，通常倾向于强调气味的潜在来源，而不是气味的质量。人们通常使用硫磺味、鸡蛋味、花香味、泥土味或果仁味等来描述气味，甚至有人用描述其他感官的词来描述气味，比如甘甜、苦涩、干燥、清淡或新鲜（克拉森等，1994：109-110）。为克服这一问题，UCLA 的专业学者发明了一系列气味描述符轮盘，包含了人们用于描述特定气味的词语，以及这些气味的化学名称，同时还介绍了这些气味的可能来源和区域类别（苏菲特和罗森菲尔，2007）。除饮用水、废水和堆肥等的气味描述符轮盘外，他们还发明了其他一些适用于城市气味的描述符轮盘（卡伦等，2013）（图2-1）。

丹麦技术大学的研究人员在 20 世纪 80 年代和 90 年代在气味环境的衡量方面作了一番尝试。他们主要把重点放在了室内空气污染方面，但同时也涵盖了室外空气污染的某些方面。范格（Fanger，1988）引入了"奥尔夫"这一理念。他把"奥尔夫"定义为一个标准个体排放空气污染物的速率（生物排放物）。这里所指的标准个体是一个皮肤表面积在 1.8m^2，平均每天洗澡次数为 0.7 的办公室白领（范格等，1988）。范格及其同行还引入了一个叫"分味"的概念，意思是"一个标准个体（一个奥尔夫）在有 10L 的清洁空气流通的情况下造成的空气污染"（范格等，1988：1）。他们在这里所指的空气污染物或生物排放物指的是通过鼻腔察觉到的部分。虽然并没有明确说

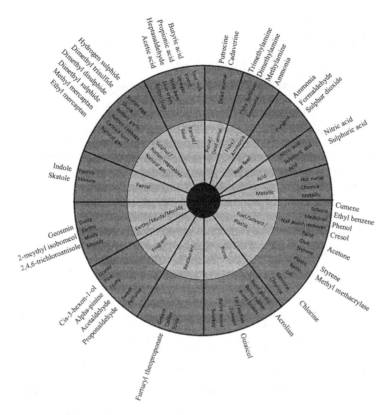

图 2-1　城市气味描述符轮盘（卡伦等，2013）

明，但这两个概念主要指的是气味的测量。

　　范格进一步扩大了他的研究范围，并开始对包括烟草烟雾、建筑材料、家具和工业污染来源等在内的非人类气味来源的量化进行研究（范格等，1988：5）。尽管范格及其同行对室内环境空气质量的研究作出了有益的贡献，但他们的研究工作实际上主要专注于气味强度的量化，而不是个体对气味质量感知的差异（如积极、消极、中立等）。

　　环保官员等城市公务人员用于评估周围环境气味质量的一个常用方法就是依靠自身的嗅觉，即"鼻吸试验"。BBC 在 2007 年的一篇报道中提到，中国广州市就培训了一批能够嗅出工业气味污染源的"鼻吸试验员"，并为他们颁发有效期为 3 年的专业证书。这里所指的工业气味污染源包括橡胶工厂、炼油厂和垃圾场等（BBC，2007a）。

声景可以通过声音记录设备予以记录，而对其嗅景来说，目前敏感度最高的工具就是人的鼻子。此外，我们的嗅觉功能还可以区分气味，并考虑环境信息。但是，用人类代替机器对气味进行评估的做法却并不受待见。人们普遍认为这种做法缺乏一致性和主观性，这将引起决策制定过程的一系列不确定因素（扬，霍布斯，2000）。随着技术的不断进步，用于测量、预测、评估气味和气味相关决策制定的量化工具越来越常见，某些城市的监管部门甚至已经开始在可行的场所使用预测模型（弗雷泽，2002）。扬和霍布斯（2000）、弗雷泽（2002）、诺丁及利登（2006）认为，这类工具能够为环境气味的评估提供客观、一致的方法，并增加气味控制和抑制措施的投入价值。但是，扬和霍布斯（2000）也指出，包括嗅觉测量法（一种用于探测空气中的臭味物质，以及气味强度和稀释情况的工具）、硫化氢测量法（一种用于测量空气中与污水处理厂、垃圾填埋场和其他工业设备相关的特定化合物的浓度的方法）、散发速率估算和扩散建模等在内的这些方法都具有"不容忽视的较大的误差幅度"（扬和霍布斯，2000：105）。

上述模型都基于特定场地内的气味散发不超过最大浓度水平的假设条件。这里所说的场地主要指的是居民或工人等群体所在的场地（DERRA，2010：33）。通过建立较复杂的统计模型，我们可以在产生气味的企业成立之前对其可能产生的影响进行分析，同时我们还能对相关的气味减少措施的潜在效果进行检测。这类模型通常都将风量、气味散布情况以及个体所在位置纳入考虑，且一般采用剂量响应关系的场地特定分析进行解释（米德玛等，2000）。直到最近几年，对现有企业的评估仍采用的是现场"鼻吸测试"的方式，或使用特殊容器，在场地内收集可能含有不良气味的空气样本，并将样本送到实验室，由经过培训的鼻吸测试员进行分析，或使用机器进行分析。评估内容包括浓度（强度）和愉悦度（幸福度）等因素。但是，如"Nasal Ranger"（产品名"嗅辨测量仪"）（图 2-2）等新的可移动嗅觉测量仪开始出现在公众视野，为现场气味的实时稀释情况的机械评估带来了很大的便

图 2-2 可移动嗅觉测量仪：Nasal Ranger ©St.CroixSensoryInc.

利（与气味识别相对）。在美国，有越来越多的产生气味的企业和城市公职人员开始使用这类工具（韦伯，2011；历史频道，2012）。

2.4 气味和城市设计原则及理论

与在立法中的情况相同，在城市设计、规划和政策文件中，气味的积极作用也并没有得到太多的关注。根据我在城市内的开发和再生项目场地上工作的几年里的个人经验，我发现人们很少会想到气味，甚至根本不会想起气味。因此，一些重要场所的认同气味很容易就被覆盖或破坏了，而相关的从业人士还根本不知道气味的存在。一家名为英国文化遗产保护机构的环保机构在其发表的历史地段评估准则中也承认了这种可能性："因动作、声音、嗅觉等产生的一系列其他因素也会对静态视觉属性起到补充或修改的作用，包括来自花园的香气，以及某些工业生产过程或排放物的气味。"

更常见的现象是，几乎所有建筑环境相关文献中提到的气味都是贬义词。在一篇关于公共场所的文章中，卡莫纳（Carmona）等人（2003：238）引用了一张伦敦政府办公室发布的标题为"伦敦城市环境质量的主要贡献因素"的统计图表（1996）。文章将气味和噪声及空气污染都归类为需要采取控制措施的"持续性影响因素"。

亨利·列裴伏尔（Henri Lefebvre，2009：198）对这一负面的状况和嗅觉感知的作用进行了观察，并评论道："在动物性的重要程度超过'文化'、理性和教育的时代，嗅觉也曾有过光辉的岁月。但后来，由于卫生环境的不断提升，文化、理性和教育等地位的日益突出，嗅觉就逐渐失去了往日的重要性。"罗达韦（1994：151）指出，亨利·列裴伏尔的论点太过于简单化，并表示嗅觉作为感官感受的一个方面，在当代社会得到新的定义。嗅觉重新展现在人们眼前，对制定不同的气味控制战略有着重要的意义。在第8章中，我们将对一些实际例子，以及这些气味控制过程在现代城市产生的影响进行深入、细致的探讨。

不论当下的建筑原则是不是因为气味相关简化主义或战略途径框架下作出的有意识或无意识决定的结果，人们都认为目前的建筑原则是造成同质化的内容贫乏的受控环境的主要原因。这样一个同质化的无菌受控环境，如德罗巴尼克（Drobnick，2002：34）所说，"疏离的无地方感"。随着全球化进程不断加深，这一情况变得更加复杂。新经济基金会（2005：6）指出，因为这个原因，英国受调查的城镇中，有41%的城镇已经成为"克隆城镇"。这里所指的"克隆城镇"就是"当地的大街上那些具有自身特色的店铺全部都被单一的全球连锁店和国内连锁店取代。"人们普遍认为，这样的变化，是造成如今嗅觉环境同质化的一大原因（伊里奇，1986；吉尔，2005；雷诺兹，2008）。在同质化的城市里，快餐连锁店和添加芳香剂的食品散发着相同的气味。本书将在第8章对这一现象进行详细探讨。

此外，不少人认为全球化进程的加深还导致展现地区和城市理想化、国际化形象的公共场所越来越多。德根（Degen，2008）将这一现象称为投资和旅游的"全球猫步"，其具体表现为忽视或故意夸大当地社区的作用和场所依赖情结。这样一来，全世界的城镇就同时包含世界元素和地方元素。这两种元素在城市结构中和谐共生（史密斯，2007：101）。勒尔夫（Relph，1976：140）评论道："有地方特色的城市应该是丰富多样、充满价值的，而没有地方特色的城市则像一个自我重复的迷宫"。

场所营造已逐渐成为城市设计的中心主题，其主要目的是对具有地方重要性的场所的相关价值进行重新发掘、强化、保护或创建。弗莱明（Fleming，2007：14）将场所描述为"不仅仅包含场所内的物体，还包括人们和这些物体之间的互动，以及场所内发生的事情"。因此，这在很大程度上与个体的社会经历和记忆有关。嗅觉和记忆与人的记忆与场所感知有着特殊且极其紧密的关联，我将会在后文中对此进行探讨。但加拿大建筑中心的菲莉丝·兰伯特（Phyllis Lambert）在扎尔迪尼（Zardini）编著的书（2005：14-15）中写道："目前关于城市的研究中，竟然完全没有任何与'感官'现象相关的内容，而'感官'现象实际上是日常体验中非常重要的一部分"。

一些城市和建筑理论家对气味在城市环境中的体验进行了细致的观察，对其在设计方面的作用进行了深入思考。拉斯穆森（Rasmussen，1959）将建筑和城市设计描述为一种既能取悦我们的耳朵，又能取悦我们的眼睛的功能艺术。他对我们脚下的材料质感进行了详细的探讨，只是在他的作品里关于嗅觉的描述并不多。在一篇名为"美国大城市的死亡和生命"的文章中，雅各布斯（Jacobs，1961）在对与城市的视觉秩序有关的机遇和限制进行研究时，着重强调了人体尺寸和差异。林奇（Lynch，1960）和卡伦（Cullen，1961）的研究则主要专注于城市设计的视觉尺寸，但途径却截然不同：林奇是通过深入当地社区，并以提出规划这一抽象形式，传达其在城市形象方面的理念；而卡伦则是在场所中踱步时对其街道体验进行简单描述。帕拉斯玛（Pallasmaa，2005）对建筑理论和实践中的视觉中心主义原则进行了追踪，并将人的身体作为建筑空间设计的核心。帕拉斯玛在他的著名短篇作品《皮肤的眼睛》的第二部分中，大致地解释了嗅觉的重要性，并提到了记忆和嗅觉之间的关联，同时还将现代建筑与和嗅觉相关的其他艺术形式（如诗歌）的情感意象进行了对比，以突出现代建筑内容贫乏的事实（帕拉斯玛，2005：54-56）。

近几年，城市设计和建筑理论家和从业者已经把注意力转向人类感官。在多个研究项目中，研究人员对声音在城市环境中的角色（如谢弗，1994；康，扬，2003；戴维斯等，2007）、城市空间的生物气候和热性能（如尼科洛普卢，2003，2004；尼科洛普卢等，2001；尼科洛普卢，莱科迪斯，2007；图赫巴兹，2010；采利奥等，2010）进行了细致的研究。扎尔迪尼（Zardini，2005）在他本人的一篇社论中呼吁人们在城市设计中加入更多的感官方法，以达到"从光度和暗度、季节和气候、空气气味、城市材料表面以及声音等各方面对城市现象进行分析的目的"。

虽然一些城市理论家提供了一些有价值的描述城市、空间和气味之间关系的文献，然而有关当代城市环境中气味的应用和意义的研究并不多。兰德里（Landry，2006：61-68）关于城市规划艺术的书中重点描述了他对城市气味的感受，并对石油化工产品、水果、蔬菜、市场上出售的食用香料，来自店铺、餐厅和啤酒厂的"全球化"气味进行了描述。芭芭拉和佩里斯（2006）整合了一些前人的研究，对气味和场所在时间和空间的体现进行了阐述。书中还有大量有意思的在"有气味"的地方进行的访谈，包括香料制造商、建筑师、在纽约的肉类加工厂和巴黎爱马仕皮制品制造中心等区域工作的人。

马尔纳尔（Malnar）和沃德瓦尔卡（Vodvarka，2004）在建立人类感官在建筑学中的角色的相关理论方面则取得了更深入的进展，并着重提到了感官模式的不同感知质量，包括嗅觉。他们将气味视为一种具有直观、无处不在或变化无常等特质的感官，如气味在三维空间内的强度。此外，他们还提出了记录空间感官评估结果的工具。卢卡斯（Lucas）和罗米采斯（Romice，2008）在二者建立的感官环境理念体系中也提出了类似的测评工具。

但是，虽然有关人类感官和城市设计的著作不断涌现，但这些著作在气味的个人观念、社会观念和文化观念，以及在探索不同气味在城市中的意义，

以及对日常城市设计原则的影响时，应该如何妥善处理这些问题这些方面的
见解却不太一样。在这一领域内有一个非常有趣的项目，叫作 Tastduftwien
（味觉—嗅觉—维也纳），项目地点在奥地利维也纳，项目负责人名叫马达丽
娜·迪亚科努（Madalina Diaconu）。该项目的主要内容是对城市的气味和触
感进行勘察和地图绘制，并对当地居民的气味相关记忆，以及气味的不同意
义进行研究（迪亚科努等，2011）。此外，该项目还深入研究了公园、花园、
公共交通工具、咖啡馆、人流量较大的公共场所、古董店和游乐场气味体验。
项目着重强调了气味察觉能力和潜在过敏反应之间的关联，也涉及了一些关
于嗅觉设计在建筑环境中的隐含作用的内容，如空调和通风装置等。本书也
将在后面的章节对前者进行探讨。

法国建筑师苏泽尔·贝尔斯（Suzel Bales，2002）在法国格勒诺布尔的
一家室内购物中心的封闭环境中进行她的博士课题研究。该项目中，她从建
筑设计角度，对气味体验进行了细致的探讨，遗憾的是该研究论文并未出版。
但是贝尔斯通过与其他一些人在购物中心的嗅觉漫步，总结出 32 种不同的
气味影响人类行为的方式。本书将在第 10 章关于室外城市环境设计中对此
进行详细讲解。

2.5　结论

今天，城市在人们的日常体验中起着越来越重要的作用，而在城市基础
设施方面的投入也越来越多。同时，越来越多的建筑师和城市规划者开始呼
吁相关从业者开发一种新的城市化感官方法，为人们提供一种"能够增强他
们对城市的多重感官效果，并让他们能够想象如何通过感官上适合，且具有
刺激作用的新的方法对城市进行设计或者重新设计"的工具（豪斯，2005：
330）。在探究气味的历史背景，以及在识别当前深植于社会和文化思维、价
值和规范中的建筑、城市设计和管理原则的过程中，我们会发现，城市设计，
尤其是城市人群在城市中的气味体验，都可以被彻底改变。

如果我们将气味作为负面影响因素，就会限制日常城市生活中的嗅觉遭

遇发挥潜在正面作用的机会。但这并不意味着城市中就没有气味。相反，我认为，由于现在的建筑和城市设计，甚至产生了更多的气味。但目前各城市都开展了一系列的气味管理策略。

在开始探讨人们对不同气味的体验，并确定城市嗅觉景观管理策略之前，我首先要向读者大致讲解嗅觉的某些特质，并着重介绍影响嗅觉感知的各种因素，且对这些因素和场所感知及城市意象之间的关系进行深入探究。

3

气味和城市面面观 II

在本章中，我将从各个学科的角度对嗅觉的作用机制、嗅觉的各种特质，以及嗅觉性能的影响因素进行详细介绍，包括自然和社会科学、哲学和建筑环境学科。我采用的具体途径包括深入探讨气味特征、我们所居住的不同环境，以及年龄、性别和对气味的敏感度等个体因素。

3.1 嗅觉的特质

人类嗅觉作用的机制一直以来都是科学界的一大难题。20 世纪 40 年代，博林（Boring）发现，人类在嗅觉研究方面达到的水平仅仅相当于 18 世纪中叶人们对视觉和听觉的研究水平（波蒂厄斯，1990：23）。事实上，直到近几年才出现了一种被科学界广泛接受的嗅觉作用机制的主导理论。嗅觉是通过两个重要的气味感知器官完成运作的：主要是通过"嗅觉感受器"探测气味，再通过三叉神经获取附加信息。

巴克（Buck）和阿克塞尔（Axel）凭借对嗅觉系统的开创性研究获得了 2004 年的诺贝尔奖，其研究结果于 1991 年发表。他们发现了大约 1000 条与嗅觉感受器类别存在关联的基因，而嗅觉感受器的类别数量也几乎与之相当。每个嗅觉感受器都位于感受器细胞内，且都有自身独特的作用，能探测到特定的几种气味并能在气味浓度很低的时候起作用。气味通过我们的呼吸进入鼻腔，被鼻黏液分解。分解的气味信息穿过神经元，通过嗅觉感受器，并最终到达位于大脑边缘系统的嗅球细胞。边缘系统又被称为大脑的情感中心。通过这种方式，气味信息被传输到大脑的其他部位，并形成了一个信息模式。而我们的大脑则通过回忆之前闻到这种气味的感受就可以对信息模式进行识别（巴克，阿克塞尔，1991）。赫希（Hirsch，2006: 187）指出，嗅觉感受器能让普通人对将近10000种不同的气味加以区别，但气味的浓度会有一定的影响。

正常情况下，人类能够察觉到空气中浓度低至数十亿分之几的气味（DEFRA，2010: 8），而某些动物甚至能察觉到浓度水平更低的气味（BBC Radio 4，2009）。造成这一现象的原因是人类拥有的嗅觉感受器数量要比很多动物少得多（赫茨，2006:191;查德勒，2010），但由于人类大脑更加发达，因此人类对信息的解释和使用方式要复杂得多。

另外一个关于嗅觉的鲜为人知的要素就是三叉神经。三叉神经位于面部，主要功能是感知。三叉神经上的嗅觉神经末梢能够察觉到浓度极低的某些气味，并产生身体感觉，一般为发痒、灼热或发凉等感觉，而这些感觉通常与汽油、油漆、洗甲油和各类有毒化学物质相关。1978年，Doty等人对三叉神经刺激和气味强度、愉悦度、凉度/暖度和假定安全度的感知程度之间的系统性关系进行了深入研究。大多数气味都有与之对应的某些三叉神经元素，这就是人们在剥洋葱的时候会流泪，或在闻到辣椒的时候会打喷嚏的原因（赫茨，2006: 193）。有些物质的气味只有通过三叉神经才能察觉到，比如某些空气污染物。

我们在探测到气味后，又面临识别气味的难题。我们的大脑会对这种气味的熟悉度进行评估，并试图回想之前与这种气味的遭遇经历，从而确定气味来源。但是，恩根（1982: 102-103）指出，叫出气味的名字要比仅仅识别出气味的熟悉度要困难得多。德索尔（Desor）和比彻姆（Beauchamp，1974）强调，如果我们试图仅仅凭借嗅觉来确定常见气味的来源，即使是嗅觉能力正常的个体的成功率也只有40%～50%。

人们在察觉并识别出气味后，我们的身体就会不自觉地适应和习惯这些气味，同时我们在同一场合接下来的时间里对相同气味的察觉能力就会降低。适应和习惯是两个长期被混淆的概念。但实际上，气味习惯和气味适应是两种我们的身体在探测到气味后产生的完全不同的响应。恩根（1991: 25）解释道："嗅觉的适应性是由于嗅觉感受器疲劳引起的，而嗅觉的习惯性则是我们的大脑在作出无意识判断，认为某种气味无关紧要，可以忽略后，针对这种气味所作出的调整"。因此，从我们在接触一种气味的一瞬间开始，嗅觉感受器对这种气味的感知能力就逐渐下降，从而适应这种气味。整个过程大概需要 20 分钟的时间。除非是有毒气味或是能对嗅觉感受器造成永久性破坏的气味，我们的嗅觉感受器会在我们离开有这种气味的场所后很快从疲劳中恢复过来。在某些情况下，恢复过程只需要短短几分钟的时间即可。因为这个原理，香料制造商通常在混合不同的配料或搭配的过程中，会用鼻子去嗅咖啡豆或自己的皮肤以去除鼻腔中的气味。但是，如果我们习惯了一种气味，那么当我们进入一个有这种气味存在的环境时，我们通常不再会对它产生警惕。因为我们对这种气味极为熟悉，并知道它不会产生任何潜在威胁。

这类情况就如人们察觉不到自己家里的气味，或吸烟者意识不到自己身上的烟味。然而，其他人很容易就察觉到这些气味。

3.2　嗅觉能力

在此之前，关于嗅觉能力的研究通常会把重点放在两个方面：气味的探测和气味的识别。人们探测气味的能力，以及人们感知气味的方式都会随着气味特征、观察者自己的个体特征以及所在环境的不同而发生变化。图 3-1 对这些变化来源进行了汇总。气味的特征差异体现在多个重要方面，但都和人类的察觉能力和感知能力有关，包括气味浓度（某些气味即便浓度很低仍然能够被我们所察觉；而即使是我们最喜欢的气味，如果浓度太高，仍然会引起我们的反感）、三叉神经刺激（通常情况下，会对我们的三叉神经造成刺激的气味通常比那些不会刺激三叉神经的气味更容易引起反感情绪，但也可能因人而异）、气味挥发速率（即气味从一个表面挥发的速率，这个词在香料行业使用非常广泛），以及气味本身的特质（如花香味、辣味等与我们对某种气味的熟悉度，以及我们过去的个人经验、社会经验和文化背景等特质）。本书将在气味感知部分对此问题进行深入的探讨。

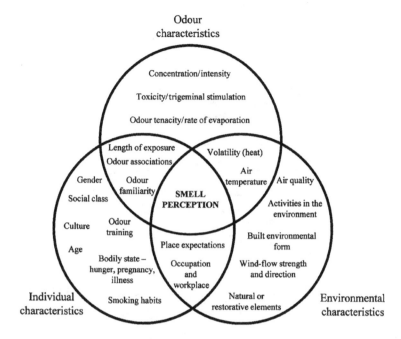

图 3-1 影响因素总结——气味感知

3.2.1 个体因素

我们的个人特征同样会对我们对周围世界的嗅觉能力产生影响。在目前为止关于嗅觉的规模最大的涉及 150 万名调查对象的调查项目中，我们发现女性的嗅觉敏锐度要高于男性（施诺特，1991）。在多个研究项目中，都有文献资料表明女性的嗅觉能力要强于男性，包括气味的探测能力（凯勒等，2012）、识别能力和回想能力（多蒂等，1985），以及在反复接触某种气味后察觉这种气味的能力（戴蒙德等，2005），虽然并不是在同一场合反复接触这种气味（戴蒙德等，2005）。这种差异被广泛认为和女性的月经周期引起的荷尔蒙改变有关（温特，1976；辛克，2001）。但也有人认为，男女在气味识别能力方面的差异可能是由于女性的语言记忆能力或对气味的熟悉度要高于男性。此外，男性嗅觉能力相对较差的原因可能与他们很难在记忆中提

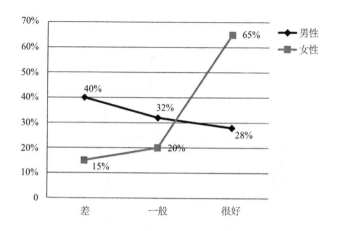

表 3-1　参与者嗅觉能力自我评估结果（Doncaster，2009）

取信息相关（凯恩，1982：140）。凯恩（1982）还发现，某些气味和特定的性别存在联系，比如香烟头、啤酒和机油的气味通常被和男性联系起来，而香皂、婴儿爽身粉和洗甲油的气味通常和女性关联。

　　我将在下一章中详细讲解"嗅觉漫步"。在开始"嗅觉漫步"之前，我请参与者用自己的语言对自己的嗅觉能力进行等级评估。我发现参与者的性别对评估结果影响很大，有65%的女性参与者对自己的嗅觉能力评价较高，而对自己的嗅觉能力评价较高的男性则只有28%（表3-1）。

　　某些男性参与者甚至让我直接去访问他们的某位女性亲属，以达到更好的调查效果，因为他们认为这些女性亲属拥有更加敏锐的气味察觉能力。但是，在现场实地测试中，我们又发现气味察觉能力差异和个体性别并没有太大的关系，尽管女性参与者对她们察觉到的某些气味表现出了更明显的厌恶情绪，比如呕吐物、尿液、体臭等，因此显得更加"敏感"。

　　年龄也是限制嗅觉能力的一大影响因素。年龄在65岁以上的参与者中，有55%的参与者已经丧失了大部分的嗅觉功能（基西夫等，2009：241）。一个由拉尔森纳（Larssona，2000）等人在瑞典进行的研究项目发现，察觉和识别气味的能力都会随着年龄的增长而衰退。和性别相似，年长者嗅觉能力低下可能与他们的回想和提取嗅觉信息的能力较弱有关（舍姆珀等，1981）。

阿尔兹海默症、帕金森等许多与衰老相关的神经精神性疾病，以及其他与年龄关系不大的疾病（如精神分裂症）都会对嗅觉能力产生影响（谢夫曼等，2002）。斯特劳斯（Strous）和肖恩费尔德（Shoenfeld，2006）将嗅觉能力描述为这些疾病的潜在早期征兆。凯勒等人（2012）在近期完成的一项研究中指出，个体的体形大小对个体的气味察觉能力影响很大，对自身体形评估结果为超重或重量不足的个体的嗅觉敏锐度要低于自我评估结果为正常体重的个体。

此外，在我的一项研究中，我发现个体的身体状态是另外一个重要的影响因素，尤其是在食物气味方面表现尤为明显。有饥饿感的参与者通常更倾向于将食物的气味感知为正面的气味，而有身孕的参与者或身体长期抱恙的参与者的嗅觉能力则不太稳定。这类人群对气味的敏感度因身体不适的性质不同而有所差异。在现有的一些相关文献资料中，将妊娠（辛克，2001）和总体健康状况（谢夫曼等，2002；斯特劳斯，肖恩费尔德，2006）视为影响嗅觉能力的重要因素。这与笔者的研究发现不谋而合。

个体的抽烟习惯也会对此产生一定的影响。在德国实施的一项参与者人数达到1300以上的研究项目中发现，吸烟将大大增加嗅觉能力降低的风险（文内曼等，2008）。在普通人群中，大多数人都会在某些特定的时刻出现暂时性嗅觉能力下降的情况，而几乎2/3的人曾出现暂时性嗅觉完全丧失的情况（施诺特，1991）。在普通人群中，大约有1%的人嗅觉完全丧失，也就是完全没有嗅觉（施诺特，1991）。造成嗅觉完全丧失的原因包括鼻部手术、疾病或有毒物质接触史等（赫茨，2006：192-193）。

但是，大多数人都可以通过嗅觉训练，提高区分气味的能力。李等人（2008）在研究中发现，通过训练，人们可以识别出两种非常相似的"青草"的气味。在一项费城大学进行的大规模研究中，研究人员对存在视力障碍的人群进行了嗅觉和味觉功能和能力调查，并在研究设计中将参与者分为3个测试组。第一组由39个盲人组成，第二组由54个有视力且嗅觉正常的人组成，第三组则由21位有视力且经过相关气味评估训练的人组成。研究发现，经过气味能力训练的参与者在气味察觉和辨别能力方面超过另外两组参与者（史密斯等，1993）。

负责环境健康的城市公职人员等从事培训工作或在工作中需要依赖嗅觉的人们通常具有超过常人的嗅觉能力。同样地，常在工作场所接触到特定气味的人们，比如在污水处理厂或屠宰场工作的人，就很可能在某种程度上习惯了这些气味。因此我们发现，除个体特征外，一系列环境因素也会对嗅觉能力和感知造成影响。我们将在下文中对此进行详细探讨。

3.2.2　环境因素

20 世纪 80 年代中期有一项名为全国地理气味调查的研究项目共涉及了 712000 名年龄在 20~79 岁之间的受访者。来自该研究项目的数据表明，那些曾经长时间接触工厂环境的个体的嗅觉能力完全丧失或受损的风险要比其他人高得多（科温等，1995），且相对于女性，男性嗅觉能力丧失的风险要高一些。这种现象通常与头部受伤和化学物质接触等工作场所事件有关。

此外，建筑环境的形式和内容也会对气味察觉和识别产生明显影响。科查兰（Cocharan，2004）、尼科洛普卢（2003，2004）、彭瓦登（Penwarden）和怀斯（Wise，1975）和塔哈兹（Tahhaz，2010）进行的相关研究，及其他相关研究对风流量的热特征和触觉（接触）特征进行了深入研究，但关于建筑环境对气味的影响（比如研究建筑环境在促进气味散发或消散方面的作用）的研究却甚少。这些因素在我对气味的传播距离进行研究时产生了明显的影响。嗅觉通常被认为是一种近距离的感觉，即人们通常需要近距离刺激才能察觉到气味（波蒂厄斯，1990：7；科斯特纳，2002），而听觉刺激和视觉刺激的可感知距离则相对较远。

这种说法在大多数情况下确实成立，但也不是绝对正确的。一些案例表明，有些不明气味可以传播较远的距离，并覆盖很大的范围。BBC 报道，在 2008 年就有一种据称是来自欧洲大陆的气味传播到英国南部，甚至远在利物浦，人们持续好几天都闻得到这种气味（BBC，2008a）。2010 年，来自冰岛火山的硫磺气味竟然传播到了数百英里远的苏格兰（布斯，卡雷尔，

2010)。

就城市而言，纽约就经常出现大范围的神秘气味事件。2005 年 10 月，《纽约时报》报道了一起整个城市一夜之间被一种甘甜的糖浆气味笼罩的事件。这种气味最初于傍晚出现在曼哈顿下城，并不断向住宅区蔓延，最后席卷了周边的一些自治市镇（德帕尔玛，2005）。虽然人们通常把这样的气味和枫糖浆及焦糖等令人愉快的食品联系在一起，但当地的应急服务中心仍然因此收到了数以千计的电话。如一名叫安东尼·狄巴马（Anthony DePalma）的记者所描述，"芬芳的气味不光会让我们想起童年的回忆，在这样一个曾遭遇恐怖袭击的城市，人们会担心这种类似于外祖母的厨房传来的气味只是恐怖袭击的掩护"（德帕尔玛，2005）。2007 年 1 月，纽约曼哈顿大部分地区和新泽西西部地区再一次发生了类似的事件，但这次的气味就没有那么好闻了。人们将这种气味描述为辛辣的、类似于硫磺和天然气的。气味出现在一个忙碌的周一的早上 9 点到 11 点之间。由于担心是天然气泄漏，整座城市立即作出了应急响应，部分学校、办公室和地铁站纷纷关闭（BBC，2007b；Chan，2007）。在以上两个案例中，城市公职人员都使用了监控装置确定气味是否有毒，但由于气味转瞬即逝，他们没有能够识别气味的来源。

纽约市的市政专员出于促进空气流动和利用西风净化城市空气的考虑，故意在整座城市的设计中采用了网格布局。而像上面这种涉及人数众多，覆盖范围极广泛的大规模的集体气味体验多少有些讽刺的意味。但是，这座城市的形态也起到了推波助澜的作用。哥伦比亚大学的环境科学副教授帕特里克·凯尼（Patrick Kinney）深入研究了一件发生在 2005 年 1 月一个寒冷夜晚的离奇事件，当晚整座城市似乎被一个巨大的暖空气盖罩住，尽管有记录显示当晚的风速达到了每小时 3 英里。也就是说，任何气味都可能被压在很低的位置。因此，气味就可能从建筑中间穿过到达城郊区域（德帕尔玛，2005）。

所以，我们通常能够闻到从很远的地方传来的气味而看不到气味源。这些气味可以随空气的流动传播相当长的一段距离，为我们提供通过其他感官无法察觉到的信息。

这类长距离气味的探测通常十分不稳定，且依赖于特定的天气条件、风型和季节性活动等。此外，空气温度还会对气味强度和挥发性造成直接影响。因为在气温较高时，气味分子活动会更加剧烈，从而加快气味挥发的速度。此外，城市中的建筑环境的形式会影响风流量和温度，进而对嗅觉能力产生影响。

3.3　嗅觉和记忆

德芙（Dove）（2008: 17）将嗅觉描述为"记住一个人的方式"，因为嗅觉和记忆之间存在非常密切的关系，并且嗅觉能将人们带回之前与某种气味遭遇时的时间和空间。与通过其他感官获得的记忆相比，气味体验即使在过了数十年以后也可以有很清晰的记忆，所以才有了马塞尔·普鲁斯特（Marcel Proust）注明的关于童年玛德琳蛋糕的回忆（普鲁斯特，2006，首次出版于1927年）。在一项关于视觉和嗅觉记忆提取之间的差异的研究项目中，恩根（1977，1982）指出，尽管参与者更倾向于回想和识别短期内的视觉画面，特别是在首次接触后的两个月内的视觉画面，但气味回忆和识别则具有更高的一致性，且不会随时间变化而变化。恩根发现，即使是在接触某种气味12个月之后，参与者也能正确回想并识别出这种气味。他强调，关于气味的记忆一旦形成，就很难被我们遗忘。

金（King）（2008）指出，嗅觉能够让我们想起关于某些场所、事件和人物的怀旧记忆，因此其力量和意义也是不容忽视的。怀旧情结被戴维斯（Davis，1979）描述为"被润色过的关于过去的记忆"，而通常来自童年的使我们产生怀旧感的气味则可能会因为我们生长的地方和时代的不同而有所差异。在赫希（2006）发起的一项研究中，通过对随机选出的1000名受访者进行访谈，赫希发现，85%的受访者都曾体验过气味诱发的怀旧记忆和情感。唤起怀旧情结的气味因参与者生长年代的不同而有所差异。那些出生在20世纪20年代和40年代之间的参与者更多地提到了花、草、大海、粪肥和干草的气味。而那些出生于20世纪50年代和70年代之间的参与者则更多地提到了食物和与 Play Doh、Crayola 等品牌相关的人工气味，以及父母用的香水、防晒油和清洁产品的气味（赫希，2006）。

但是，回忆是不加选择的，因此，气味也有可能让我们想起消极的记忆、情感依恋和关联，正如它能给我们带来更加积极的怀旧情结。

气味诱发回忆通常情况下都和创伤后的应激障碍有关，并可能引起恐慌发作（辛顿等，2006）。据卫报报道，一名泰国 2006 年海啸幸存者在事发 1 年后，"只要一遇到水，就会感到激动和无法解释的恐慌，还能闻到莫名的气味"（林克莱特，2007）。嗅觉能唤醒我们有关气味的美好的或是糟糕的回忆（施莱德等，1988），而不仅限于初次闻到这种气味时的感受。

3.4 气味感知

对气味的感知能让我们了解气味并对其赋予某种意义。通过对气味的体验，我们能更多地了解我们所生活的物质环境和社会构成。罗达韦（1994：10-13）指出，感官感知的定义通常有两层含义：一方面指通过感官探测到的信息，另一方面指在感官探测到的信息，相关气味记忆以及对气味的期望的共同作用下产生的心理感受。罗达韦还提出，要从地理和城市（在当前的研究范围内）的角度去理解"感知"这一概念，就必须同时考虑以上两个方面。他将感知描述为一种"知觉"，包括人类感官察觉到和通过人类感官传递的环境刺激。此外，他还将感知作为"认知"的一种，是受文化背景影响的，涉及回忆、识别、联想等的思考过程。在本书中，"感知"将基于以上的理论，是一个探测信息及思考的过程。

恩根（1991）指出，气味感知主要有两方面的作用：第一个就是作为感受器保护自身不受潜在有害物质的伤害；第二个是作为介质传递与愉悦相关的情绪。他还发现："有毒的物质通常会让人感到恶心，因此通常会被认为是令人讨厌的。而任何美好或者中性的事物都可能引起任何一种情况的出现，具体取决于个体记忆中与之相关的特异性体验"（恩根，1991：3）。如前文所述，我们的气味察觉功能能让我们注意或识别某些气味，但整个过程通常是无意识的。基于这一机制，人体能够识别某种气味是否熟悉，并对不熟悉的气味持怀疑态度，且一般情况下会将其视为存在潜在威胁的气味，也就是不良气味（波蒂厄斯，1990：24）。这一原则不仅仅适用于物体的气味，也同样适用于人的气味。施莱德等人（1988）发现，人们在描述关于家人和朋友的气味的回忆时更倾向于使用褒义词，但在描述不熟悉的人的气味时则更倾向于使用反义词。根据恩根（1991）的观点，当我们察觉到不熟悉的气味后，我们的大脑就会搜索之前相关体验的记忆，以及和这种气味相关联的事物，以确定这种气味是否构成威胁。但是，我们的记忆是受社会、个体和文化因素影响的，因此不同的人对于同种气味的记忆可能完全不同（吉尔伯特，威索基，1987；施莱德等，1988）。

因此，特定人群会有一定的主题偏好，而这样的主题偏好则受到年龄（赫希，2006）、国籍（施莱德等，1988；达姆休斯，2006）或性别（威索基，佩尔沙，1993；威索基，2005）的影响。

相对于熟悉的气味，人们倾向于赋予陌生的气味负面色彩。因此，从熟悉环境中获取的背景信息就可能形成气味偏好。场所类别的差异，以及城镇构成的差异都可能形成特定的有味物质接触模式，或特定的气味组合，而且这样的气味接触模式和气味组合是其他场所没有的。但这并不是说这些组成城市嗅景的不同气味成分就必须是这一个或一类场所独有的，而是这种由各种占比不同的气味组成的混合气味有可能形成一种独特的嗅觉模式：即场所的嗅觉基因。然而，由于土著人群对特定的地方嗅景和各种气味构成比较熟悉，因此更倾向于将这种嗅觉组合视为积极气味，甚至根本不会注意到这种气味。相反，当地游客则更容易察觉这种气味。

因此，气味的愉悦价值或愉悦度属于相对复杂且难以理解的概念。气味的愉悦与否决定人们是否会回避这种气味或是寻找这种气味。气味愉悦度的高低也与个人、社会体验、文化背景和传统有着密不可分的关系。也就是说，几乎所有人的气味喜好都不是与生俱来的（恩根，1982）。赫茨（2006：202）在相关的研究报告中总结道："世间万物是没有气味的，是我们的思维让气味有了气味。"一项由美国政府发起的在费城莫奈尔化学感官中心完成的研究对可能引发任何文化背景的人群的反感情绪的消极感知气味进行了深入研究。研究结果表示，只有粪便才最有可能产生这种效果（特里维迪，2002）。但是，恩根（1982，1991）和施泰因等人（1958）提出，婴儿就特别喜欢粪便和汗水的气味，因为他们对这两种气味感到熟悉。研究人员在全世界范围内对气味偏好进行了测试，但并没有发现有哪一种气味是令所有人反感的（赫茨，2006：196）。相反，莫奈尔心理学家帕梅拉·道尔顿（Pamela Dalton）提出，多种气味的组合通常"持续时间更长，且更具冲击力"（特里维迪，2002）。

施莱德等人（1988）在一项针对德国和日本参与者的研究项目中，对文化对气味偏好的影响进行了深入研究。研究发现，虽然气味偏好确实受文化和个体因素的影响，但人们对大多数气味的评估结果是相似的——比如，植物的气味一般被认为是令人愉悦的气味，而腐烂物的气味则一般被认为是令人反感的。2009—2010 年之间，我在自己的一项规模较小的研究中，通过邮件和社交网络平台对欧洲 100 个年龄在 10~70 岁之间的参与者进行了调查研究。参与者被要求列出 5 种他们最喜欢和最不喜欢的气味。

研究结果颇为有趣，参与者列出了各种各样的气味，包括与环境、人物

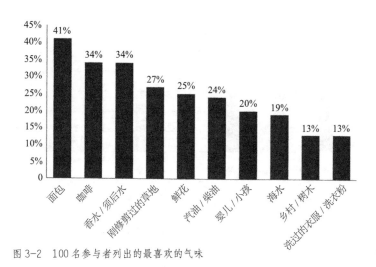

图 3-2　100 名参与者列出的最喜欢的气味

和动物相关的气味，以及食物、饮料、草药和香料的气味，还有香水等人造气味，以及与特定产品相关的气味。我对最受欢迎和最不受欢迎的气味进行了整理，并分别将它们列入参与者最喜欢气味（61 种）的列表和最不喜欢气味（71 种）的列表中。整理完成后，我发现了一个明显的趋势，就是在

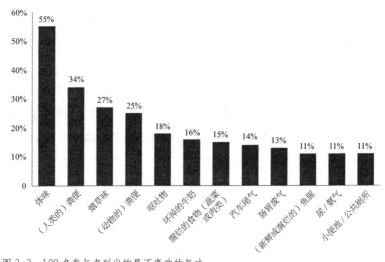

图 3-3　100 名参与者列出的最不喜欢的气味

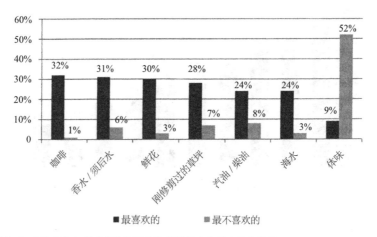

图 3-4　100 名参与者列出的最喜欢和最不喜欢的气味反差情况

参与者最喜欢气味的列表中，大多数气味都与食物和饮料相关。图 3-2 中所示为 10% 以上的参与者列为最喜欢的气味之一的 10 种气味。相反，在参与者最不喜欢的各种气味中，大多数的气味都和污染、垃圾及腐烂相关。图 3-3 中所示为 10% 以上的参与者列为最不喜欢的 5 种气味之一的 12 种气味。在这两个图中，最令人惊讶的莫过于气味的数量。图 3-4 所示为 10% 以上的参与者列为最喜欢或最不喜欢的气味之一的 7 种气味，而其他一些参与者也将这些气味称之为反差偏好。

虽然这类研究的确有助于我们深入了解人们的气味喜好和文化理念，但这种研究有一个致命的弱点，就是脱离了环境背景的影响和测验者自身对气味感知的差异。如恩根（1991：76）所述："气味感知脱离不了即时性、环境和探测者的生活背景的影响"。因此，人们对某种气味的感知有可能会随着场所、环境和人们的期望的不同而有所差异。

气味对愉悦程度有着一定的影响作用。所以，在城市嗅觉的研究中，我们可以认为气味会潜在影响场所愉悦度，从而影响人们对场所的感知和体验。

3.5   场所感知和气味

事实上，并不是所有的城市都充满好闻的气味。气味会对一个地方的形象产生重要的影响。有些社区已经开始采取措施去除气味，以恢复良好的城市形象。华盛顿塔科马港市就是一个典型的成功案例。而有一些城市目前仍在与臭味抗争，例如加里市。此外，丹佛（由于气候逆温问题，城市的空气污染被抑制在离地面很近的范围内）等城市却由于地理位置的原因饱受臭味的折磨。但即使在那些气味已有明显改善的城市，也很难彻底摆脱因气味导致的形象问题（诺佩尔，2003）。

段（Tuan，1975）将场所定义为意义的中心，可以小至一个家具，也可以大至整个国家。他指出，我们可以通过多种形式体验一个场所，比如认知（主动）或感知，而感知则包括嗅觉和触觉等被动体验形式。金（King，2008）认为场所是一个物质形态的地理区域（即空间中的一个点）

和非物质形态的我们记忆中的一个时间点的总和。

当我们的身体处于某个空间时，我们并不一定会感到身在其中，因为我们渴望的事物可能在别的地方……我们可能仅仅记得这个空间的某些印象或组成元素，比如特定的物体、气味，一个微笑或表情，特殊的行为或片刻，又或许是一句话。而产生这一现象的原因和方法是我们无法控制或理解的。这些关于空间的印象和组成元素让我们感到"家一样的熟悉"，这样的感觉是我们在当前所在的空间内无法体会到的（金，2008）。

诺佩尔（2003）在一篇关于"有气味的城市"的文章中，从地理区域和实际情形对场所这一理念进行了阐释，并详细描述了美国 Tacoma 和丹佛两个城市的嗅觉景观。对于诺佩尔来说，气味通过记忆关联，将城市的历史和当下联系起来，进而形成一个同时包含过去和现在的城市形象。沿着这条思路继续下去，我们会发现，场所的嗅觉感知可以被理解为一种与总体嗅觉感知类似的概念，它包含了我们通过嗅觉收集的信息、通过嗅觉所传递的信息（还有通过其他感官收集的信息），以及我们从记忆、嗅觉识别和联想过程中获取的信息。场所嗅觉感知也受到社会和文化因素的影响，包括预先从其他渠道所知的关于这个场所的信息。

2006 年，意大利建筑师芭芭拉和佩里斯（2006：198-200）提出，气味和场所之间的关系基本上有两种：一是强调气味体验真实性的，对场所特征的气味的探索；二是由旅游业主导的利用气味对场所进行情感营销，意在创造"难忘且与众不同的体验"。

丹恩和雅各布森（2003）对用嗅觉体验打造旅游城市及村镇的可能性进行了研究。他们分析了经典著作及现代文学中对嗅景的描述，同时也参考了一些独立旅游记者的文章。丹恩和雅各布森发现，在这些文献资料中，关于城市嗅觉景观的叙述要比乡村嗅觉景观的叙述更加负面和消极。有 56% 的城市嗅觉景观被认为是消极的，而只有 25% 的乡村嗅觉景观的评价是消极的。此外，关于城市嗅觉景观的评价跟作品写成的时期有关，消极评价的作品集中在现代。和在空调旅游大巴中获得的旅游体验不同，丹恩和雅各布森（2002）总结道："气味是游客对某一场所的感知的重要组成部分"。而厄里（Urry，1990）在一篇关于游客凝视的文章中也表达了类似观点。丹恩和雅各布森还指出，各城镇在尝试消除所有负面感知气味、引入令人愉悦的气味的同时，都应保留或者以最真实的面貌重现其历史基础设施（丹恩和雅各布森，2002：19-20）。我将在第 10 章中对丹恩和雅各布森的文章的潜在意义进行深入探讨。

我要在这里提出的另一个关于气味的论点，就是关于场所的"本质"的探寻。这与许多气味艺术家和调香师的工作很有关系，芭芭拉和佩里斯（2006：125）也有提到过。而从这个角度来看气味与场所的关系十分重要，因为它关系到场景特征的气味的重塑。我们可以理解这是抽象的或是部分的空间或时间中某个特定点的气味特征。这样一来，一个特定场所的本质就会受到该场所各个不同方面、体验者过往的经历和场所展现形式的影响。我们也可以通过气味来反映个人或群体对这个场所的感受。

因此，一个场所的气味感知是体验者的过往经历、记忆、城市嗅觉景观中的组成部分和各种气味共同作用的结果，并受到场所展现的形式和特征、体验者的过往经历及期望的影响。

3.6　气味敏感度

个体对气味的敏感度是研究人类和气味环境互动的一个重要附加因素。这也经常使我在城市嗅景设计工作中面临困难的选择。"敏感度"这个词在关于人类嗅觉感知的文章中有着不同的表述。恩根（1991）等心理学家用敏感度来描述气味探测能力，并认为敏感度是嗅觉能力的组成部分。

从更广义的角度上讲，敏感度这个词被用来描述个体在感知（察觉或识别）到气味后的一系列反应（心理反应、生理反应和行为反应），包括其积极作用和消极作用。但是，值得注意的是，在此前有关气味超敏性条件的研究和探讨中（如化学和环境敏感），气味敏感通常被认为是负面的，参见弗莱彻（2006）和诺丁等人（2004）的著作。

毋庸置疑，高浓度气味会对个体的生理性身体状态产生影响。尤其是，三叉神经受刺激会导致咳嗽、打喷嚏等其他身体反应（赫茨，2006：193）。一些研究报告中均有关于通过使用香气对情绪产生影响的描述（Baron，1997），这说明在环境中加入香气能产生一定的积极效果（福克斯，2006:4）。同时，这些研究也暗示了体验者的期望也会对嗅觉感知产生较大的影响。一些人也认为气味环境会影响政策的制定，比如当我们在对人（巴伦，1983；瑞斯尼斯基等，1999）、物体和品牌（林德斯特伦，2005a），或场所和环境（施潘根贝格等，1996；瑞斯尼斯基，1999）进行评价时通常会考虑嗅觉体验。日本规模最大的香水制造公司 Takasago 称，在他们进行了一系列测试后，发现工作效率和生产过程都出现了行为上的变化（达米安，2006：152-153）。莫斯（Moss）和奥利弗（Oliver）（2012）也表示，在接触迷迭香气味时，个体的认知能力有所提高。赫希（1995）观察到，通过在赌场中加入香气，赌博速度增加了 45%；克纳斯科（Knasko）（1995）发现，通过在周围环境中加入香气，人们在店内逗留的时间相对更长了。相关研究著作中，使用刺激—机体—反应方法对这种行为上的变化进行解释，而梅拉宾（Mehrabian）和罗素（Russell）（1974）也使用了类似方法，并指出，环境刺激可改变个体的情感状态，进而引起接近或回避反应。

　　但是，由于个体因素、社会因素和文化因素都会对气味选择产生影响，我们很难预测个体对某种气味的反应。因此，菲茨杰拉德·博恩（Fitzgerald Bone）和舒尔德·艾伦（Scholder Ellen，1999）在其实证性气味研究评论中总结道："对特定情绪、思维、态度或行为等具体气味效果进行预测是一项高风险工作。"在有关人类对环境压力和烦扰的反应的研究中，个体之间的气味感知差异发挥着重要作用，如埃文斯（Evans）和科恩（Cohen，1987）以及施泰因海德（Steinheider）等人（1998）进行的相关研究。烦扰的定义千差万别，但几乎所有烦扰都与对环境条件的负面评价、负面情绪、对伤害的恐惧以及潜在的活动干扰有关（古斯基，费尔舍-苏尔，1999）。根据一份针对英国地方政府的指导性文件（DEFRA，2010:14-15），现将气味诱发烦扰的影响因素概括为以下几类：

- 健康状况：在相同的接触水平下，相较于健康状况良好的个体，存在健康问题的个体更容易感受到烦扰 / 厌恶情绪。
- 焦虑：担心气味可能造成健康危害的个体更容易感受到气味诱发烦扰。
- 应对策略：相较于主动调整自身对气味的情绪反应的个体，通过抱怨或关窗户等行为企图减少气味的个体更容易感受到气味诱发烦扰。
- 经济独立性：在气味来源相关活动中不存在经济利益的个体更容易感受到气味诱发烦扰。
- 个性：认为掌握了周围环境控制焦点的个体更容易感受到气味诱发烦扰 / 厌恶情绪。
- 年龄：年龄越大的个体越容易感受到气味诱发烦扰 / 厌恶情绪。
- 居住条件满意度：对居住条件满意度越高的个体越不容易感受到气味诱发烦扰 / 厌恶情绪。
- 气味接触和烦扰经历：存在气味诱发烦扰 / 厌恶情绪经历的个体对气味会极度敏感，且这一状态持续时间可达 3 年之久。

个体对气味的反应最极端的表现是化学敏感和环境敏感，在某些情况下这两者实际上是同一回事。弗莱彻（2005）把这种情况描述为环境敏感的"标准病理状态"，并将其概括为"严重的反乌托邦（不正常的场所体验）病症"，以及"异于常人的拘束感"。弗莱彻认为，这种病症主要是对环境刺激因素的一系列反应，这里主要指嗅觉反应（弗莱彻，2005：380）。罹患这种病症的个体对环境刺激的反应程度较普通人群要剧烈得多。这类反应包括一般情况下与高浓度气味相关的身体反应，如头痛、恶心及呼吸道问题。但是，在某些国家，环境敏感问题并不突出，而"病态建筑综合征"（瓦尔戈基等，1999）则较为常见。环境敏感的大规模爆发通常都集中在特定区域，如加拿大新斯科舍和美国的某些社会活动导致香气在工作和公共场所使用受限的地区（萨达尔，2000）。

有关个体特征对这类病症的影响的相关研究的研究结果颇为有趣。一个在加利福尼亚州完成的一项共涉及 4000 居民的全州调查结果显示，化学敏感（自我报告和医学诊断）和职业、受教育水平、婚姻状况、收入或地理位置（克罗伊策等，1999）并没有关系。但是，诺丁等人（2004）在瑞典进行了一项基于人群的研究项目。该研究项目中诺丁使用了一个与用于测量人体对噪声的反应的标度类似的化学敏感标度（温斯坦，1978）。他发现，女性和年长者更容易在察觉到气味后出现行为改变。

因此，个体对特定气味或某一类气味的敏感度与他们对特定气味或某一类气味的生理反应和心理反应（情感反应）有关（不论是积极反应、消极反应或是中性反应），而不是与实际的气味察觉能力有关。由于个人特征和应对策略，或由于个体与某种气味之间过去或当前存在的关系等原因，一些人更容易在感知气味后体验到更强烈的负面敏感，即气味诱发烦扰。但是，最棘手的问题在于，当我们在思考与城市嗅觉景观相关的问题时，应该如何应对气味超敏性？从更宏观的层面上看，是否正是由于现代城市和建筑在气味方面的贫乏，才导致了超敏性的出现？是否是因为我们在日常生活中没有能够习惯各种气味，才导致我们在遭遇气味时出现极端的生理和心理反应？又或者，是否是因为空气中化学物质的增多才诱发了这种超敏性反应？

3.7　结论

嗅觉为创造美好的城市空间提供了机遇和挑战。我们在进行城市设计和管理的时候应当考虑如何应用嗅觉的各种特质：从考虑嗅觉记忆的长期性，结合城市的综合形象的创造，到我们考虑气味的察觉能力和看法上的个体差异。重要的是，我们所采用的方法必须考虑气味的复杂性，能够区分细微的差别。同时，我们需要考虑地方性和文化性。为此，我们首先必须了解城市范围内嗅觉景观的现状。然而，目前关于当下城市中存在的气味种类、人们对气味的感知以及众多环境敏感问题下有关气味的著作非常稀少。因此，基于巴莱兹（Balez, 2002）、洛（Low, 2009）和迪亚科努（Diaconu, 2011）等人的前沿研究，我们有必要对这些问题作进一步探讨。

为更好地理解人们对城市嗅觉的体验，我们必须对人类思维有一个深入、透彻的了解。只有这样，我们才能在城市设计和管理中更好地考虑体验者的个人因素、社会因素和文化因素。过去，人们通常采用实验室研究的方法，即在一个封闭的环境中对个体对气味的反应进行研究。然而，这样的方法忽略了实际上人们对气味的体验是与其所在的环境密不可分的。所以，我不打算采用这样的研究方法。我将会通过"嗅觉漫步"等方法，在城市环境中去探索体验者的感受。在下一章中，我将对"嗅觉漫步"进行详细的描述。

4

城市嗅景的呈现以及在其中进行的嗅觉漫步

　　嗅觉漫步是感官漫步的一种。亚当斯（Adams）和阿斯金斯（Askins，2009）将其描述为一种"对我们如何理解、体验和利用空间进行研究和分析"的变通方法。在进行感官漫步时，需要将注意力集中在通过一个或多个感官功能获得的信息上。从20世纪60年代这一概念被提出以来，感官漫步已被应用到各个学科作为研究、教育和文献记录的一种方法。关于感官漫步最早的记录来自索斯沃思（Southworth，1969）对城市的声音环境以及各感官之间的相互关系（主要是视觉和听觉）的描述。索斯沃思首先制定好行走路线，然后引导单个或群体体验者从既定路线穿过波士顿市中心。过程中，索斯沃思让部分参与者坐上轮椅、蒙上双眼或用耳机罩住耳朵，暂时剥夺他们的一种或是多种感官感受。通过这种方式，索斯沃思观察到，暂时失去视觉的参与者更容易获取听觉和嗅觉信息。近期，相关研究者在葡萄牙里斯本也进行了蒙眼漫步试验。试验中，戴着眼罩的体验者在一名视力障碍者的引导下漫步城市，以通过非视觉感官对城市进行体验。通过上述感官漫步的范例，我们可以对环境的非视觉因素，以及人们使用感官功能感知周围环境的方法有一个比较深入的了解。想要了解更多关于丧失视力对环境感知的影响，请参考萨克斯（Sacks，2005）的研究。德弗利格（Devlieger，2011）基于多项在比利时鲁汶市进行的由盲人和建筑学专业学生共同参与的项目研究结果提出，残障人士和健全人士之间的"深入对话"对类似城市研究大有裨益。德弗利格同时强调了为城镇中存在感官障碍的人们制定专用的旅游指南和漫步方案的重要性。

但是，感官漫步的核心并不研究感官剥夺的影响，而是通过一种感官模式去体验人们日常生活的环境。声景漫步是最常见的一种感官漫步。声景漫步这一概念是西蒙弗雷泽大学的谢弗于 20 世纪 70 年代参与世界声景项目时提出的。

在其研究项目中，谢弗及其同行通过声景漫步记录和识别了温哥华和 5 个欧洲村落的声景。谢弗认为，"仔细聆听"是个体了解声景的重要方式。他将声景（1994：7）粗略地归类为"有关声音的研究"。前不久，法国格勒诺布尔建筑研究所 Cresson 实验室的蒂博（Thibaud，2002，2003）及其同行也采用上述感官漫步的方法，对个体对城市空间中的感官信息的反应和感受进行了研究。他们把研究重点放在与声音环境和广义上的城市环境相关的反应上。

基于个体倾向于将关注点放在通过某种感官模式获得的信息上这一事实，我相信感官漫步对研究有很大的帮助，特别是在城市嗅觉的研究方面。只要活着，我们就自然而然地会呼吸。我们并不会记住我们闻到过的每一种气味，因为如果我们试图记住我们闻到的每一种气味，就无法处理其他周围环境和生活中的必要信息。相反，我们的嗅觉会根据我们的习惯（由于对某种气味过于熟悉，我们已经无法记住这种气味）和适应（即我们的嗅觉感受器因长期接触某种气味而疲乏，因此无法长时间探测到这种气味）情况，对气味进行过滤。只有那些存在潜在威胁或可带来愉悦感的气味才能被我们注意到（见第 3 章）。但是，必须说明，人类个体并非在任何时候都做好了探测和处理气味的准备。但这又涉及一些心理学理论的相关知识，此处将不予赘述。正如我在第 3 章中所述，身体状态（包括饥饿、疾病或个体因素等）对我们察觉周围空气中的气味的能力有较大的影响。此外，我们的身体状态对我们处理这些气味的能力也会产生较大的影响。我们将这种现象称为"感知状态"。

在声通信的相关研究中，特鲁瓦克斯（Truax，1984）发现个体在感知声景的时候存在三种不同的聆听状态：通过聆听搜寻：指个体正在通过认真聆听主动搜寻刺激听觉的声音；做好聆听准备：指个体已经准备好接收感官信息，但其注意力目前集中在其他事物上；背景聆听：指个体的注意力被其他事物分散，比如正在接打电话等。这三种状态对气味感知也同样适用。当我们让一个人把注意力集中在气味体验上时，那么我们实际上是在要求这个人将接收状态从被动状态切换到"嗅觉搜寻"的状态。因此，在嗅觉漫步过程中，气味感知的运作方式和我们在日常气味体验中的运作方式存在差别。如一位嗅觉漫步参与者所说：

"这个气味很熟悉，但通常情况下我是路过此处……现在我站在这里，并且能够闻到这个气味，所以我之前经过这里的时候也一定闻到过这个气味，只是没有记住而已。"（D50）

"通常情况下，只有在遇到很好闻或者很难闻的气味时，我们才会注意到气味的存在……因为气味是不可见的。"（D42）

但这并不说明感官漫步（具体地说，我的研究项目中是嗅觉漫步）的结果是无意义的。相反，通过这种方法，我们能够深入了解人们能够察觉到的环境中的气味，以及对这些气味的反应，而这些信息是通过其他方式很难或根本无法获得的。但是，我们仍然有必要意识到这一差别，因为这一差别可能会对研究结果产生影响。我将在后面的内容中对此进行详细讲解。

2004 年和 2005 年间，萨尔福德大学和英国伦敦大学学院的研究者们在 Vivacity 2020 项目中同样也采用了感官漫步的方法。Vivacity 2020 是由英国工程和物理科学研究委员会出资展开的一个大型研究项目。该项目的主要内容是对城市环境质量和城市的 24 小时可持续设计进行调查研究（库珀等，2009）。一共有 82 位来自伦敦中部三座英国城市的居民参与了这项研究（即谢菲尔德、曼彻斯特和克勒肯维尔）。这 82 名参与者各自进行了嗅觉漫步。在开始嗅觉漫步之前，这 82 名居民拍摄了周围环境的照片作为选择漫步路径的参考。研究者让参与者在开始嗅觉漫步之前设计一条行走的路线，并在嗅觉漫步后采用访谈的方式让参与者们轮流描述各自在城市生活中经历过的感官体验。Vivacity 2020 项目团队对参与者的反应进行了分析，然而结果显示参与者的描述中只涉及了少量的气味感知和体验的相关内容（亚当斯等，2009）。我是在 2008 年参与到 Vivacity 2020 项目的相关工作中的。当时这个项目已经接近尾声。但是,我有幸获准使用 154 个气味相关语录的数据库。我提出的许多理念以及制订的进一步详细研究方案和研究论点都是基于这些数据。我将在后面的内容中对此进行详细讲解。本书中也直接引用了部分该项目的数据,但未对参与者保密身份。引用信息已经按参与者所在城市的首字母进行编码(如 "L" 代表伦敦、"M" 代表曼彻斯特、"S" 代表谢菲尔德、"D" 则代表唐卡斯特),并使用数字标明访谈进行的顺序(如 L01、L02、L03 等)。在极少数情况下,一次访谈有一名以上的参与者。在这种情况下,则使用性别将参与者区分开(如 L01 女性和 L01 男性)。

在开始城市嗅觉研究之前,我能找到的将重点放在城市环境气味体验上的嗅觉漫步案例的相关文献资料少之又少。其中一个比较有趣的案例是 2006 年召开的 Conflux 心理地图会议上,艺术家凯特琳·贝里根(Caitlin Berrigan)组织了一个名为 "嗅觉委员会" 的实地活动。贝里根及其同行迈克尔·麦克贝恩(Michael McBean)带领参会者们在纽约的布鲁克林进行了一次嗅觉漫步。

该项目是根据 1891 年的 "15 人嗅觉防卫队" 而命名的。他们发现了炼油厂污染,并通过闻气味的方式找到了臭味的源头(http://smellingcommittee.org/)。嗅觉漫步能起到艺术和教育两个方面的作用。嗅觉漫步过程中,参与群体被要求主动去探测气味,并绘制气味地图。2007 年,贝里根和麦克贝恩又制作了一个音频片段(目前仍可在网上下载)。该音频片段记录了在曼哈顿的 Nolita(小意大利北部)地区嗅觉漫步过程中一些特定位置的声音(http://smellingcommittee.org/mapit/index.html)。前不久,又出现了一些其他的嗅觉漫步试验;加拿大蒙特利尔大学的娜塔莉·布沙尔(Natalie Bouchard)组织参与者在城区内进行了嗅觉漫步,并对人们在沿既定路线漫步过程中的气味记忆进行了研究,绘制了相应的示意图(图 4-1)。整个嗅觉漫步路线穿过了蒙特利尔的多个区域,包括时尚氛围浓厚的多文化区域、熙熙攘攘的商业街、车水马龙的公路,以及住宅区域和公园。布沙尔的此研究项目探索了嗅觉记忆是如何影响体验者对城市空间的感知,意在揭示由气味触发的短暂性、可变的体验模式(布沙尔,2013)。

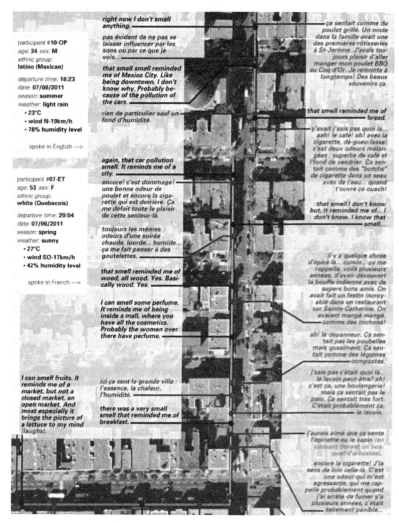

图 4-1　2011 年蒙特利尔嗅觉漫步的一部分 ©natalieb

　　从以上的案例，我们可以说嗅觉漫步是了解人们的日常嗅觉体验的有效方法。但是，目前这种方法并没有一个统一的模式，也没有普及。由于专注于气味的研究案例并不多，关于嗅觉漫步这种方法的适用性以及在使用中可能产生的问题也不得而知。

　　自 2008 年起，我在英国、欧洲大陆、美国和加拿大的多个城市和村镇进行过嗅觉漫步。其中有几次是我独自完成的，以记录具体城市环境的气味，类似于谢弗及其同行在世界上的声景项目。但更多的情况是我带领其他参与者（个体或群体）共同完成嗅觉漫步，而这种做法的主要目的是对人们可察觉到的气味、人们对气味的看法，以及场所的变化和建筑环境形式及组成部分会对城市嗅觉体验造成的影响进行研究。和早期进行的某些声景漫步试验相同，嗅觉漫步也具有教育作用，因为它能增强人们对嗅觉在城市中的角色和潜在作用的了解。而就本书而言，嗅觉漫步的主要作用是为城市设计者、建筑师、规划者和城市管理者等建筑环境从业人员提供有用的知识和信息。

　　在后面的章节中，我将借鉴上述相关研究对城市嗅觉景观进行阐述和分析。其中有两个详尽的感官漫步实例对我的研究有着重要的贡献。第一个研究报告中包含了通过 Vivacity 2020 项目从英国各城市的 82 名参与者处收集到的数据。Vivacity 2020 项目的相关介绍请见上文。

　　第二个研究项目是我在索尔福德的同事完成的"美好声景"项目（戴维斯等，2007）。在他们的声景漫步中使用停靠点，以及结合了访谈的方法。我在我的嗅觉漫步中也采用了他们的方法。在这里，我认为有必要首先对我的嗅觉漫步的形式和内容进行大致的介绍，以为后面的内容作铺垫。同时，我也想指出我在规划嗅觉漫步过程中遇到的实际问题和决策制订。这将对未来采用这种研究方法的人们提供一些指导信息。

4.1　嗅觉漫步案例研究：英国唐卡斯特

　　唐卡斯特是英国北部南约克郡前煤田区域内的一个大镇，坐落在谢菲尔德城区内，全镇人口约 300000 人。我将唐卡斯特作为研究场所的原因有两个，一是唐卡斯特适合这次研究的内容，二是我曾作为一名建筑环境从业人员在这个镇的再生行业工作数年，因此对这个镇非常了解。

　　在 2008 年获得 Vivacity 2020 项目城市嗅觉数据的使用权后，我根据该项目所涉及的各城市中多次出现的主题对这些数据进行了整理和分析。这些主题包括食品销售点（如超市、食品外卖店和餐厅）发出的气味、烟味、晚间经济活动产生的气味（酒精和随地便溺的气味），以及熏香和污染的气味。唐卡斯特镇的空间布局和特征也使得该镇对进一步研究和探索上述气味主题有重要意义。同时，继续进行唐卡斯特镇的嗅觉研究，还有可能衍生其他相关主题。唐卡斯特镇有英格兰北部地区最大的农贸市场之一。同时，当地的晚间经济活动也正在迅猛发展。除此之外，唐卡斯特镇还有一个区域由于严重的空气污染正受到当地政府的监管。这些因素都表明该镇值得作为城市嗅觉研究的案例。同时，以该镇作为研究案例，我们也可以从不同尺度上比较该镇的城市嗅觉体验和谢菲尔德、曼彻斯特和克勒肯维尔这三个大型城市中的嗅觉体验。

唐卡斯特的嗅觉研究有三个目标：①记录和探索人们城市环境中体验到的气味及其含义；②研究城市嗅觉、场所体验及感知之间的关系；③确定如何将气味纳入城市设计决策制定过程以及实践中。这三个目标差异性大且实现起来有一定的难度。要实现它们，就必须有各种各样的人群参与到研究中。因为不同的参与者感知之间可能存在较大差异。最终，我召集了50名参与者，其中一名参与者有先天性嗅觉缺失，这为我们的研究提供了一个独特而有益的视角。此外，我还想从不同的角度去了解控制和设计气味环境的方法。所以，我在招募参与者时，参与者的专业背景也是考虑的因素之一。最终选定的参与者包括当地居民、政治家、商人、零售商、酒吧和俱乐部经营者、餐厅经营者和建筑环境从业人员等。其中，建筑环境从业人员又包含了城市管理者、规划者、建筑师、城市设计者、工程师和环境卫生公职人员。

但是，参与者中男性占多数（男性占总参与者人数的62%，而女性占总参与者人数的38%）。年纪较大的参与者也多于年轻人。除一名参与者外，其他参与者的年龄均在20岁以上，而61%的参与者年龄都在40岁以上。就种族而言，参与者多数为英国白人（88%），还有4%为非英国白人，4%为巴基斯坦人，另外分别还有2%的华人和非洲后裔。我在这里详细说明参与者的人口统计学信息是因为上述特征会对个体的气味探测和联想产生较大的影响。

　　我有一个预设的目标人群，但是在招募参与者的时候我还是遇到了一些困难。过程中，我采用了各种不同的方法招募参与者。针对商户们，我直接到他们的办公地点询问他们是否愿意参与到项目中。来自建筑环境行业的参与者则是通过不同的专业人群和特殊兴趣人群进行招募的，比如我会直接与当地环境卫生、规划和工程方面的政府代表取得联系。参与人员中有一小部分是通过现有参与者或第三方招募的。我在随后的嗅觉漫步项目的招聘者招募过程中，发现的其他一些有效的招募方法，包括开通项目博客网站、使用Twitter 或 Facebook 等社交媒体，以及和对建筑环境有兴趣的合作单位共同组织嗅觉漫步等。比如我在 2012 年 9 月就与纽约哥伦比亚大学的 X 工作室共同组织了一次集体嗅觉漫步。

　　我在计划整个研究过程的初期就决定以个体而非群体的形式进行嗅觉漫步来完成这个项目。虽然后来我组织了多次群体嗅觉漫步，但我发现群体漫步中需要解决的问题和面临的挑战与个体漫步存在很大的差别。某些程度上，这里所说的差别与在办公室进行的个人访谈和群体访谈的差别类似：在群体嗅觉漫步中，不同个体之间的互动可能对探讨结果造成影响，因为一些人可能不善于在其他人面前表达自己的观点，或可能受其他人的意见左右。如果我们希望看到的是不同个体相互探讨嗅觉漫步的现场，群体形式的嗅觉漫步不失为一种理想的方法。但如果我们想要了解影响嗅觉感知和体验的因素，这种方法就存在明显的局限性。此外，在群体嗅觉漫步中，如何记录各个参与者的观点也是一大难题。在个体嗅觉漫步中，我通常会带一个手持录音机，用于记录参与者的对话，以及我自己的即时感受。随后我会对这些记录进行转录和分析。

　　但在群体嗅觉漫步中，情况就完全不一样了。对于后者，我发现在进行深入研究的过程中使用摄影机记录参与者之间的探讨内容效果更好，因为如果不这样做的话，我们就很难分辨哪句话是哪个参与者说的。但是，这就需要请一个同行负责摄像了，因为在带领嗅觉漫步的同时又对参与者提问，还要使用摄像机的话，是几乎不可能的。同时，如果群体嗅觉漫步参与者较多，参与者之间通常就他们察觉到的气味闲聊，而这时候他们可能并没有出现在镜头中。这种情况下，稍不注意就会漏掉重要的信息。此外，视频录制本身也涉及一些道德问题，因为一些人并不希望有人在这种情况下拿着摄像头对着他们，因此应向参与者承诺我们会对其信息进行严格保密，并在开始嗅觉漫步之前征求他们的同意。值得注意的是，必须使用手持式录音设备。

在某些情况下，我们可能不需要记录参与者的话语，但这取决于嗅觉漫步的具体目的。比如，如果嗅觉漫步的目的是让人们了解气味环境，以及确定特定区域内不同气味所在的位置，则只需要为参与者提供一张纸质地图和一支笔，并请他们在平面图上标出气味的位置，最后再收回平面图即可。嗅觉和城市博客网站（http://smellandthecity.wordpress.com）上就有可供下载的DIY嗅觉漫步地图。

4.1.1　路线规划

和在谢菲尔德、曼彻斯特和克勒肯维尔进行的嗅觉漫步不同，在唐卡斯特进行的嗅觉漫步是按照预先规划的固定路线进行的。而在前面三个城市的嗅觉漫步中，参与者在各自的区域内主动规划路线，并引导研究者前行。在规划路线时，主要考虑的因素是确保沿途有各种各样的嗅觉。当然也要考虑其他一些因素，如区域布局、地形、场地出入自由等，以及研究者和参与者的人身安全等实际问题。在感官漫步规划和预备阶段所作决策的重要性不容低估。嗅觉漫步过程中，参与者经过的实体空间的特征对研究者在嗅觉漫步中的体验、所采集到的信息，以及最后的结论起到了决定性的作用（亨肖等，2009）。

在唐卡斯特嗅觉漫步项目的预设路线中，我设置了多个停靠点（图4-2）。各区域分别被命名为：①优步步行街（Priory Walk）——该区域属于私有多用途商业开发项目区域；②柱廊广场（Colonnades）——二级户外商业区；③白银大街（Silver Street）——一条繁忙的公路两边的晚间经济带；④科普里路（Copley Road）——一个混杂着各个种族人群的住宅和商业区；⑤唐卡斯特市场——一个已运作多年的大型农贸市场；⑥法式大街（Frenchgate）——一个主要商业街和公共空间。

图 4-2 唐卡斯特嗅景漫步路线及驻足点

通过要求参与者沿相同的路线和停靠点进行嗅觉漫步，我们获得了关于各城镇多个位置的气味体验的不同观点，这有助于我们识别和探索个体气味体验，以及所作判断的相同之处和不同之处，以及具体时间、星期、天气、气温、活动和运动流变化等临时因素的影响的相关主题。在每次嗅觉漫步结束后，我都会作一些实践记录当时的天气、温度状况和具体时间，以及近段时间内镇上正在开展的活动。

最初的几次访谈和嗅觉漫步是在 2009 年的 1 月至 3 月初之间实施的。这段时间内的天气很冷（偶有下雪）且温度基本保持在 −1℃。第二组嗅觉漫步是在 2009 年 4 月底到 7 月之间进行的。这段时间内的天气则比较暖和，最高温度达到 24℃。并且在整个嗅觉漫步期间，只有 1 天在下雨，这与典型的英国天气模式反差较大。嗅觉漫步是在周六、周日，以及其他日期的各个时间进行的，最早的是从早上 7 点 30 开始，最晚到晚上 8 点结束。

4.1.2　移动式访谈

在唐卡斯特的嗅觉漫步开始之前，我请参与者们填写了一份简单的信息表，填写内容包括年龄、性别、种族和是否吸烟等。同时，我询问了参与者关于他们对城市嗅觉的期望、对城市的感知。开始嗅觉漫步后，参与者就要集中精力去探测和感知气味，直至到达停靠点区域。我会在每个停靠点向他们提出一系列有关他们在从上一个停靠点出发到当前停靠点之间所察觉到的气味的问题。我会鼓励参与者回想一下他们出发之前所期望的气味，详细地描述他们的嗅觉体验。在这个过程中，我让参与者根据他们对所在区域的好恶程度以及该区域内的嗅景进行评分。打分范围在 1~5 分之间。1 分表示很不喜欢，5 分表示非常喜欢。在声音和振动的相关研究中，5 分制较为常用。相关范例请见 DEFRA（2007b：18）和格里姆伍德（Grimwood，2002）等人。但是，和这些把重点放在因感官刺激产生的干扰和烦扰上的研究项目不同，我所提的问题还有一个目的就是识别积极的场所感知，以及各场所具有的嗅觉。

在完成嗅觉漫步后，我询问了参与者们对这次嗅觉漫步的感受。大多数参与者表示他们很享受这次嗅觉漫步，通过这种活动他们对镇上存在的各种气味以及嗅觉的作用有了更深入的了解。我还根据参与者的背景信息和经历询问了一些别的问题，这样做主要是为了对关键问题作进一步了解。比如询问酒吧和俱乐部经营者在英国禁烟立法实施后他们会如何改装各自的酒吧和俱乐部，以及询问建筑环境从业人员他们对当前和将来气味在气味管理、设计和政策中的地位的看法。

4.1.3　场所和嗅觉喜好度评分（唐卡斯特）

在唐卡斯特的全部嗅觉漫步完成后，我对在每个停靠点收集到的场所和嗅觉喜好度评分数据之间的关系进行了研究。通过研究我发现，如果将所有停靠点的所有评分结果都纳入考虑（R^2=0.34，95% 的样本在置信区间 0.24~0.44 之间），则场所和嗅景好恶之间存在明显的正相关性。同时，我还根据每个停靠点的具体情况对场所和嗅觉喜好度之间的关联进行了深入分析,并发现科普里路和市场区域和嗅景喜好度之间有明显的关系,然而优步步行街、柱廊广场、白银大街和法式大街没有。

但是,造成这一现象的原因可能是各个区域相关的可用数据集较少。表4-1对各个区域的场所和嗅景喜好度评分的平均值进行了解读。

尽管场所和嗅景喜好度总体评分之间存在统计相关性,但仍需要在这里指出,这两者之间的相关性可能还与其他因素有关。然而,这些因素可能并不能说明气味和场所喜好度之间存在关联。比如,这种相关性可能是由于个体对某个嗅景感到陌生而对其进行评分的时候会产生潜在的反感情绪。在多个案例中,参与者对不同的区域的场所喜好度评分,和对区域内的嗅景的喜好度评分非常接近甚至完全相同。此外,人们对不同气味或不同嗅景的喜好程度会因他们所在的区域不同而发生变化。比如有的参与者甚至在根本没有察觉到任何气味的情况下将它们对某个嗅景的喜好度评为"3"分甚至"5"分。

不少参与者都表示他们对嗅景喜好度的评分是"准确的",并详细解释了每个评分结果的原理和依据。在这种情况下,基于所探测到的实际气味,不同场地嗅景喜好度评分的差异实际上与个体对该地的嗅觉期望有直接关系。如在参与者的预期中某个场所应该有某种气味,但实际上却没有探测到这种气味,这一差距就会体现在参与者的嗅景喜好度评分中。因此,参与者对不

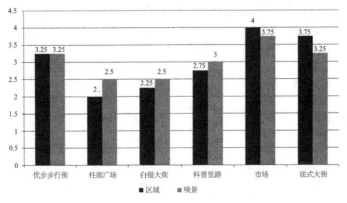

表 4-1 各个场所和嗅景喜爱度评分平均值(1 为非常不喜欢,5 为非常喜欢)

同场所出现的同种气味有不同的评分。实际上，这意味着如果某些场所没有预期的气味反而会被认为是与参与者的期望不一致，从而导致相对较低的评分。类似地，其他一些参与者如果没有期望场所内有某些气味的存在，并且在场所内也没有探测到这些气味，他们就会更加乐于接受这样的气味环境。

因此，喜好度评分反映了气味和场所喜好度之间的相关性，但如需更深入地了解不同类别的气味，以及个体对气味感知反映出的不同行为，我们还需要对其他影响城市嗅景的因素进行更加细致的探究。

4.1.4 嗅觉漫步过程中探测到的气味

在唐卡斯特案例研究中，嗅觉漫步的初始目的之一是对存在于城市环境中的气味进行文字记录，因为过去的实证性研究中这类记录资料非常稀少。在嗅觉漫步中，参与者探测到了多种不同的气味。嗅觉漫步结束后，我对这些气

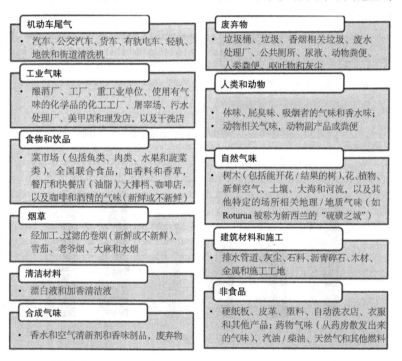

图 4-3 在城市嗅觉漫步过程中探测到的气味（英国、美国、加拿大、欧洲大陆）

味按与人相关的气味和工业气味等标准进行了分组。随后，对这些气味分组进行了检验。我将分类结果讲解给其他学者和建筑环境同行，并询问了他们的建议。此外，我还根据人们在英国、美国、欧洲大陆和加拿大其他城市进行嗅觉漫步过程中的气味体验，对分类的内容进行了充实。具体结果请见图4-3。

虽然这种分类能代表在许多西方城市中能探测到及有相关报告的各种气味，但它并没有包含所有城市气味和城市嗅景，因此并不详尽。在世界上存在极端气候或高湿度的地区或战争地区的城市都可能会有上述分类中没有列出的气味。但是，我想在这里说明的是，这个分类中的大多数气味存在于大多数的现代城镇中。尽管由于地方习俗和环境、实际情况可能会有所差异，然而类别应该都差不多。不论如何，只要有人的地方，就会有食物、废弃物和建筑材料的气味。

4.2 城市嗅景的呈现和制图

本书要介绍的关于嗅觉漫步的最后一个重要方面是特定区域内探测到的气味的表现和制图。我在这本书中使用文字、模型和图例等方式对城市环境中探测到的气味进行了分析和呈现。但是，正如本书中第3章所述，环境中气味的记录会遇到各种个体的问题，而使用现代技术则能够从一定程度上克服这些问题。在探索一种将气味纳入建筑和城市设计中的更具前瞻性的方法的过程中，这方面的困难确实是一大难题。我将在第10章中对这一问题进行探讨。第10章主要围绕感官符号工具。在过去10年里，在用于传达环境中与气味相关的信息的多种方法中，有一种方法已经相对成熟，即气味地图绘制。气味地图中包含了与气味相关的空间信息，以及关于特定区域内能或可以探测到的各种气味的详细信息。在某些情况下，气味地图还含有地形和风流量等信息。绘制气味地图的其中一个目的是提升人们对环境气味的了解，同时对环境气味进行文字记录，而另一个目的则是在复杂的艺术性和实质性陈述中呈现或再现城市嗅景。不同气味地图类别之间可能存在重叠，因为各气味地图类别之间可以配套使用，相互影响。

某些气味地图实际上仅仅是在区域地图上标出了气味的位置。这类气味地图一般用于为嗅觉漫步提供指引。比如，我在2010年和艺术家兼制图室凯特·麦克莱恩（Kate McLean）制作了曼彻斯特的DIY气味地图，读者可从以下网站下载（http://smellandthecity.wordpress.com/2012/04/03/diy-manchester-smellwak-2/）。不少的气味地图都采用了现代地图绘制技术以及群体智慧技术来收集和提供特定区域内的气味相关资料。最简单的例子就是线上地图。参与者可在线上地图中用插脚标出特定场所和区域中可探测到的气味，比如日本的气味俱乐部在地图上标出的气味，以及一份为多伦多绘制的气味地图（http://www.bikely.com/maps/bike-path/Smells-of-Toronto）。

日本的气味俱乐部主要负责使用日文记录世界范围内的各种气味（http://www.nioibu.com）。这类线上地图是用于记录和传达不同空间层面上存在的气味的一种高效、经济同时也相对简单的方法。这种方法适用于具体的某个场地，也同样适用于整个城市，因此可以说其适用范围相当广泛。

此外，设计者和艺术家们还借用多种媒体，将嗅觉地图绘制用于研究气味和环境之间的关联。2010年，纽约哥伦比亚大学X工作室的尼古拉·特利（Nicola Twilley）制作了人们对纽约市嗅景的感知状况的一刮即嗅的气味地图。这些地图贴有浸染了调香师调制出的气味的贴纸（特利，2010）。平面设计师艾斯特·吴（Esther Wu）将她在大学工作期间每天回家路上经过当地甜甜圈店时的气味体验绘制在了地图上。她在绘制地图的过程中，将天气条件、气温以及与气味源之间的距离等因素纳入考虑，且地图的布局非常精细。可惜的是，她的研究结果中并未将气味地图纳入其中（http://estherwu/com/#whiff）。

平面设计师兼地图制作者凯特·麦克莱恩为苏格兰的格拉斯哥和爱丁堡，荷兰的阿姆斯特丹和美国的新港等绘制了类似的气味地图。在麦克莱恩的地图中，大部分信息来自当地居民，但某些信息则是在她确定其研究范围内的某些城市的主要气味后，通过开展群体嗅觉漫步的方式获得的。其研究项目中还有一个重要的组成部分就是在展示地图的时候对气味进行了再现。其研究项目最吸引人的地方在于，和大多数气味艺术家不同，麦克莱恩使用

图 4-4 气味地图，法国巴黎，2011 年 © 凯特·麦克莱恩的感官地图网页

生活中常见的配料调制出了各种气味，而没有使用加香精油或调料，包括海水、醋和发酵鱿鱼汁。通过这种方式，麦克莱恩重现了各种气味，包括爱丁堡动物园企鹅馆的气味、新港鸟巢的气味等。2010 年，在为法国巴黎绘制虚拟衍生气味地图时，麦克莱恩调制出了在巴黎可探测到的各种气味。她请一些人试着闻这些气味，并把他们对特定气味的联想写在便签上。结束后，她将这些便签贴在地图上（图 4-4）。在此过程中，麦克莱恩发现，人们会对气味产生情感依恋，而被他们与气味联系起来的场所可以是一个具体的位置，也可能是比较大的一个范围（麦克莱恩，2012）。

因此，我们可以把气味地图绘制和嗅觉漫步结合起来，对人们对特定环境中气味的感知进行深入研究，以记录和传达该区域内可探测到的气味，并了解这些气味对于个体的意义。

4.3　结论

虽然气味在建立新的和保存现有的独特且有趣的场所方面发挥着重要作用，但研究者在气味这种看不见、听不着的概念的识别、记录和合法化方面却遇到各种各样的困难和挑战。因此，我们必须尽快找出研究城市气味环境的新方法。嗅觉漫步则是一种可以用于识别城市嗅景的地方感知以及作用的变通方法，因为通过使用气味地图等说明性工具可以非常有效地传达嗅觉漫步过程中获得的信息。但是，由于我们的身体、环境和气味本身及个体、社会和文化因素之间存在的复杂关系，我们需要对当代嗅景中探测到的一些常见城市气味的感知情况进行细致的研究，并着重分析城市中气味探测的临时性等问题。

在第二部分中，我们将根据在唐卡斯特和曼彻斯特、谢菲尔德和伦敦克勒肯维尔进行的实证性研究的结果，按气味来源对嗅景感知进行详细探讨。通过这几个城市，我将着重介绍城市中气味感知在社会、文化和政治意识形态中所处的地位，并对某些在当代城市嗅景的设计和控制方面起到一定作用的战略进行剖析。

第二部分

城市中的气味来源

5

控制质量、污染和气味

尼日利亚的拉各斯是位于非洲的特大城市。20 世纪中期，这个城市开始使用空气质量检测设备。在一项由尼日利亚、德国和英国的三方研究项目中，科学家观察到，在拉各斯人口密度较高的区域，通常也是人流密集、交通拥堵的区域，如市场、汽车站和街边摊点等，不需要使用检测设备就能看出空气污染非常严重。因为在这些地方可以闻到明显的恶臭，同时眼睛也会感到刺痛（鲍姆巴赫等，1995）。几乎在同一时期，研究者对印度特大城市加尔各答的居民进行了一项研究，并在研究中发现有 78% 的居民都察觉到他们所居住的地区存在空气污染，且有很大一部分人都认为空气污染会造成难闻的气味（慕克吉，1993）。在上述研究项目结束后的 20 年里，随着人口不断增多，拉各斯已称为撒哈拉以南非洲最大的城市。其人口数量已经达到了 1.8 亿，且目前仍在增加。拉各斯的空气质量因汽车尾气和其他排放物受到严重污染，2006 年甚至出现雾霾，这是整个尼日利亚第一次出现雾霾天气。而环境问题也因此被提上了国家政治日程（泰沃，2009）。同样地，加尔各答也已经发展成一个拥有 1.4 亿人口的大都会区，而当地的肺癌发病率排在全印度各城市的第一位（森等，2002）。2007 年，该地区空气质量急剧下降，BBC 世界新闻频道甚至报告过一则关于加尔各答警员在街上巡视 8h 后需要吸氧才能抵消空气中化学物质和悬浮颗粒对健康产生的负面影响的新闻（巴哈米克，2007）。

这些发展中国家的城市是空气质量极差的城市的典型代表，但空气污染并不仅仅存在于发展中国家。在纽约东哈莱姆区的工人阶层聚集区，空气中污染水平也只是稍低于联邦政府提出的限制，而当地的哮喘住院率在全美国排在最靠前的位置（里维拉，2006）。造成当地空气质量如此之差的其中一个重要原因就是，在曼哈顿的 7 个公共汽车停车场中，有 6 个都聚集在该区域内。而《纽约时报》也在 2006 年报道了一则关于当地人对此表示担忧的新闻。报道中，当地一位居民表示："如果我们不把窗户关好，就会闻到那股难闻的气味。那种气味类似于汽油，非常恶心。"（Rivera，2006）虽然近年来英国的工业排放和汽车尾气排放有所减少（DEFRA，2007a），但后工业城市环境仍然面临被波蒂厄斯（1990：31）描述为"无处不在的汽车气味"的严重威胁。

如我在第 2 章中所指出的，当前与气味相关的立法都把重点放在空气污染治理方面。比如通过拉各斯、加尔各答和东哈雷姆的案例我们可以看出，空气污染物和气味是密不可分的。实际上，比克斯塔夫（Bickerstaff）和沃克（Walker）在仔细查看 2001 年的空气污染感知文献资料后，发现嗅觉是人们用来评估周围环境空气质量好坏的重要感官工具之一，而人们通过嗅觉感官也能察觉到恶劣的空气质量。

我认为有必要在这里解释空气污染物、气味和有气味的东西之间的区别。在国际相关标准中，空气污染物被定义为被释放到空气中，且对人和环境卫生，以及大气造成潜在危害的化学物质。这些化学物质有的可能无法被人类感官察觉到。然而，气味分子则是被人感知到的气味的组成物，达到一定的浓度就能被人的嗅觉感官所察觉（麦金利等，2000）。某些污染物是有气味的，比如苯。苯是一种极易燃的化学物质，并能诱发多种癌症。这种化学物质有一种令人反感的甜味，因此我们通过嗅觉也能将其察觉和识别。而包括一氧化碳在内的化学物质则是没有气味的，因此无法通过嗅觉被探测到。此外，某些空气污染物无法被我们的气味感受器探测到，却能被三叉神经所察觉（见第 3 章）。按大多数人或机构的标准来说，这种情况就不属于传统的气味定义范畴了。

而当我们把目光转移到与"难闻的"气味相关的立法上时，情况会变得更加复杂。这里所说的"难闻"的气味，是指对闻到这种气味的个体造成烦扰的所有气味。人类学家玛丽·道格拉斯（Mary Douglas）将污染描述为对事物"不合时宜"的一种感知。在我们对空气污染的地方感知，以及相关立法和政策的发展进行研究时，玛利·道格拉斯的描述会起到很大的帮助。在本章中，我会对空气污染和气味污染的本地理解之间的关系随时间的变化情况进行深入的研究，同时我还会将场所纳入考虑范围。

5.1 唐卡斯特的污染历史

在唐卡斯特所在的约克郡和亨伯赛德地区，空气污染已成为当地空气质量、地区内产生的排放物浓度，以及排放物对国家空气质量的影响方面的主要问题。约克郡和亨伯赛德这两个地区排放的一氧化氮的量占英格兰总排放量的15%，二氧化硫排放量则占英格兰总排放量的25%，而$PM_{10}s$的排放量则占英格兰总排放量的12%（GOYH，2009:4）。

地区监测站的检测结果显示，空气污染为中度水平和严重水平的天数越来越多，而臭氧的浓度也有所提高。但是PM_{10}的浓度却在近年来有所下降（GOYH，2009:11）。唐卡斯特的总体空气质量处于较高的水平，但城镇及周边地区仍存在空气质量较差的区域（DMBC，2005:3）。由于存在较高的二氧化氮浓度，这些区域已被列入空气质量管理区域（AQMA）。而汽车尾气则是造成二氧化碳浓度超标的唯一原因（DMBC，2005:9）。

唐卡斯特地处大陆中心地区，而这样的位置优势在多年来也给唐卡斯特带来了不少利益。在公元1世纪末期，罗马人在此建起了罗马城堡，而原因就是因为唐卡斯特处于罗马人往来于林肯和约克之间的战略要地。而这也对后来新修建的公路和铁路轨道路线造成了影响。一条连接伦敦和爱丁堡的班车线路（即大北路）从唐卡斯特城区穿过。这条线路在后来被升级改造，成为一条可供机动车通行的现代公路（现在这条公路被称为A1）。直到1961年之前，这条公路都横穿唐卡斯特中心区域。但在1961年，由于车流量不断增加，当地政府修建了一条长15mi的绕行公路。自罗马城堡建成以来，唐卡斯特的感官体验就一直受到当地的交通环境的影响，包括从城区穿过的车辆、动物和行人，比如成群地从大街上走过的动物，以及燃煤蒸汽发动机冒出的黑烟。此外，行人们随身携带的准备拿到唐卡斯特市场（1248 年开业）上出售的商品也构成了唐卡斯特感官体验的一部分。此外，为行人提供饮水和食物的餐饮机构也功不可没。公路两边还开了许许多多的旅店，建起了高楼大厦。

随着 20 世纪初期公路上机动车日渐增多，唐卡斯特给人们的体验和印象迅速地被机动车辆主宰：

"在过去，当 A1 还是从唐卡斯特中心穿过时，这条公路整天被堵得水泄不通……交通状况非常糟糕。而现在唐卡斯特的交通状况不知道改善了多少倍……我并不认为唐卡斯特的气味有多糟糕。"（D08）

当时的情况被描述为"一片混乱"（D53），行人从马路一边穿到另一边也需要在警察的帮助下才能完成。一名参与者回忆道："……柴油的气味很难闻，尤其是在车流量很大的情况下，简直无法忍受。而之前有一段时间唐卡斯特也是被车流堵得水泄不通，所以我们见怪不怪了。"（D09）此外，车辆存在设计缺陷和维护不良的问题进一步加重了汽车尾气对空气质量和嗅觉体验的影响：

"我觉得这种气味很难闻，试想一下，你经过一辆本来停着的公交汽车时，公交汽车突然突突作响，扬长而去……还冒着黑烟，政府也没有检查它们的尾气排量和发动机状态……所以这些车的发动机问题都很严重。"（D09）

这条公路改道后，车流量从中心地区转移到周边，唐卡斯特城区内的感官体验发生了巨大变化，同时也为建设步行区创造了机会。但是，在公路改道完成后，一个环绕唐卡斯特城区的公路网络也开始逐渐形成。该公路网络的作用是将周边乡镇和中心城区连接起来，同时将唐卡斯特与更大的公路基础设施连接。在此期间，唐卡斯特市中心还修了一条主干道，但这条主干道却带来了非常恶劣的影响，它不但破坏了行人体验质量和唐卡斯特的交通状况，还加剧了空气质量问题。这条道路将唐卡斯特的海滨区域和其他区域一分为二（图 5-1）。公路和公路周围的区域出现了严重的交通拥堵现象，而这些区域也构成了唐卡斯特内大部分的空气质量监测区域。

汽车尾气的气味并不是近年来在唐卡斯特的大气环境中探测到的唯一空

图 5-1　唐卡斯特市中心环道（即空气质量监测区域）

气污染物。该城市坐落在大型煤矿区域的中心位置。过去，煤在当地被广泛用作工业燃料和家用燃料。这些因素对当地人关于环境的回忆和场所感知造成了极大的影响。该区域内一位外来移民讲述了她在 1960 年代初期第一次来到此处闻到这些气味时的情景：

　　"我到现在都还记得我从伦敦来这里搭乘的那趟列车上的气味，因为那是一种完全陌生的气味，之前从未遇到过……随着列车离唐卡斯特越来越近，我又闻到了工业气味……我觉得非常有趣，这辈子都忘不了。"（D21）

　　自 1956 年清洁空气法案出台后，碳的使用量也大大减少，而唐卡斯特也在 1994 年被宣布为"无烟"城市（沃尔什，2002）。

　　唐卡斯特嗅景的另一个重要污染源是该市的污水处理厂。该市污水处理厂于 1873 年建成，在市中心西北边。在长达数年的时间里，就算在市中心也能闻到污水处理厂发出的气味："过去污水处理厂的气味特别难闻，就算在市中心也闻得到。"（D52）值得庆幸的是，由于相关立法的实施和各种现代创新技术的引入，这种气味的强度在过去几年时间里大大减少。但是，目前唐卡斯特郊区正在进行各种项目的建设，很可能会产生更多的难闻气味。而新建的住宅小区却离这些工厂越来越近。

5.1.1　肉类加工厂

构成唐卡斯特历史嗅景的还有一些其他的工业、加工和制造工厂发出的气味。而其中气味强度最大的，要数该市郊区的肉类加工厂了。该加工厂在 1926 年开始经营，多年来一直都是该市嗅景的重要组成部分："在我小时候，在这个城市总是能闻到一股腐肉的气味，而且几乎闻不到其他气味……但和那时候相比，现在要好得多了。"（D20）而这种气味还时常伴随着视觉刺激：

"如果搭乘火车来到这里，那么你一下车就会注意到这种气味，因为你必须从他们的工厂路过。在过去还时常能看到堆场里堆放的动物残骸，还有死牛或者一些别的东西，总之那气味非常可怕。"（D20）

在天气稍微暖和一点的时候，这种气味更加强烈。同时风向也会造成一定的影响：

"每当夏天来临，在刮起东北风的时候或刚刚刮过东北风之后……那种气味就会被吹到市中心。我印象最深的一次是 1976 年的夏天，高温已经持续了数周，整个市中心都散发着恶臭。"（D06）

在 20 世纪后半叶，随着政府对工厂控制措施的不断严格，这种气味强度减轻了不少：

"那是一种非常恶心的气味，几乎到了令人作呕的地步……人们会把窗户关掉，把气味挡在外面，我记得这大概是 20 世纪 60 年代的事情……但现在情况好了很多，气味没有那么难闻了，而且如果你实在受不了的时候，可以给他们打电话，他们会说'好吧，你稍等'，接着难闻的气味就消失了，大概是他们把档位调小了吧。"（D09）

于是唐卡斯特的这些气味大大减少："这是大势所趋，不是吗……因为那种气味实在太难闻，都已经怨声载道了。"（D52）今天，人们已经几乎闻不到这些工厂发出的气味了。但是，气温较高或者风况凑巧时，过去那种气

味也偶尔会泄漏到市中心，让人们回想起过去的一些体验。"一般情况下是在夏天……或者是在风向凑巧的时候。"（D11）

这个工厂的声誉至今仍在产生影响。2009年年初，该公司向当地政府提出在场地内修建厌氧发酵站的申请。而该厌氧发酵站将利用每年对45000t食物垃圾进行降解产生的能量（唐卡斯特投资，2009）。周边居民担心这个项目会产生气味。该区域的租客和居民协会的一名代表在当地报纸上表示："我们就是这个拟建项目场地附近的居民，一年365天，1周7天，1天24小时我们都要忍受它发出的气味。"（梅森，2009）而当地一名议员也补充道："现在我们已经有足够的'肉类加工厂'场地了，我们忍受'肉类加工厂'发出的臭味已经有55年了。"（梅森，2009）当地居民向地方规划委员会发出请愿，表达了他们的担心。地方规划委员会走访了该拟建项目场地，后将该公司提出的申请暂时搁置。但在2009年2月，该拟建厌氧发酵站获得了规划许可，并从那时起开始修建。

5.1.2 糖果工厂

在离位于唐卡斯特东北的肉类加工厂很近的地方，还有另外几家工厂，包括一些生产糖果的工厂。根据当地居民的回忆，这些工厂发出的气味非常好闻，甚至让他们有些怀念："在我还是小伙子的时候，Nuthall Mintoes工厂还在Holmes市场内，那是过去唐卡斯特一种很好闻的气味……而'肉类加工厂'发出的气味就没那么好闻了，而这两个工厂之间相距并不远。"（D09）另一位居民在线上回忆："那时候他们会把门打开，让烟气跑出来。我们通常会走过去看看是怎么回事，他们有时候还会请我们进去参观。工厂里面有一股强烈的薄荷气味，会让人忍不住眼泪直流。"（劳斯，2003）

而在公路对面的另一家糖果工厂则生产的是奶油糖果。一名参与者向我们描述了二战前她年轻时在这家工厂附近居住，以及在这里工作的经历。这名参与者在这里一直工作到天气转暖，因为气温太高的时候太妃糖就没办法凝固了。

但她对这种气味的回忆就不像其他人那么美好了："这种气味很难闻……

太甜，甜腻了。"（D52）由此可以看出，那些每天接触这种气味的人，对这种气味的回忆和联想可能会与其他人有所不同。这也说明了个体对气味接触或浓度的控制能力也会对气味感知产生影响。斯特拉伦（Strallen，1999）观察到，如果一个人无法对某种气味加以控制，则这个人对环境噪声会更加敏感。尼科洛普卢（Nikolopoulou，2003）发现热舒适也会产生相同的效果。斯塔尔（Starr）（1969）在完成相关研究后总结道：在自愿接触某种环境风险，或接触这种环境刺激所产生的利益超过相关风险的情况下，个体更容易接受这种风险。

5.1.3　啤酒厂

唐卡斯特、谢菲尔德、曼彻斯特和伦敦克勒肯维尔的城市嗅景中另一个普遍存在的气味来源就是啤酒厂。曾经有一段时间，啤酒酿制过程中发出的气味极为常见，但由于土地价格飙升和国际竞争日趋激烈，许多啤酒厂纷纷倒闭。而挺过来的那些啤酒厂也最终被大公司收购，并搬迁到了其他地方。尽管啤酒酿造行业在这里留下了厂房等看得见的痕迹，但那种独特的气味体验却已经渐渐消失了。

"我记得有一次我去看谢菲尔德联队比赛，到那里我就闻到了 Ward 酿酒厂酿酒的气味。因为离得非常近，就在公路的那头。但现在这个地方已经成了一栋公寓楼，没有啤酒厂了，所有气味也没有了。"（D40）

一名居住在英格兰利兹市一条水道旁边的居民表示，这条水道之前是用于工业目的的，但后来升级改造后就不是了。这里离当时很有名的 Tetley 酿酒厂非常近，但这家啤酒厂在 2011 年 6 月被一家叫作 Carlsberg 的酿酒公司收购后就关闭了（西本，2008）。在这家酿酒厂关闭之前，酿酒过程中散发出的气味构成了当地居民一天的生活中很重要的一部分：

"一周中他们要酿好几次不同的啤酒，所以气味也会不同……我经常在想，会不会我的衣服上也会有麦芽糖的香气……这种气味非常好闻，我特别喜欢，而这其实也算是这个区域的一大特色了……沿着这条河布局的整个 Tetley 茶叶工厂……因为风向的关系，每个季节气味也不一样。更让我惊讶

的是，我在城市的那头都能闻到 Tetley 茶叶工厂发出的气味。"（D27）

但是，并不是所有人都对这种酿酒的气味给予正面评价。比如曼彻斯特的一位居民就对当地一家啤酒厂搬离市中心表示赞同："现在 Boddingtons 搬走了，人们再也闻不到酿酒的气味……那气味太难闻了……甚至还会污染空气，特别是酵母的气味。"（M16）此外，一名经营者也回忆道："每周两次……整个区域都能闻到 Molton Hops 发出的臭味，那种气味闻起来像一种消毒剂，因为我刚来到这里的时候，市中心就有一家啤酒厂。但后来这啤酒厂关闭了。"（D34）所有的这些评论，不论好坏，无一不强调酿酒气味在城市嗅景中起到的决定性作用。此外，从以上评论还可以看出，个体回忆、场所感知、特性和归属之间存在紧密的联系，比如我们通常能将某种气味和生产发出这种气味的产品的工厂联系起来，像谢菲尔德的 Ward、利兹市的 Tetley 和曼彻斯特的 Boddingtons。

在酿酒厂的案例中，还有一个影响因素就是位置。因实际原因，大多数的酿酒厂都在河道旁边，或在城市中相对落后的区域，而这些地方的周围环境也相对较差，比如有其他气味来源等。我在澳大利亚佩斯的广播电台做访谈时，一位当地居民打进电话，描述了他在佩斯和曼彻斯特担任监狱看守的经历。这两个监狱所在位置都离酿酒厂很近。他还说，监狱里的囚犯闻到酿酒的气味后非常难受，因为他们想喝却喝不到。距离唐卡斯特市中心很近的地方就有一个很大的监狱，周边并没有啤酒厂，但却有一家肉类加工厂和一个厌氧发酵站，而附近都是唐卡斯特最贫穷的社区。

5.1.4 本地空气污染源——美甲店和理发店

虽然大多数可能会排放有毒气味的工业生产者都受到了相应的管制，且已搬离西方城市的中心，但某些小规模的生产者并没有搬走。我们在嗅觉漫步过程中，闻到了理发店、美发沙龙和美甲店的气味。而这些气味并不好闻。一名环境卫生官员表示："我们经常都接到关于美甲店气味的投诉，就是丙酮和其他一些气味"（D44）。气味的强度和其他特性（包括因美发沙龙气味引起的三叉神经刺激）都是引起人们对气味的负面感知和抱怨的原因。在美国，由于释放较高浓度的有毒物质，以及工作人员可能承受的相关风险，所有美甲店都接受了仔细审查。美甲店通常都集中在国际区，而且美国的美甲店员工大部分都是少数民族黑人妇女（加州健康美甲店合作会，2010）。多家妇女权益组织代表美甲店员工发起了一项维权运动后，美国环境保护署（2004）出台了相关的指导意见，着重强调了美甲店使用的一些可能存在有害作用的化学物质。

环境保护署出台的指导意见对上述化学物质的储存、相关员工福利和潜在副作用提出了建议。在英国，健康与安全部则出台了COSHH（有害于健康的物品的控制条例），对美甲店加以相应的管制。

美发沙龙在使用化学物质进行染发、加香、漂白和喷洒气溶胶喷发药时，也会排放同样高浓度的乙醇等有害气体，这同样也会对美发沙龙的工作人员造成重大的健康风险（雷诺，1999）。一项由缪斯温科（Muiswinkel，1997）等人在荷兰进行的研究结果表明，不同理发店的空气质量差别较大，而且即便是同一个理发店，在不同的时间空气质量差异也很大。该研究是一个关于美发师及其后代存在的生殖障碍的研究项目下的一部分内容。因此，理发店和美甲店的通风情况对于减少室内化学物质浓度尤为重要。但这样一来，大量有害气体就会被排放到大街上。

5.1.5 空气质量和不断变化的气味预期

在关于西方城市历史城市气味嗅景的描述中，人们普遍认为空气质量的体验在过去和现在存在较大差异。制造业工业生产过程中发出的气味现在被人们认为是一种烦扰因素，而在过去人们却对此习以为常。实际上，这些气味的排放源通常都在地面上，因此能被很多人察觉到。而在过去被排放到城市空气中的工业源气味浓度要高得多，因为当时并没有现在这么先进的科学知识和管控措施。此外，过去的气味类别也要比现在更多，因为大量的小型工厂就坐落在城镇中心或靠近城镇中心的位置。

在过去，监管机构判断空气质量的方法和现在使用的方法也有很大差异。当时的监管机构把重点放在排放物的视觉特征上，而不是排放物的潜在危害或影响上。由于人们对不可见污染物的认识不断深入，加之科学进步和管控措施日趋严格，西方世界的空气质量得到了明显的改善。虽然唐卡斯特肉类加工厂目前仍在原来的位置正常运转，而且规模更大，还引入了新的生产活动，但我们几乎闻不到任何气味。现在科技在不断进步，各种管控措施也投入使用。同时，越来越多的制造企业都搬到了城区以外的地方。在这样的环境中，我们已经逐渐失去了曾经那些好闻的气味，比如糖果工厂发出的气味。

与此同时，城市嗅景的社会预期也在发生着变化："当时你们肯定也闻得到工厂的气味……我觉得那是普遍存在的，但你必须接受这种气味，不是吗？但现在如果还能闻到这种气味，那情况又不一样了，不是吗？"（D52）

许多过去存在的工业排放物的排放量不断减少，但这并不表示城市空气中就没有有害气味了。实际上，虽然某些历史排放物对人体和环境有害，比如花式燃料燃烧时产生的排放物，但实际上这些气味中大多数都仅仅是难闻而已，并不会对人体健康造成危害。而现在，很多过去存在的气味源被其他空气污染物取代。比如在当代的城市嗅景中，美发沙龙、美甲店等都会释放高浓度的有毒排放物。此外，汽车尾气仍然严重地影响着城市空气质量，同时也与城市嗅景体验和感知存在普遍而又复杂的关系。

5.2 汽车尾气的气味——城市生活的代价

人们通常把汽车尾气和城市环境联系起来。在我进行的一项有 100 名参与者的关于气味偏好的调查中，汽车尾气的气味被列为人们最不喜欢的气味之一，有 14% 的参与者将汽车尾气的气味列为最不喜欢的气味（见第4 章）。泰勒（Taylor，2003）在相关研究中发现，汽车尾气对人们的城市体验影响很大，而同时也构成人们对城市嗅景的感知、预期和体验的重要组成部分。汽车尾气的气味是城市生活的背景气味，而个体对空气质量好坏的评估往往取决于是否察觉到汽车尾气的气味："我觉得这个城市有种难闻的气味……由于大量的车流……对我来说，整个英国都是汽车尾气的气味……所以我觉得空气质量很差。"（M31）在谢菲尔德、曼彻斯特和伦敦克勒肯维尔，当地居民对汽车尾气的气味持一种被动接受的态度，他们认为这种气味已经成为日常生活中不可避免的一部分：

"我们不得不接受并习惯这种气味。我住的那栋楼一下楼就是公路，所以我早已经习以为常……因为不管走到哪儿都能闻到这种气味。"（M27）

但是，人们也承认了汽车在为城市服务方面起到的重要作用。人们认为城市环境中存在的汽车尾气气味，是人们为了获得城市生活中的便利条件必须付出的代价："这种地方不能没有汽车……是汽车把人们带到城里来，实际上我们需要汽车。这像是一把双刃剑，因为有了汽车就自然而然会有空气污染。"（D17）关于感官冲突和 24 小时城市生活的详细探讨，参见亚当斯等人的研究（2007）。

根据英国各空气质量监测站的检测结果，唐卡斯特的空气质量要比谢菲尔德、曼彻斯特和伦敦克勒肯维尔的空气质量更好（见 http://uk-air/defra.gov.uk/），但在车流量较大的区域确实存在空气质量不好的情况。谢菲尔德、曼彻斯特和伦敦的城市中心区域都已被列入空气质量检测区域，而且整个城市的空气质量也普遍比唐卡斯特的空气质量差。但是，唐卡斯特的居民对汽车尾气污染和气味的不满并不亚于其他几个城市的居民："我们早就习以为常，这再正常不过了，所以我们根本不会去想它……当然如果气味非常强烈就另当别论了……如果只是一般的汽车尾气，我不会去在意。"（D18）但是，这名参与者随后又表示汽油燃烧冒出的黑烟是他最不喜欢的气味之一："我不喜欢工业气味，像发动机气味或汽车尾气的气味，或加油站的气味，反正就是跟汽油相关的气味。"显然，这名参与者的不舒适程度取决于他具体所在的环境，以及气味浓度。

在唐卡斯特的市中心，大部分区域都已经辟设行人专用区，因此汽车尾气气味体验只存在于特别地方，只有靠近从唐卡斯特穿过的行车线路才闻得到。在某些情况下，比如在举行需要使用汽车或发电机的商业活动时，或附近有街道清扫机或铺砂机等小型服务车辆在运行时，在唐卡斯特的行人专用区也能闻到汽油燃烧的气味。在这种情况下，人们就不太容易接受这种汽油燃烧的气味，因为大多数人认为这种活动并不重要。

在研究涉及的所有英国城市，公交汽车被认为是气味最难闻的车辆，因为公交汽车会排放柴油机烟气，并加重空气污染："公交汽车的气味和声音让我无法忍受，又无处可逃。"（D05）但是，参与者对公共交通工具总体持认可态度：

"人们总说公交汽车会带来污染，但一辆公交汽车可以装 60~90 个人，而且获准排放四倍于小汽车的污染物，如果这样算的话，实际上小汽车排放的污染更多……所以小汽车才是真正的问题所在。"（L16）

因为这个原因，相关的烦扰程度也有所减少：

"有时候这种气味会非常强烈，但我并不是很介意。我不介意这种气味的最重要的一个原因是我认为交通运输是必不可少的，而且将交通压力更多地转移到公共交通上，就能减少私家车的汽车尾气排放，而私家车才是造成环境恶化的主要原因。如果一个事物对环境改善有帮助，那么我们就应该忍受它带来的负面影响。"（D21）

唐卡斯特的建筑环境从业人员（建筑师、规划者、城市设计者、工程师和城市管理者）还强调，我们应当加大对环境保护有利、造成污染更少的公共汽车的投资力度。但唐卡斯特的其他人群，和谢菲尔德、曼彻斯特以及伦敦克勒肯维尔的居民的谈话中则没有涉及这方面的内容。这样的投资需求对人们对公交汽车排放物和气味的接受度造成了一定的影响，因为这样一来，污染物排放和气味并不是伴随公共运输产生的不可避免的不良后果，而是公共汽车公司在车队研发方面投资不足的体现。对于那些对污染物排放检测、统计信息和政策有一定了解的人来说，采用老旧技术的公交汽车对人体健康危害更大。在一项不同利益攸关者对关于环境质量评估的研究中，柏内（Bonnes，2007）等人发现普通居民和专家在空气质量评估方面存在较大差异，外行人和专家在环境评估和环境感知形成方面遵守的相关标准并不相同。一名来自唐卡斯特的参与者掌握着一定的当地公交汽车车队投资控制权，所以他在关于唐卡斯特空气质量感知的谈话中说道：

"实际上现在公路上的公共汽车排放的尾气要比之前少得多，也更加环保了。在我看来，这对市中心的环境改善来说是件好事。"（D13）

　　由此可以看出，人们对汽车尾气气味的感知和接受度和个人地位、职业地位、信息获取权，以及对气味的控制或影响能力有关，同时也是深植于个人信仰的：

　　"公交汽车发出的柴油气味实在太难闻……我想不明白为什么公交汽车不用乙醇或电作为燃料……每个人对一个事物的看法都受到自身政治观点和是非观的影响，比如你能接受什么，以及你不能接受什么。"（D27）

　　城市街道的布局对汽车尾气气味的体验也会产生影响。公交汽车停靠和等待的地点通常都是汽车尾气气味最强烈的地方，比如红绿灯路口、公交汽车站、出租车停靠站、有商业车辆装卸货物的门店，或经常有小汽车停靠又不熄灭发动机的地方。造成这一现象的主要因素有两点：第一点就是车辆因某些原因必须停车和启动，而第二点就是汽车需要停下等待客户、同伴或货物。有人认为，为减少汽车尾气排放水平，应当减少汽车停靠时间，或倡导驾驶员在停车时将发动机熄火："过去，那些喜欢把车停在路边又不熄火的汽车驾驶员一直让我们头疼，我们一般会走过去告诉他们你不能这样做，如果你要等很长一段时间，就应该把发动机熄火。"（D11）

　　一名谢菲尔德居民描述道："楼下的（超市）货车在卸货时我能闻到一股很强烈的气味。不知道是什么原因，他们在停车后不会掉发动机。而气味就是从发动机释放出来的。那是一种汽车尾气的味道，非常难闻。"（S32）这位居民曾向货车驾驶员抱怨，但每天早上的驾驶员都不是同一个人，所以她也束手无策，只能任凭这股气味从窗户飘到家里。在英国，地方监管机构对停车不熄灭发动机的驾驶员进行处罚的权力非常有限，但并不是每个地方都是如此。比如加拿大的蒙特利尔就在1978年出台了一则地方法规，内容如下：

　　"对于停放在室外的机动车，其发动机在停车后连续运行时间不得超过4min，但将发动机用于汽车外作业，或室外温度低于－10℃的情况除外（1978年，蒙特利尔市，扎尔迪尼，2005：277）。"

　　公交汽车站的位置也会对汽车尾气气味体验造成影响。如果将公交汽车站设置在住宅楼的前面，则附近住户家中很可能出现浓度较高的汽车尾气气味，这就和公共运输为居民带来便利的初衷背道而驰了。此外，有一定坡度的公路也会增加汽车尾气的排放，比如在伦敦和谢菲尔德部分地区就有这样的公路。但这在唐卡斯特并不构成太大的问题，因为唐卡斯特市中心地形平坦：

"经常都能闻到汽车尾气的气味，但在 St John 大街这种气味尤为强烈。St John 大街稍微有点坡度而且设有红绿灯，所以公交车必须加足马力才能爬上去。"（L24）

5.2.1　空气污染气味的描述、探测和意义

在开始唐卡斯特嗅觉漫步之前，我让参与者描述了他们对当代城市嗅景的看法。在全部的 43 名回答了这个问题的参与者中，有超过 60% 的人都将空气污染的气味和城市区域联系起来，而 42% 的人都认为这是汽车尾气所致。工业制造业生产过程中发出的气味很少和城市区域联系在一起（只有 9% 的参与者提到了这种气味）。而在谢菲尔德、曼彻斯特和伦敦克勒肯维尔，当研究者询问参与者关于他们所居住的区域的气味情况时，在全部的 82 位居民中，有 25 位（30%）对他们所居住的区域的当地环境的汽车尾气气味进行了详细的描述。他们将这种气味描述为"辛辣的""像金属一样的"或"像硫磺的"，还有一部分参与者也适用了这些词语来描述他们所居住区域的气味，但并没有说这种气味来自汽车尾气："这种气味总是闻起来像金属。我就是这么认为的，我不知道这种气味到底是哪儿来的……但确实是一股金属的气味。"（L31）

部分唐卡斯特的参与者也用"化学物质的气味"和"酸味刺鼻"等词语来描述汽车尾气的气味，而其中一名环境卫生从业人员则把某些空气污染物比作"柠檬雪芭效应"：

"你在喝柠檬雪芭的时候，柠檬雪芭进入你的喉咙，于是你的喉咙就有种刺痒的感觉。其他人可能会有不同的感受……我认为他们会跟我一样，不会把它描述成一种气味，只会说感觉喉咙刺痒。"（D50）

这是因为气味分子被探测到后，刺激三叉神经所产生的反应（见第 3

章）。在有关人们用于描述三叉神经探测到的气味的词语的研究中，莱恩（Laing，2003）等人发现，"汽油"一词使用颇为频繁。参与者大多使用贬义词来描述这类跟汽车尾气相关的三叉神经体验，通常会把这种感觉描述成灼烧感："汽油机烟气或者柴油机烟气让喉咙有种灼烧感"（D39）；"站在公路对面的时候，我几乎感觉到汽车尾气直接进入了我的鼻腔……真的有种强烈的灼烧感"（L14）。气味和味道之间的紧密联系也会引起双重感官体验：

"汽车尾气，我们不光能闻到它，当我们吸入汽车尾气的时候，还能感觉到它的味道。"（D43）

"有时候汽车排出的尾气能顺着你的鼻腔到达喉咙，你会突然想要咳嗽并试图驱逐这种气味。"（L23）

和汽车发出的声音不同，这项研究的参与者更倾向于使用贬义词来描述关于汽车尾气的气味体验，而声景研究项目的参与者则有时候会使用褒义词来描述汽车的声音（戴维斯等，2007：5）。部分参与者对汽车尾气气味持中立态度。只有一名参与者用比较积极的语言描述了汽车尾气气味。该名参与者认为汽车尾气的气味是她在伦敦 Soho 生活时的记忆的一部分，她非常喜欢这个地方，但她来到唐卡斯特后，却并不喜欢这里的汽车尾气气味。当研究者进一步询问他们为什么将汽车尾气视为影响环境体验的负面因素时，参与者的回答大致有两种：第一是气味本身的特质，第二是个体在呼吸时感知到污染物后产生的健康担忧。几名参与者都使用了贬义的词来描述汽车尾气的气味，如"难闻"和"恶心"等。气味本身的特征（如硫磺气味、金属气味和化学物质的气味等），如气味强度也是影响因素之一。

过于强烈的气味会让人无法忍受，进而引起不良身体反应："太强烈的气味根本无法驱逐，就在你鼻子前面……尤其是当你想要穿过马路，但被停在路中间，而马路上的汽车却不断排出尾气……这种气味会让你的鼻子发痒，让你一直打喷嚏"（D38）。因此，部分参与者将这种体验描述为："……呛人"（D05）。

在那些认为汽车尾气本身的特质是他们不喜欢这种气味的原因的参与者中，气味强度对他们是否能够忍受汽车尾气影响较大：

"如果气味比较温和我并不会介意……但如果强度太高,我就会觉得喉咙刺痒。反正这种气味要么温和,要么强烈,没有介于两者之间的情况。"(D27)

而对于那些认为健康问题才是主要原因的参与者,即使是气味较淡的污染物,他们也会非常反感:

"总会感觉这种气味会对身体不好,虽然气味并不强烈……更多的是健康问题……反正只要站在公路边就会觉得健康受损。"(D29)

"我觉得当你闻到这种气味的时候你总是在觉得你在接受污染,自然就不会觉得是个好闻的气味。你只是觉得你的肺里面都充满了汽车尾气。"(D25)

在那些存在呼吸道疾病的参与者中,对健康的担忧尤为明显:"在离车多的公路很近的时候,我就知道会闻到汽车尾气的气味。虽然这种气味并不难闻……但我有哮喘,所以每次我站在车多的地方都会感觉不舒服。"(D36)一位伦敦的居民解释道:

"因为我有哮喘……所以就会比较关注空气质量。有些时候早上起来我一点问题都没有,但有时候就感觉无法呼吸……我觉得这都是因为汽车尾气污染,因为我家就住在旁边……我是说交通状况不好汽车无法前行的时候,会有大量的汽车尾气排出来……就是因为我有哮喘,所以我会难受得多。"(L4)

对于存在健康问题的个体,特别是有肺部疾病或心脏问题的人,不良空气质量造成的影响要比正常人更严重(DEFRA,2002:7)。一名环境卫生公职人员从地方层面上对相关反应作出了解释:

"如果'空气污染水平'突然从重度污染发展成严重污染,我们就会联系'基础医疗信托',并告诉他们这种情况会对存在呼吸系统疾病的人造成不良影响。一个健康状况稍微好一点的人也许根本注意不到这点变化。"(D50)

戴(Day,2007)着重强调,除了个体在遭遇不良空气质量时的痛苦程度有差别外,那些本身就有呼吸系统疾病的个体更倾向于使用贬义词来描述当地空气质量。

个体接触汽车尾气气味的时间长度也会影响人们对这种气味是否会造成健康危害的砍伐产生影响:"汽车尾气非常可怕……气味很难闻……如果一天到晚都要闻到汽车尾气,你就不得不担心是否会引起健康问题了;如果只是早上的时间闻得到,也没什么关系。"(D20)对长期接触汽车尾气产生的健康影响的担心通常会被城市生活中更加积极的方面所抵消:

"随着年龄的增长,比起住在乡下的同事们,我更容易生气,也可能更容易生病和长皱纹等。但是这些跟在城市中心生活所带来的好处比起来就不算什么了。"(L18)

5.2.2　污染气味和行为

人们会采取各种各样的行为减少汽车尾气或其他空气污染源的吸入,或者减少吸入汽车尾气或其他空气污染源所带来的不良影响。同时,人们的行为也受污染物所在区域的空气质量和气味来源的影响。在唐卡斯特,汽车尾气通常都是暂时的,且仅存在于局部区域。比如当汽车从我们面前呼啸而过,或者当我们经过红绿灯路口、公交汽车站或出租车停靠站时,我们常常会屏住呼吸,以避免吸入汽车尾气:"你不喜欢这种气味,所以你尝试屏住呼吸,尽可能不去闻这个气味……你肯定不希望吸入大量的汽车尾气。"(D03)在一些大型城市的中心,以及唐卡斯特的主要交通路线上,汽车尾气的气味可能会蔓延到更大的区域。在这种情况下,以上这种短暂有效的行为就不再起作用了。因此,个体的回避行为也会发生变化。在这种情况下,人们通常会对他们的骑行或步行线路进行规划,以避免汽车尾气浓度太高的区域:"这种气味通常都很强烈。经常能闻到汽车尾气的气味,所以我总是绕着走。"(L10)

类似地,在谢菲尔德、曼彻斯特和伦敦克勒肯维尔的居民则通常会将窗户关好,以阻挡汽车尾气的气味进入家中:

"夏天的时候根本不敢开窗户……如果外面公交汽车很多,我们不得不把窗户关好,因为汽车尾气实在太多了,闻都闻得到,有时候我还会咳嗽,根本无法呼吸。"(M15)

市中心的居民则更倾向于使用药物控制汽车尾气的不良影响："我有哮喘，但并不严重。需要的时候我会用吸入剂，这样就好多了。但有时候我会想，我住在这里受这种罪到底图的是什么？"（M14）

一些城市居民通过进行体力活动的方式应对空气污染造成的不良影响。正如人们认为污染物的存在是人们享受城市生活带来的便利必须付出的代价，而就健康而言，通过积极运动，也可以减少环境污染造成的不良影响："我会通过到乡下踏青或到公园散步，以及以骑自行车代替坐地铁上班的方式弥补身体因为空气污染受到的不良影响。"（L18）在这三个城市的居民中，有 1/4 的人提到了这种通过接触"乡下的自然气味"来应对空气污染的想法。我将在第 9 章中对这一事实进行详细探讨。

5.2.3　其他感官刺激的存在

"我记得去年夏天有一次我正走在伦敦的 Euston 大道上……当时的情况太可怕了……气候湿热，车流量很大，我感到几乎无法呼吸。每次呼吸我都能闻到一股汽车尾气的气味。我认为这就是所谓的污染。"（D43）

在同时存在其他相关感官刺激的情况下，对汽车尾气气味的察觉能力，以及对这种气味的判断会有所不同。这里所说的其他刺激包括味觉、视觉、听觉或对汽车尾气污染的感受。在参与者的描述中，如果汽车尾气的气味和上述刺激同时出现，则更容易引起参与者的反感。因此，当两个或两个以上的感官获取的信息相一致时（比如当我们的眼睛和鼻子或者嘴和鼻子同时感受到空气污染的存在），我们会对这一信息更加确定。更多关于多感官信息整合的探讨，请见布尔（Burr）和阿拉斯（Alais）的研究（2006）。参与者中，一名曼彻斯特的居民表示：

"我觉得这个跟相互作用有关吧？……也就是不同感官感觉的叠加作用。你看到一个东西之后，你可能会喜欢，也可能不会；但如果你又闻到了它的气味，那么你对你所看到的这个东西的理解又会加入不同层次的感受。当然，声音肯定也会有同样的效果。"（M29）

虽然目前在设计理论和实践中，嗅觉的重要性明显不及视觉和听觉，但嗅觉仍然是人们审视、理解和认识世界的过程中不可或缺的一种感官工具：

"我觉得空气质量非常好。我没有闻到任何气味或者尝到什么味道，也不觉得有什么异常。但在夏天，天气很热的时候就不是这么回事了……除了有一条拥堵的街道以外，城市中心的其他公路上都没有太多的车流。我认为这样很好，比人们以为的要好得多。"（D43）

空气污染无形的一面通常是我们通过嗅觉探测到的，并且不伴随任何其他感官刺激，因此很容易被人们所忽视。在一个信仰和建筑环境的设计都主要基于视觉范式的社会，比起用嗅觉探测到的空气污染，能用肉眼看到的空气污染更容易引起人们的关心和担忧。一名环境卫生公职人员表示，这对他的工作造成了一定的阻碍。他的主要工作就是提高人们对空气质量问题的关注度：

"之前的污染都是看得见的，比如垃圾焚烧，但现在的空气污染是无形的……他们（人们）根本看不到污染。俗话说，眼不见心不烦，所以除了个别有呼吸系统疾病的人以外，都不会去在意……现代环境中存在的污染不会把我们的房子熏成黑色、绿色、黄色、蓝色或其他颜色。你可以四处看看，现在再也看不到之前那种被烟气熏成彩色的建筑物了，只要一清扫，就是干干净净的了。"（D50）

雾霾曾有一段时间出现在各个西方城市，而现在当气温较高时，雾霾又会以薄雾的形式再次出现。科学研究表明，雾霾是由于空气污染物浓度过高所致（城市空气质量调查小组，1996: 146）。类似地，造成以烟雾的形式存在的汽车尾气污染的罪魁祸首是环保性能较低的车辆，而不是排放的污染物不可见的车辆："比如当一辆吱吱嘎嘎响的破旧汽车从你面前驶过时，你就能看到黑色的烟气，让人很不舒服……这样的破坏太明显了，不论是对我们的肺脏，还是对环境。"（D23）很多人都表示，可见的排放物更让人难以忽视："没看到还好，如果真的能看到黑色的汽车尾气，我会绕着走，或者直接走开。"（D31）

5.3 空气污染和嗅觉

在本章的开头，我就着重讲解了气味和污染物之间的区别，并指出气味实际上是人们通过嗅觉对有气味的东西的感知。要探测到某种气味，我们必须具备三个要素：第一是拥有正常嗅觉的感受主体（即人或动物）；第二是能够散发有气味的挥发性化合物或分子的气味源；第三则是作为气味传输介质的空气，而空气的温度将决定有气味的化合物的挥发性。

被释放到空气中的各种化学物质，即使本身没有气味，也可能会对上述组合的不同部分造成影响。因此，空气污染和城市嗅觉体验之间的关系是比较复杂的。

我在前文中已经证实，空气中存在的某些化学物质会对人类健康和环境卫生造成严重危害。但许多人并不知道，很多化学物质也会对人类嗅觉能力造成影响，进而暂时或永久性地影响人们通过嗅觉感受周围环境的能力。哈德森（Hudson，2006）等人将墨西哥市（空气污染水平较高，主要污染为汽车尾气和工业污染）的长期居民的嗅觉能力和墨西哥特拉斯卡拉州（地理特征和前者相似，但污染水平相对较低）的居民的嗅觉能力进行了对比，并发现这两个群体之间的嗅觉能力差别较大。哈德森得出了墨西哥市的空气污染对当地人嗅觉功能影响较大的结论。空气污染对墨西哥市居民嗅觉功能造成的影响并不仅限于他们在墨西哥市居住的时期，这种影响也有可能是永久性的。

我曾访谈过的一名环境科学家过去曾在多个有污染物存在的场地内工作。她解释道：

"我之前的工作对我的嗅觉影响很大……在工作过程中我要接触各种污染物和颗粒物……我认为我的嗅觉已经出现了永久性下降，但我在那个地方工作时更严重，但那只是暂时的……当时我几乎丧失了嗅觉，并且鼻腔总是充血……太难受了。"（D14）

空气污染还有可能对原本嗅觉功能健全的个体造成影响，限制个体探测到其他气味的能力。但这种影响是暂时的，并且仅限于在空气污染存在的场所。造成这一现象的原因是一种气味可能会被另一种气味掩盖。人们从很多年之前就开始利用这一现象隐藏室内的不良感知气味，比如使用空气清新剂。兰德里（2006: 63）认为，汽车尾气污染的气味会掩盖其他更淡一些的气味，比如地方植物等，这使得这种气味很难甚至无法被人们所察觉到。在各研究区域内的参与者的言论中都包含了关于上述现象的描述，包括那些污染并不严重的区域的参与者："在我的印象中，汽车尾气的气味比其他气味更强烈，更刺鼻，这种气味很难闻……所以它一定掩盖了很多其他更淡一些的气味。"（D27）过去的污染物也有这种掩盖效果。一名参与者对她家乡的一家糖果工厂的气味进行了描述："我觉得现在我闻到这种气味的次数要比小时候更多了，因为当时空气中的烟雾实在太浓了。"（D43）

所以说，在某些区域内，汽车尾气的这种掩盖效果实际上取代了之前的工业或制造气味的效果。

虽然一些人认为汽车尾气污染降低了他们对一些积极感知气味的探测能力，但大多数人都对其表示接受，并甘愿忍受其负面影响，这和他们对空气污染和空气污染的气味的态度是一样的。人们认为，既然享受了交通带来的便利，就要接受因此带来的影响：

"我认为我们已经闻不到很多东西的气味的最主要的原因是空气污染……我们喜欢乡下的环境，但并不愿意住在那里……不论周围有什么气味……这种气味都似乎被空气污染掩盖了……"（L14）

此外，空气污染物还能抑制空气中的其他气味。麦克弗雷德里克（McFrederick, 2008）等人在相关研究中发现，空气污染物能够降低植物气味在空气中传播的能力。这也增加了传粉昆虫探测花粉位置的难度。空气污染能够促进负责传输气味的气块中的化学反应，进而减少植物发出的植物性烃类化学信号。最终导致的结果是，相较于前工业化时期，传粉昆虫能够探测植物气味的距离大大减少。上述研究发现对人类和环境的可持续发展具有相当重要的意义。也许这正是导致目前传粉昆虫数量不断减少的重要原因。这将对农业生产和生物多样性的延续造成极大的影响。

5.4 非机动车区建设、空气污染和场所判断

非机动车区建设是一种在城市中心区域比较流行的环境质量改善措施，其主要原理是减少行人和车流之间的遭遇。在20世纪60年代将车流量引流到唐卡斯特的外环道后，当地政府实施了多项旨在限制车辆通行和在市区设立公共空间的项目。项目所在的这些区域在日间交易时间（周一到周六早上10点到下午4点）拒绝大多数车辆类型进出。其他一些项目则对行人和车辆共用的街道进行了重新设计，但仅仅是减少这些区域内车辆的行驶速度。

尽管一开始当地商人表示行人专用区建设会对贸易行业造成负面影响，但该研究项目的许多参与者都表示自方案实施以来，他们加大了投入力度，顾客数量和消费额都有所增加。

大多数参与者都对非机动车区建设对城市感观体验的影响持肯定态度："只有在一个地方我们能闻到汽车尾气的气味，而整个漫步过程经过的其他地方都几乎没有任何车流；就凭这一点我也认为是一种进步。"（D01）另一名参与者说道："唐卡斯特把市中心大部分区域都建成了行人专用区是件好事……你到其他一些类似的地方就没有这样的行人专用区，让人感觉不舒服。"（D05）奇凯托（Chiquetto）和麦克特（Mackett，1995）在英国曼彻斯特进行了一项相关研究。研究结果表明，对部分城市街道进行行人专用区建设可以大大改善这些街道的空气质量、减少主要汽车尾气的排放水平。但是，行人专用区建设也会导致车流重新分配，进而增加行人专用区周围街道和公路上的汽车尾气排放水平。实际上，行人专用区建设拉大了行人专用区和专用区以外的区域的空气质量之间的差距。唐卡斯特行人专用区和非行人专用区的交通相关嗅觉体验之间也存在类似的差异。参与者认为，行人专用区附近的街道上的汽车尾气气味是"局部的""高浓度的"，以及"令人难以忍受的"：

"现在几乎已经全部建设成了行人专用区，基本上看不到汽车尾气了。只有在公交汽车集中的边道上才能看见，那种感觉非常不好，因为汽车尾气

的气味十分强烈。但市中心已经全部建成了行人专用区,所以不存在这个问题。"(D25)

　　总体来说,行人专用区要比行车区域拥有更多变也更令人愉悦的城市嗅景:"行人专用区要舒适得多,而且对行人来说也更加安全……再也闻不到令人不愉快的汽车尾气……也看不到汽车。"(D22)在唐卡斯特嗅觉漫步的 6 个停靠点中,最受欢迎的 3 个停靠点(从总体场所和嗅景喜好度评分来看)都属于可探测到的污染物较少的行人专用区。而在最不受欢迎的三个区域中(也是从以上两个喜好度评分来看),有两个区域都允许车辆通行,并能探测到强烈的汽车尾气气味。奇怪的是,总体评分中最不受欢迎的区域柱廊广场却是一个公共购物区域。柱廊广场也属于行人专用区,只是过于陈旧(图 5-2)。参与者对该区域的嗅景的评分跟车流量最大的公路一样低(白银大街)。虽然柱廊广场不允许车辆通行,但参与者认为柱廊广场距离公交汽车下客区、上客区和停靠区很近,因此还是应该有汽车尾气的气味,而参与者也在这个位置看到大量的公交汽车并 / 或听到了声音。尽管如此,全部的 51 名参与者中,没有任何

图 5-2　唐卡斯特柱廊广场

参与者在该区域内探测到任何汽车尾气的气味。

多数参与者将这一现象归因于一些临时因素，比如风况和低温等：

"天气不好，或者风很大的时候，我会觉得这里的空气不干净，或者不新鲜……风会把大量的汽车尾气吹到这里来，而由于这里的特殊设计，这些气味又没办法消散。所以有时候这里的气味非常难闻。但这次天气可能还算好的了。"（D05）

在研究范围内的所有城镇中，参与者都将汽车尾气的气味和空气清洁度的欠缺联系起来："这可能与公交汽车、街道有关，给人一种不够干净的感觉。"（D04）在参与者的预期中，柱廊广场会有汽车尾气的气味，这样就增强了各感官之间的联系以及不同感官刺激之间的一致性，进而对总体场所感知造成了影响。同样地，在另外一个车流量相对较多、不受欢迎的停靠点，也是因为汽车尾气的气味加重了参与者对该区域的消极感知："汽车尾气让这个区域变得格外让人不舒服。我可以很明显地闻到一股气味……汽车往来不息……让人难受。那是一种不干净的气味，这就是我对这个区域的感知……所以我会觉得这个区域本身就不干净。"（D24）

相对而言，那些较受欢迎的停靠点区域的气味体验则往往不包含汽车尾气的气味："我很喜欢这种气味，因为它是这个区域的一大特征……没有汽车尾气，这一点很加分"（D14）。因此，汽车尾气的气味常常与场地的判断有关，并且能影响人们对区域的清洁度的判断。同时，这也会对总体场所感知结果造成影响。

5.5　空气污染与城市嗅景的设计和控制

现代关于空气质量的立法和政策都将空气污染认为是造成身体损害或不适的潜在原因。因此，空气污染被认为能间接降低人们的生活质量，增加压力和烦扰。在仔细阅读了与工业、制造和汽车尾气相关气味的谈论内容后，我们发现实际情况要比立法分类复杂得多。许多气味被归类为空气污染物是因为它们可能造成人们身体不适。但是，这类气味中，有一部分却被人们认为是城市体验中积极的一面，同时也是一种地方场所特征。现在，这些气味在西方城市的城市嗅景中越来越罕见。造成这一结果的原因是全球化的进程不断加深、立法和受现代主义启发的一些做法导致制造企业被集中到远离城区的地方。

对于可能引起烦扰的气味，当地政府将对气味来源加以限制，以控制气味浓度和气味接触时间。但是，不同个体对同一种气味的体验受多个因素的影响，比如个体身份为该城市或社区特定部分的居民、工作人员或游客。而现有的做法明显没有考虑到这一事实。实际上，比克斯塔夫和沃克（2001）、布罗迪（Brody）等人（2004）、柏内等人（2007）和戴（2007）进行的相关研究结果都表明，地方空气污染的总体感知受环境和个体因素的共同影响。城市发展面临较大压力，这使得越来越多的住宅项目不得不被修建在距离气味来源很近的地方。这必定会引起附近居民的不满，而这样一来，这些已经长期存在的工厂不得不面临整治、改迁甚至关闭。对于环境中存在的某些气味，现有的立法和政策框架可能起到了限制或抑制的作用。但是，实际上这些气味只是被美甲店、理发店和汽车尾气的气味所取代了。

前几年，西方城市的城市空气质量跟现在相比要差得多。当时的主要污染物是煤燃烧产生的二氧化硫。这种污染物很容易被肉眼察觉，并且会对人体健康造成严重影响。然而，公众是在许多人因空气中大量的二氧化硫死亡之后，才开始产生严重的不满情绪。也就是从这个时候开始，人们才意识到保护环境比经济发展更加重要。

汽车尾气污染不仅会对人类健康造成危害，还能从多个方面影响世界各地人们的城市体验、场所感知和判断。尽管存在上述负面影响，此研究项目的参与者大多表示他们选择了妥协。而这样的回答，我也从上几代人那里听到过。首先，这反映了人们作居住区域选择相关决定时考虑的一系列复杂的因素。尽管相较于乡村空气，城市空气中常含有更高浓度的可对人体造成不适或损坏的污染物，但这一负面因素常被城市生活中的积极方面所抵消，比如更多的工作机会、更便利的服务机构以及城市生活方式。其次，人们常常会有无力感（卡罗伦，2008：1244-1245）。如雷诺兹

（Reynolds，2008：710）所指出的："最终，由于我们会把责任转移到其他人身上，公共场所将被忽略"。只有在个体能够感知到污染的存在，或身体的不适反应较为严重时（比克斯塔夫，2004），烦扰水平才会上升，人们才会采取相应措施。目前已有关于人们因空气污染引起严重的厌恶或身体不适，以至于人们已经采取相应行动的报道。一名谢菲尔德居民要求货车司机在把车停在其窗下时关掉怠速的发动机，以及唐卡斯特肉类加工厂发出的气味引起的抱怨等都属于烦扰水平到达了临界点，而气味水平已经达到了人类无法忍受的程度。

再次，人们对城市中污染物气味的妥协可以被理解为文化使然。也就是说，造成这一现象是因为当代社会对整个世界的了解和认识都以视觉为主导。因此，污染物气味造成的威胁和不适感如伴随其他感官刺激会更加严重，不论这些气味是来自工业生产或是汽车尾气。在某种程度上，这可能与气味处理过程的潜意识性质有关，而其他感官刺激可将气味感知传递到意识心智最前端。

我们可以从上述研究结果中吸取一些有价值的经验和教训，为后面章节中的进一步探讨打好基础。不同感官刺激之间的相互作用也会对人们对污染的体验、判断和预期造成比较明显的影响。这为创建令人愉悦的理想场所提供了机遇，但同时也造成了一定的威胁。

许多污染物的不可见性和气味都会对这种污染物的公共接受度造成影响。如城市监管机构想要增强相关的公众意识，则必须采取措施，将其他感官刺激作为宣传污染水平的途径之一。具体措施包括空气污染水平相关数字视觉显示，以及使用特定的声音和能够根据环境中存在的污染物改变颜色的物质等进行精妙的设计。城市设计者也可以考虑利用城市嗅景的恢复功能，比如通过绿化建设和植被种植等方式，增强嗅觉体验和场所感知。我将在第9章中对此进行详细讲解。

此外，还有多种其他因素也与污染嗅觉体验相关，包括行人专用区建设方案，城市现有地形、温度和风况，以及空间布局等。城市设计者应在选择未来城市位置、总体规划、土地分配和街道或建筑布局时将上述问题纳入考虑。更多细节将在第9章中进行探讨。

5.6　结论

当代城市设计和空气污染管理途径主要由现有的相关立法和政策提供支撑，因此存在过于简单的问题，且仅将公众对气味来源的抱怨中体现出来的负面体验纳入了考虑。但也有一部分人认为，过去存在的某些工业生产气味实际上是城市环境中的积极因素，因为它们起到了增强场所特性的作用。但是，由于全球化、隔离和控制的共同作用，许多这类气味已经越来越少见。此外，由于隔离政策、技术进步和控制等因素的影响，其他一些过去存在的负面感知污染源也逐渐减少。如相关城市监管机构能够在制定法律、政策和设计准则的过程中更多地将气味体验和意义纳入考虑，更多地方利益攸关者的需求将得到满足，环境体验和场所依赖也将得到增强。

西方城市中汽车尾气的气味已经逐渐取代了工业生产产生的气味，而这从很多方面对城市气味体验造成了深刻的影响。这样一来，这些气味成为城市嗅觉最重要的组成部分。但人们常常对气味的存在有一种无力感，并认为控制污染和污染所造成的影响是建筑环境从业人员的责任。

但是，由于上述从业人员在实践过程中将重心放在视觉方面，因此错失了这些机会。在后面的章节中，我们将会继续对城市中的食物源气味体验进行探讨，从而对文化和建筑环境形式在城市嗅觉感知中的作用有一个更加细致、深入的了解。

6

食物和气味

　　食物在人们日常生活中扮演着极其重要的角色。不论是在世界上的哪个角落，食物都构成了城市嗅觉的重要组成部分，如汽车尾气一样。但是，汽车尾气则一直被认为是城市环境中最不受欢迎的气味之一。和汽车尾气不同，食物的气味能同时引起愉悦感和厌恶感。而且，通常人们对食物气味赋予一定的意义。食物气味所激发的情感会随时间、场所和个体的不同而发生变化。食物具有社会属性。鲍狄埃（Pottier，2005；弗尼斯，2008:3）将其描述为："食物是表达和形成人类个体之间的相互作用的最强有力的工具……是上帝赐予的珍贵礼物，同时也承载了文化的意义和精华……食物的'力量'就是源自在食物基础上衍生出来的相互关系。"本章中，我们将会对食物和城市的关系进行深入探讨。我们将从以下四个方面着手：市场、国际化街区、通风和快餐餐厅。在开始以上四个方面的探讨之前，我认为有必要对身体状态和食物气味感知之间的关系作一个大致的讲解，并扩展到不同环境对嗅觉感知的影响。

　　食物具有提供养分和营养元素的生理功能，使得个体的身体状态（特别是饥饿状态下）可能会对食物气味感知造成较大的影响。此外，特殊的饮食习惯（如素食等）也会对食物气味感知造成较大影响。不同感官（特别是嗅觉和味觉）之间的相互作用无处不在。特别是在我们吃饭喝水的时候，嗅觉和味觉也会增强彼此的感官强度。因此，气味在我们的饮食中也扮演着极为重要的角色。同样地，气味在食物感知方面也起到了比较重要的作用。因为这二者之间存在一种共生关系，人们赋予食物的意义也会影响人们对气味的感知。人们在嗅觉、味觉和摄食之间建立起了这样一种联系，即食物是我们身体的固有组成部分（或当人们身体不适时，人们会对食物感到反感）。这意味着人们关于各种食物气味的愉快或不愉快的记忆和建立起来的联系都可能会产生深远的影响。

在我本人完成的一项关于气味偏好的研究项目中，100 名参与者有超过 1/3 都表示他们最喜欢的气味是和食物或饮品相关的，而面包和咖啡的气味则排在参与者最喜欢的气味的前两名（分别有 42% 和 34% 的参与者表示他们最喜欢的气味是面包和咖啡的气味）。

此外，也有 18% 的参与者表示，他们最不喜欢的气味也是和食物或饮料相关的。在对具体原因进行深入研究的过程中，我发现许多气味都和人们过去的负面体验有关。比如一名参与者就明确指出了某个特定品牌饼干的气味。他解释道，他小时候就吃过这种饼干，有一次他被饼干上的一只黄蜂蜇到了嘴。他每次回想起这个痛苦的经历都会想到黄蜂的血液的味道，并把它跟这种饼干的气味和味道联系起来。在这种情况下，个体记忆与特定食物气味的关联会让我们下意识地远离这种气味来源。从这个角度上讲，我们有理由认为，这类负面关联很可能会让人们无法从这类气味中体验到愉悦的感受。也就是说，在个体对食物气味的反应方面，自我保护和愉悦（享乐）之间有着十分紧密的联系。但是，这种说法并不是在任何情况下都成立。我将在本章后面的内容中对此进行深入讲解。人们察觉到气味时所在的位置也可能对个体对这种食物气味的喜好或反感造成影响，同时也会对个体享受场地本身的能力造成影响。

由于气味偏好研究本身的独特性，参与者在列出各种气味时，大多数情况下并没有对背景条件加以解释。但一些参与者在列出他们喜欢和反感的气味时也标明了具体的空间和时间，比如"周日的午餐 / 妈妈做的蛋糕"。一名参与者将咖喱气味列为她最喜欢的气味，但她并不希望自己的身上有咖喱的味道："对这种气味的感知可能会随着具体环境的变化而变化。比如我快要到家的时候就喜欢闻咖喱的气味，但我不希望自己的头发有这种气味。"如果个体认为气味感知的背景环境与他们的预期存有出入，则会对这种气味的愉悦度造成负面影响。下面，我们将从市场这一城市重要组成部分出发，对环境背景和气味感知之间的关系进行深入探讨。

6.1　市场

　　和英国的许多其他市场一样，唐卡斯特市场在过去的 40 年时间里出现了萧条的迹象。但是，该市场在 2011 年荣获了由英国市场监管机构全国协会授予的英国最佳街道/露天市场的称号，吸引了不少游客前往。由于游客数量的增多，这几年市场情况有所回暖。唐卡斯特市场是英国北部最大的市场之一。该市场有一个大的鱼市，一个肉市，一个露天美食城，以及一个露天水果和蔬菜市场。同时，在每个月或每周的特定日期还有其他特色市场。在 20 世纪 90 年代中期，一场大火将市场内部分建筑烧毁，导致市场因翻修而暂时停业。而就是在这个时候，人们才深刻意识到这个市场在唐卡斯特的经济发展中扮演的重要角色。

　　在这段时间内，整个城市各个市场的客流量都有所减少，这对该地的贸易行业造成了重创。一名地方政府官员回忆道：“由于这个市场没有营业，整个城市的其他市场也受到了严重的影响……我觉得市政局在此之前可能以为那个市场并没有那么重要……也许是因为那个市场看起来不够时尚，已经日薄西山了。”（D28）由于这场火灾的缘故，唐卡斯特市场有了两个身份：一方面它仍然担当这个城市的零售场所，另一方面它还起到了吸引游客的作用。唐卡斯特市场的这两个身份在一些参与者的谈话中也有所体现。此外，参与者在关于谢菲尔德、曼彻斯特和伦敦克勒肯维尔的市场的言论中也体现出了这样的观点。

　　唐卡斯特市场区域是该市最受欢迎的场所之一，因为这个市场保留了一些过去的特征（图 6-1）。参与者在回忆他们在这个地区成长的经历时经常提起唐卡斯特市场，并认为该市场对地方场所感、认同感和归属感的形成起到了极其重要的作用。在参与者对该区域的描述中，气味有时占据了较大的分量：“想起来会觉得特别有趣，一个场所中的气味构成了我对这个场所的印象的一部分……我有时候会把这些空间和它们的气味联系起来……并不是说这种气味有多独特，而是在当时那个情景下，我觉得这种气味非常强烈。”

（D04）市场区域，特别是鱼市，会散发出浓郁的麝香味。这种气味是唐卡斯特市相对独特的一种气味，但并不是每个时候都有。造成这一独特性的很大一部分原因是鱼市的气味比较强烈，而并不是市场环境造成的。而鱼市气味如此强烈则是因为其规模较大，且空间密度高。嗅觉刺激的感知强度也同样适用于其他感官：

　　"我认为平衡很重要，不论是将破旧的散发着臭味的市场环境改造为高档的购物中心环境，或者将后者改造为前者，因为市场很容易就会变成这样一个地方，很脏，乱作一团，而且还很嘈杂。但这也正是市场的特色所在。"（D39）

　　因此，虽然会引起多种强烈的感官刺激，但市场的嗅觉体验还算是令人愉悦的。这里有各种食物和非食物气味，传统的令人愉悦的气味和那些不那么令人愉悦的气味。这些都会让人回想起关于这个场所的记忆。

　　"我认为市场对我来说很有吸引力，不仅仅是因为这里的建筑环境，还因为这里活跃的气氛和噪声，还有气味和它们之间的相互作用……我特别喜

图 6-1　唐卡斯特市场

欢去这样的地方，而这种地方也常给我留下深刻的印象……让人觉得这是一个充满活力的地方……嘈杂的声音和这种特殊的氛围。"（D31）

6.1.1 鱼市

唐卡斯特嗅觉漫步的大多数参与者在嗅觉漫步过程中都闻到了鱼市传来的新鲜的鱼和海鲜的气味，而且不光在市场区域闻到了这种气味，在周边的街道也闻到了这种气味。唐卡斯特鱼市位于市场大楼里面，虽有屋顶遮盖，但市场正面却朝大街敞开（图6-2）。只有三名参与者没有在该市场区域内闻到鱼的气味，这三名参与者中，有一名为先天性嗅觉丧失，不能探测到任何气味。但该参与者表示其三叉神经也感受到了气味刺激。另外一位则是一名已经在这个市场工作了30年之久的鱼贩："我闻不到这个气味……可能别人都行吧，但我不行。"（D20）第三位则是一名鱼贩的女儿，她经常在父亲的摊位帮忙。这种无法察觉到某种特定气味的现象实际上就是我在第3章中所说的习惯。

参与者均表示鱼和海鲜的气味比较强烈，刺鼻，且非常明显，但个体对于这种气味的感知却天差地别。有的参与者认为这种气味非常好闻："……现在我特别喜欢鱼的气味"（D13），但也有的参与者比较反感鱼的气味："这个气味并不好闻，我是素食主义者，这种气味让我想到一些负面的东西。"（D29）不论参与者是否喜欢这种气味本身，大部分参与者都表示他们喜欢在市场区域闻到这种气味，而半数的唐卡斯特参与者认为这种气味增强了市场的独特体验："这种气味并不是特别好闻，但它能让你联想到很好吃的鱼肉。而且唐卡斯特的鱼市也是远近闻名的。那市场特别大。"（D17）

另外一名参与者回忆道：

"这种气味很强烈……我认为它增强了市场的场所感，每次你一来到这附近，你就知道会闻到这种气味……这个鱼市应该是唯一让在这附近生活过的人光凭气味就能识别或者想到的地方了……这种气味是这个市场所独有的。"（D04）

因此，参与者进入市场区域后会期待鱼的气味，并对这种气味表示接受。

图 6-2　唐卡斯特鱼市

而如果参与者没有闻到这种气味，他们就会开始搜寻："我本来以为会闻到鱼的气味……是要更靠近一些才闻得到吗？……原来真的是这样。我喜欢鱼市的气味，甚至可以说非常喜欢。"（D34）即使是那些平日里并不喜欢鱼的气味的参与者也表示这种气味能够增强他们在市场区域内的愉悦度。

　　参与者将这类区域和过去的记忆紧密联系在一起，特别是关于童年的记忆：

　　"小时候我来唐卡斯特看我祖父时，我会跟他一起来到鱼市买一些贻贝……我现在还常常想起那些事，甚至有现在就去买一些的冲动。"（D34）

　　许多参与者还把鱼的气味和关于大海的记忆联系在一起：

"这让我想起我曾经生长的地方……暑假的时候我常常去海滩看他们捕鲭鱼……所以我对那种气味非常熟悉，一闻到这种气味……我就会想起当时的一幕幕……也许就是这些记忆使我对这个地方的看法产生了影响吧。"（D10）

看到那些鱼和鲜活贝类，感受到从冰柜溢出来的冷气，耳朵还不时听到整个市场区域的各种嘈杂的声音，再加上鼻子里闻到的鱼市的气味，这对大多数人（在 52 名唐卡斯特参与者中，只有 1 名例外）来说，都是一种愉悦的场所体验，且多数人都认为这种鱼市的气味对唐卡斯特的总体形象有提升作用。

6.1.2 肉市

唐卡斯特的肉市在地理位置上靠近鱼市，位于谷物交易所大楼内。肉市正门面朝鱼市，而鱼市的大门则面朝大街。不论这是否是刻意为之，肉市的气味通常被封锁在大楼中，并不会扩散到大街上。肉市的气味受欢迎程度不及鱼市气味，参与者关于肉市的美好记忆并不多。就鱼市的气味而言，一些参与者表示他们喜欢并且/或能够享受这种气味，不论是不是鱼发出的气味。但肉市的情况就不一样了："其实我喜欢鱼市的气味，但不太喜欢肉市的气味……因为那种气味不太好闻，至少我认为不好闻。"（D18）一些素食主义者将这一现象归因于视觉刺激："我一看到屠夫，心理上就会产生抵触情绪，就会觉得我不可能会喜欢那种气味"（D36）；"不管是看到肉的样子还是闻到肉的气味，都会让我非常不舒服"（D29）。鱼市的鱼都是整条摆放在摊位上，而肉品则是被切成大小不一的肉块，虽然也有被吊挂在摊位上展示的整只的已宰杀牲畜，但大部分的肉品还是成块摆放的。鲜红色的肉会造成视觉冲击，继而影响气味感知。一名非素食主义者这样描述了他关于肉品气味和血的气味的体验："过去我住的地方离屠宰场很近……那种气味非常可怕。那是一种让人反胃的略微有点甜的气味，如果不知道那是血的气味或许还不会觉得那么可怕……这其实是很主观的感受。"（D11）

　　在伦敦的克勒肯维尔，一些参与者居住在距离远近闻名的史密斯菲尔德（Smithfield）肉市很近的地方。这个肉市有点类似于唐卡斯特的鱼市，在大楼内部，处于半封闭的状态。但该肉市通风良好（图 6-3）。对于气味和市场的其他感官刺激，伦敦的参与者的描述和唐卡斯特参与者对鱼市的描述相差无几。

　　（L1　女性）："如果我们沿着这条路走下去……确实能闻到肉的气味……非常强烈的气味……我并不是很介意这种气味，但有时候看到宰杀后的牲畜尸体会有种触目惊心的感受。"

　　（L1　男性）："但是，那当然算是一个优势……我们都是食肉者，如果附近有那么两三个非常优秀的屠夫，那种感觉很棒……真的很棒。"

　　和唐卡斯特鱼市的参与者体验相同，虽然参与者并不喜欢气味本身的特质，但从总体的场所体验来说，参与者大多表示喜欢史密斯菲尔德的气味，因为市场所带来的便利抵消了它的负面影响：

　　"如果你去得比较晚，他们已经把市场冲洗了一遍，但仍然能闻到肉的

图 6-3　伦敦史密斯菲尔德市场

气味，这种气味并不好闻，而且也不太常见……但我喜欢这种气味，因为对我而言，我每次经过那里，就知道会闻到这种气味，这种气味让我知道那个市场还在运作……但这种气味会对鼻腔产生刺激作用，我们的身体会告诉我们，小心，这是生肉的气味，有细菌……所以身体反应是不可避免的，但就是会在心里认为它是一种正面的东西。"（L18）

唐卡斯特和史密斯菲尔德的肉市分别已有超过 750 年和 800 年的运营历史。这两个市场都经营活动物现宰现卖的生意。在 19 世纪 30 年代后期，查尔斯·狄更斯（Charles Dickens）在《雾都孤儿》中，对史密斯菲尔德的肉市的强烈感官环境作了如下描述：

"市场的地面有齐脚踝的脏水和泥浆；臭气熏天的牲畜似乎冒着蒸汽……市场的每个角落都不断传来令人不安的噪声；还有一些很久没洗澡，没有刮胡子的不修边幅的人在市场里窜来窜去……"（狄更斯，1839：39）

19 世纪中叶，越来越多的人开始注重公共卫生和人们对待牲畜的方法，史密斯菲尔德市场不再从事牲畜经营（多斯，1856）。从那以后，所有牲畜的屠宰都在市场外完成，屠宰完成后再送到市场上出售。而唐卡斯特市场仍延续着以往的做法。但是，唐卡斯特"牲畜市场"在 20 世纪 60 年代因双线车道的修建被搬迁到了唐卡斯特市主环路的另一边一个距离肉类加工厂很近的地方。该市场搬迁后，市中心的气味体验发生了巨大的变化：

"过去这里总能闻到牛和马的气味……每个赶集日都有，还有猪和其他动物的气味……在这种地方闻到这样的气味再正常不过了……说实话这种气味并不好闻……但它就这样一夜之间消失了……现在市中心再也闻不到牲畜的气味了。"（D08）

随着各种开发项目对场地的需求不断增加，城市中的土地价值飙涨，这样的嗅觉变化是大势所趋。而在空间分离和活动集中的大潮中，有很多类似的场所也搬迁到了市中心以外的地方。

但这是否说明社会的气味预期也在发生变化呢？一名 80 多岁的参与者在被问到现在的人们是否会介意城市中有牲畜的气味时就提到了这一问题：

"我想他们会介意的，他们会说：'噗，什么东西这么难闻！'我相信如果他们现在闻到牲畜的气味，他们会抱怨个不停……但在过去这就是我们生活的一部分，我们都习以为常了……这种气味再平常不过。"（D52）

所以，人们对气味的接受度在很大程度上受不同气味预期的影响。

根据对唐卡斯特鱼市和伦敦 Smithfield 市场的参与者体验进行分析的结果，我们可以看出很重要的一个现象，那就是气味预期和气味接受度与场所体验和愉悦度相关。在过去，人们认为在城镇售卖牲畜是很正常的事情，而当时人们既没有权利改变这样的现状，也并没有想要去改变。而牲畜发出的气味也构成了该区域的预期嗅觉的一部分。人们对这种气味已经习以为常，并接受了这种气味。这样一来，人们就更乐于以一种享受的态度来体验这种气味了。

6.2   外来食物和国际文化区

现在的许多城市中心都聚集着各色各样的美食餐厅，比如意大利餐厅、中餐厅、泰餐厅、印度餐厅、加勒比餐厅、日本餐厅和墨西哥餐厅等，因为少数群体常常以开设供应各种非本土食物的餐厅、快餐店和食品店的方式参与经济。除了能给当地居民带来新的味觉体验外，这些餐厅还带来了让当地居民感到陌生的气味，这又对餐厅所在的街道和周围区域的感观体验造成了影响。在城市中某些少数民族社区扎堆的地方（一般是发展比较滞后的地方），常常会在某一个特定的地理区域兴起一些与民族相关的食品业经营实体。某些城市已经开始发展和推广国际文化区，这被埃文斯（2003）描述为文化城市的形象推广，这样做是为了迎合全球旅游市场对新的真实体验的需求（厄里，2003）。但是，这类区域的出现也可能会引发不同细分社区之间的资源和空间竞争。这样的紧张局面在参与者关于感官环境特征的抱怨中也有提及（德根，2008；洛，2009）。

在本节中，我们将会对两个不同的国际区的气味体验，以及其与总体场所感知之间等的关系进行深入探讨。

第一个国际区为唐卡斯特的科普里路周边区域，该区域位于一个发展滞后且变化迅速的市中心周边住宅社区的中心位置。第二个国际区是曼彻斯特的有一定历史的唐人街。

6.2.1 唐卡斯特科普里路

在建筑形式方面，唐卡斯特的科普里路和英国其他城镇的许多街道并无两样；而从用途上讲，它也和全世界各个城镇的这类区域大同小异（图6-4）。科普里路紧邻唐卡斯特的城市核心区域，地处一个发展严重滞后，且混居了多个少数民族群体的区域。这里有音乐用品店、性用品商店、其他特色店面，以及各类保健和外展服务门店等独立营业场所。该街道经营活动中的主要商业组成部分是餐饮业务，这里有各色各样的国际美食餐厅，包括国际知名的食品供应商，如印度餐厅、中国餐厅、法国餐厅和意大利餐厅，还有最近才开业的阿富汗餐厅、尼泊尔餐厅、加勒比餐厅和越南餐厅、外卖店和咖啡店等。"从街道这头走到那头，你就可以吃遍全球美食。"（D09）

这些店的招牌和它们的室内装饰不仅会对光顾他们的客人产生影响，还

图6-4　唐卡斯特科普里路

会对街道的感观体验、用途和各利益攸关者对街道的感知造成影响。有一些餐饮店运作良好，在这条街道上已经存在了数年之久，但科普里路所在的街区已经发生了很大的变化：

"我在那里居住了接近6年的时间。随着越来越多的移民涌入唐卡斯特，这条街道发生了很大的变化。"（D11）

"现在门店更多了，民族特色也更加鲜明。我的意思是说，虽然之前就有这样的店面，但现在更多了。"（D40）

来自各个国家的移民集中在某个特定区域内和唐卡斯特的总体人口统计特征形成了鲜明的对比。2011年,英国国家统计局（ONS）人口普查结果显示，95.2%的唐卡斯特人口为英国白人，而有3.7%的人口则是黑人少数民族（BME），而全国平均水平则是11.9%（ONS，2012）。近几年又有大量的外来移民涌入唐卡斯特,而该区域也建立起了一个官方移民迁移中心（DMBC，2008: 6）。目前，唐卡斯特市有许多外来移民都居住在科普里路周边区域。

参与者表示，该区域的气味环境的特征和唐卡斯特的总体气味环境特征有"较大差别"。这一差别和这条街道的物理结构和形式形成了对比。这条街道的形态和建筑格局从100多年前建立以来并没有太大的变化。整条街道现在还是传统的连栋房屋，但街道的商业活动和居民构成却发生了很大的变化。相反，这些新开设的门店更符合当地的这种大量小型个体户独立经营的传统："这其实算得上是一条传统的商业街，唯一的差别就是这里售卖的商品大多数都是国外的……比如亚洲和西欧。"（D13）多数参与者都在谈论中多次提及了他们在这个区域中闻到的气味有"异国"特质，但并不是所有参与者都表示喜欢。参与者对这种气味的感知差别较大，总体持两个观念，都与个体因素和政治立场有关：有的参与者认为这条街道是一个具有多元文化的国际区域，是唐卡斯特的重要资产；也有的认为这条街道是各种冲突和矛盾的温床。

几名唐卡斯特的参与者表示他们很喜欢科普里路的独立性，因为这为这条主要街道一层不变的外观和用途增添了新的色彩：

"这是整个唐卡斯特市内我最喜欢的一种街道……这里有各色各样的门

店，你能很明显地感觉到这里居住着大量的少数民族群体，能给你一种异样的感受。此外，这里还有一些你在其他地方找不到的特色商店。"（D43）

同样地，很多参与者认为这些由外来移民开设和经营的门店为这条街道增添了多元的色彩：

"我很喜欢这里，因为这里有各色各样的门店，用途也各不一样……对于像唐卡斯特这样的城市，这条街道颇有些波西米亚的风格……这里有很多非常不错的餐厅，还有民族餐厅……民族商店，虽然并不正式，但别具一格。"（D06）

从这个角度将，气味预期起了很大的作用："这里有很多不同的气味，各式各样的商业活动和有趣的事物。我认为市中心就应该是这个样子。"（D26）这又和场所感知有一定的关系："空中飘散的东方菜的气味，非常好闻……这让人感觉这里是真正的国际区，但我也不知道这是不是因为我的嗅觉跟别人不同才会这样。"（D39）

很多参与者使用味觉相关的词汇来描述这种国外食物的气味，比如辣、刺鼻、甜和强烈等。那些喜欢这个区域或在这个区域内感到舒适的参与者，也就是接近1/4的唐卡斯特参与者，他们都非常喜欢这种国外食物的气味，并认为它们增强了整条街道的总体体验和特征：

"我总习惯于将这种'气味'和各种售卖食物的场所联系起来，特别是那种国外的食物，所以我来到这种地方就想闻到这种气味，我喜欢这种气味，我觉得很好闻。"（D48）

"我认为这种气味很好闻，这是欧洲大陆独有的，不是吗？给人一种在度假的感觉。"（D51）

在上述情况下，气味和人们的气味预期是刚好相符的，而根据各自之前的经历，参与者会把这种气味和其他时间和空间联系起来，人们会想起过去一些类似的经历，这让参与者对科普里路的体验更加生动。

但其他一些参与者对科普里路的体验又完全不同了："我不喜欢这个地方……包括这里的所有商店，散发着血腥味的阿里店铺，还有那些外卖店和餐厅，我都不喜欢。"（D45）共有8名来自唐卡斯特的参与者，包括这名在内，都使用负面词汇对这个区域进行了描述。在他们的言谈中,科普里路被描述为一个冲突四起的地方,他们认为这里的少数群体会对当地完好的文化和秩序造成威胁:"……唐卡斯特外来移民,还有那些避难者人数太多……已经对唐卡斯特造成了破坏。虽然我认识的人中有不少人都认为他们给唐卡斯特带来了不同的文化,但唐卡斯特大多数居民都不愿意接受这样的文化。"(D08)和那些认为外国食物气味是一种积极的多文化体验的参与者不同,这些参与者对外国食物的气味持否定态度:

"我不喜欢印度菜……反正只要是外国的食物我都不喜欢。"(D30)

"我爱人的父亲……是一个睿智有学识的人,他根本不碰咖喱……好像碰一下会死一样,因为他觉得咖喱是'外国垃圾'……所以这会引起严重的文化震荡。"(D10)

在上述情况中,这些气味被认为是不合时宜的。虽然人们能闻得出这些气味,并且也知道科普里路上难免会有这些气味,但他们一想到气味来源就会感到抵触。

外来移民大量聚居在这个区域内也给场所感知造成了进一步的影响。参与者在相关的言谈中反复提起安全和卫生这两个词。一些参与者认为这个区域有太多的非本土食物气味,人们说着各个地方的语言,外来移民成群结队,这会让人觉得这个区域不太安全,其中包括一些对多数区域都持积极感知态度的参与者:

"这种地方会让人感到隐隐的紧张不安……这里的多元文化……在我看来有可能是让人们感到不安的一大因素……但我认为这就像是一个很多常见的场所的组合,还像是一个多元文化社会。"(D03)

人们感受到威胁的程度和有无,跟他们的个人经历和归属感有极大的关系。一个长期经营饭店的英国白人说道:"说实在的,我个人其实跟一些其他种族的人在一起会感到更舒服……因为他们不会做出任何威胁到我的举动。但是我们很多当地人醉酒过后就会有暴力行为。特别是这种情况下,我只想跟其他的种族的人待在一起,这样我感觉更加安全。"(D32)

那些生活在这个区域内的参与者似乎更关注废弃物和垃圾清理等门前卫

生问题，他们认为这跟区域内的食品业息息相关。参与者将门前卫生问题，也就是这些个体户的门面，和背后的商业活动进行了对比：

"其中一个门店正在焚烧硬纸板……后巷塞满了黑色的袋子，根本走不过去，塞得很满……他们只对门面感兴趣，我想这个地方很快就会因为环境卫生问题被取缔了。"（D08）

根据参与者的气味体验，我们可以将唐卡斯特的科普里路区域认为是一个正在转型的区域。很大一部分的外国移民社区都聚集在这个区域，这与整个城市的总体人口统计特征形成了鲜明的对比。该区域的气味体验受个体对总体移民问题的立场这一社会经济因素的影响。因此，个体之间对气味的理解和愉悦度也存在很大的差异。

我认为有必要对曼彻斯特的唐人街的外国食物气味体验进行深入探讨，随后再探讨这两个区域的关键主题和二者之间的对比。

6.2.2　曼彻斯特唐人街

曼彻斯特的国际区居住着13500多名华人，占当地总人口数量的2.7%（ONS，2012）。此外，整个城市的华人经营单位、服务机构和文化活动也都聚集在这个占据了中心位置的唐人街。该区域是欧洲第三大唐人街（克里斯蒂安森，2003），自20世纪70年代该地区首批知名餐厅开业以来，这个唐人街不断壮大（BBC，2004）。在曼彻斯特的华人人口数量在过去的10年里翻了一倍，这对唐人街的迅猛发展也起到了一定的推动作用。今天的曼彻斯特唐人街有许许多多的中国广东及中国其他省区和泰国食品经营单位，包括餐厅、外卖店、面包店、超市以及社区服务机构、公共机构和旅游目的地，如中国艺术中心、中国妇女中心和一家赌场。这些经营单位中大多数都在该区域之前的棉花仓库内经营，因此建筑环境还保留着过去的风格。该区域有着鲜明的特征，那种视觉、听觉、味觉和嗅觉的强烈刺激以及质感，是整个城市的其他区域都无法比拟的（图6-5）。虽然这两个区域规模大小不同，而且唐人街的民族群体数量明显少于唐卡斯特的科普里路，但在唐人街能探测到的一些气味在唐卡斯特的科普里路也能探测得到。

和唐卡斯特的几名参与者的意见相似，许多曼彻斯特居民也将食物的气味描述为城市生活中的积极因素：

"这城市里我最喜欢的就是各种食物的气味……我喜欢那种能让我一闻到就联想起很多不同事物、文化和美食的气味……还有各式各样的活动。"（M26）

和唐卡斯特不同的是，大多数参与者对曼彻斯特的唐人街的感知是积极正面的，并没有人对当地的资源竞争或者潜在的种族紧张关系感到不安。同样地，对于构成唐人街的嗅觉重要组成部分的中式食物的气味，参与者都认为这是该区域体验中的积极因素，且这种气味对城市总体而言也具有一定的提升作用："在唐人街漫步的感觉很棒，因为在那里能闻到正宗的中式食物的气味，特别是那些美味的中式糕点……很多店面都在做这样的东西，让人感觉很好。"（M31）

但是气味的浓度太高也引起了不少问题。一方面这些气味是该区域的正

图 6-5　曼彻斯特的唐人街

面"味标"，但同时也会引起个体的一系列行为反应，有吸引也有排斥："我觉得唐人街非常有趣，那里有各种中式食物的气味。一直都有，不管是白天还是晚上……我喜欢中式食物，但心情不好的时候也会对这种气味有些反感。"（M7）"味标"一词最初由波蒂厄斯（1990: 27）发明，与地标相对应，类似的还有谢弗（1994）提出的"声标"。这里所说的味标是指某个场所、街区或城市所特有的一种气味。

几名曼彻斯特居民表示，他们不喜欢生活在"离气味这么近的地方"，因为那种气味实在太强烈。由于一个地方的气味可以泄漏到其他地方，我们无法将这些气味封锁在唐人街。而在某些情况下，这也会对生活在周边区域的居民造成问题："如果你把窗户敞开……有时候那种气味不是特别好闻……我喜欢中式食物……他们下午三四点就开始准备食物……但到晚上气味才刚刚开始……各种气味相互融合。"（M30）

如曼彻斯特唐人街等文化和国际区在大城市中已经越来越常见。虽然这种地方通常是少数群体的社交中心和商业中心，但对于华人社区来说，如肖（Shaw，2004）等人所描述，这种地方是"重建的异国化景观"，其特色是一些具有民族特色的风景。

曼彻斯特唐人街的感觉景观是城市相关监管部门刻意打造的，目的是吸引游客。当地居民和城市居民每天都要和游客摩肩接踵："感觉有点像生活在旅游景区，很多游客乘坐大巴车来到这里参观唐人街、拍照，有时候还跟中国人拍照，我觉得很奇怪。"（M2）因此，曼彻斯特的唐人街和唐卡斯特的科普里路是完全不同的两个景象。唐人街，由于有大量华人聚居，而且各项商业活动也与华人有关，因此这一群体占据了唐人街很大的比重。因此，和科普里路一样，唐人街也有自身的独有特征，而这些特征也是通过该区域内的嗅觉的各个组成部分，以及其他感官信息体现出来的。

6.2.3　国际化街区——探讨

在曼彻斯特的唐人街，华人社区和其他少数民族群体已经在此生活了相当长的一段时间，因此种族厌恶症并不多见，而外来移民社区也被认为是城市生活和体验的积极因素：

> "你能明显感到这里存在着多种不同的文化……我所说的不同的文化不仅仅是，噢，还包括各种类型的餐厅，但唐人街就给人一种社区的印象。"(M26)

在唐人街，参与者对各种相关气味的感知总体来讲都是积极、正面的。参与者认为这些气味是当地政府刻意打造的独特体验的一部分，这样做是为了吸引观光客和顾客到这个区域甚至整个曼彻斯特游玩。

相比之下，唐卡斯特的科普里路周边区域则总是不停地在变化，因为这里的许多群体都是刚刚来到这里的外来移民。尽管这里的气味环境被认为是当地社区的独有特征，大部分人对国外食物的气味感知也通常是积极且正面的。但是，对于那些认为这种气味怪异难闻的人来说，情况又完全不一样了。我在第3章中已经重点指出，相较于熟悉的气味，陌生的气味更容易引起人们的负面情绪。这一现象会对"其他化"产生重要的影响，因为在这种情况下，陌生的气味实际上是种族厌恶症和种族差异的含蓄表达（克拉森等，1994: 165-199；洛，2006，2009；德根，2008）。不论是在唐卡斯特的科普里路，还是在曼彻斯特的唐人街，国外食物的气味都和当地的总体嗅觉形成了较为明显的反差，而人们对于这样的反差态度各异。洛（2009：102）在新加坡进行了一项涉及多个民族群体的区域嗅觉相关研究，并得出了这样的结论："当人们开始通过嗅觉来判断一个种族群体，并将他们归类为'相关'（我群）或'不相关'（他群）种族社区时，种族社区这一概念将变得尤为突出。"

商业活动的规模和集中程度也扮演着重要角色。一名伦敦的参与者回忆道：

> "当你走过唐人街，你会发现它是一个很有特色的地方……这里还有意大利区和亚洲区……整体而言，大部分的这些东西是在其他城镇所看不到的，比如其他城市可能也有中餐厅或者亚洲餐厅，但就是没有这样的一整条街。"(D10)

就大城市而言，由于人口数量较多，人口统计特征多变，这些大城市可以将区域划分为不同的民族或主题分区，但在规模较小的城市中心这就没有可行性了。虽然这样的区域划分通常是基于共同的语言、生活模式、文化和（最重要的是）经济状况，尤其是当外来移民处于整个城市中最穷困的阶层时（汀斯利，雅各布斯，2006），但这样的发展趋势却会引起一系列的政治问题：

"似乎所有的中式食物都只在唐人街才买得到，而大多数的印度食物也只在鲁什尔姆才有出售……我当然更希望这样做是为了规范、整齐，但我想很多人都看得出来这其实是一种隔离。"（M27）

在英国城市，一些特定的民族群体却不太可能聚居在同一个区域："意大利人就散居在这个城市的每个角落，希腊餐厅的数量也非常少……这些餐厅通常分部在不同的区域，虽然相互之间距离并不算远。"（M27）但是，不同的城市和国家却因移民模式的不同也有着不同的发展趋势。比如在纽约、中国天津等城市，就有十分成熟的意大利区，而在美国底特律和加拿大的多伦多则有设施非常完善的希腊城。

将相似或不同的民族食物经营单位划分到特定的区域需要考虑某些特定的设计因素。比如在唐卡斯特的科普里路，和曼彻斯特的唐人街，建筑环境就应当优先于商业活动，但现在商业活动却在各个方面占据了这些区域的感知感官环境的主要位置，包括各自对应的嗅觉。这又会对生活体验、地方场所感知和认同度造成深远的影响。建筑环境形式在上述区域的封闭和开放方面起到的作用，对嗅景强度的放大、稀释和包容都会产生极大的影响。

6.3 气味排散和通风

在控制气味来源和减少气味被直接排放到街道的机会方面，技术进步起到了重要的作用。最常见的气味控制机制应该就是抽排系统了。在全欧洲的150万家餐厅和餐饮店中，大部分都使用了抽排系统（EUKN，2002）。抽排系统也常被用于零售店、办公室、服务场所，以及购物中心和休闲娱乐场所，如健身馆和交通枢纽等。抽排系统能够有效捕获气味，改变气味传播方向，并将气味排放到城市的特定区域。气味通常被排放到平地层以上的区域，以减少气味被人们察觉的机会。此外，气味还通常被排放到运营场所后面的小巷子或密闭的私人区域。我带领学生在唐卡斯

特唐人街进行嗅觉漫步时，都会走到这些店面的后面或者各个店面之间的
小巷子里一探究竟。无一例外地我们都能闻到强烈的烹煮食物的气味，这
种气味比较多变，且通常混杂着大街上的废弃物的气味（图 6-6）。一般情
况下是由城市规划者、建筑控制规范的制定者和环境卫生管理者决定应该
将这些气味排放到什么地方。

既然可以通过抽排系统对气味进行控制和操纵，那么地方政府就可以决
定哪些气味是应当去除的，而哪些又是应当保留的，并执行这样的决定。由
于气味感知的主观性较强，因此一部分城市居民不喜欢的气味也可能被其他
一些居民所喜欢，甚至会非常喜欢。这和人们对唐卡斯特的外国食物气味的
感知是一个道理。在操作层面上，具体情境非常重要。一名环境卫生公职人
员解释道：

"我们要做的其中一项工作就是确定哪些群体会受到'这种气味'的影
响。如果现在我和你沿着这条街走下去，我们就可能会抱怨'某家餐厅的气
味'很难闻，虽然实际上那种气味本身并不难闻，但走在大街上和你坐在花
园里赏花的心情肯定是不一样的。但如果那是你的花园,情况就又不一样了。"
（D44）

长期反复暴露于某种气味要比短暂或偶尔暴露严重得多，因为长期反复
暴露于某种气味更容易引发与气味相关的烦扰。但是，这种方法的基本原理
是把气味视为环境体验中的绝对负面因素。同时，如果政府不顾环境卫生公
职人员的担忧，批准在一家存在多年的会发出气味的运营场所附近开发新的
住宅项目，则又会引起新的问题：

"这正是我们（这些环境卫生公职人员）和其他人在规划方面意见相左
的地方……在我们看来，'你把住宅项目修建在这种会发出气味、引起烦扰
的运营场所旁边，那我们就必须对他们展开调查'，这对人家不公平。"（D44）

政府官员有时候可能没有考虑到场地收购和租用的成本，但实际上这些
区域所在的土地的初始收购价格可能非常低，因为这些地方通常靠近气味源。
但在另外一个案例中，城市政府官员却试图在评估中将上述因素纳入考虑：

"我们必须……最后弄清什么是合理的，什么不是。如果某人在商业用

图 6-6 后门通风：曼彻斯特唐人街

地旁边买下了一套住宅，但又抱怨外卖店或餐厅的气味……那我们就可以跟他说，是你自己选择住在这里的，那你就应该忍受这种气味。"（D44）

这样划分的结果就是经济条件较差的社区和个人往往会聚居在气味最强烈的区域或住宅中。但是，在替代情景中，如果有人想要修建一个新的会发出气味的场地，或将现有场地的用途转变为其他会发出气味的用途，那么，如果附近有成熟的住宅小区，则很难获得批准，但如果可以使用精密的建模工具证明减排措施的充足性，情况就不一样了。这一问题在第 2 章中就有探讨。

不同类别的食物通常需要使用不同类型的抽排系统，具体取决于气味浓度和抽排过程中释放的油脂的量。在英国，鱼类和油炸食品店、炸鸡店和酒吧等油炸食品销售量较大的场所可能排放浓度极高的气味和油脂，随后是提供民族食物的餐厅，如中餐厅、日餐厅、印度餐厅和泰国餐厅等（内森，2005：18）。

建筑师和设计师可以将通风系统用作一种室内嗅景设计工具，即使是没有气味的场所也可以使用。应考虑到现代封闭的购物中心、服务机构和休闲中心的受控环境。这些环境中的全开放商场和大型前方开口门店等都需要使用通风系统和空调系统来控制气味。一名零售经理解释道：

"如果购物中心让强烈的气味充斥整个商场，那很可能就完了……即使是远处传来的淡淡的食物气味，也可能造成很大的问题……如果商场里有咖喱或者中式食物之类的强烈的食物气味……那是根本行不通的。"（D39）

这名零售经理总结道："因此，说购物中心应当是没有气味的并没有错，因为购物中心必须如此才能让顾客感到舒适。但这样一来零售体验就会变得单一。"（D39）

这种通过通风控制气味的方式并不仅限于建筑内部：

"现在人们总是想要驱逐不好的东西，在这个过程中我们实际上也消灭了一些好的事物，比如食物的气味……很多场所都安装了空调，即使是开放式（市场）摊位也会安装排气风扇……实际上这些气味并不难闻，甚至很好闻。"（D41）

现有的控制机制和做法把全部的重点都放在气味的不良影响的控制方面，完全忽视了气味的积极作用，这样一来就可能导致大街上的环境气味变得单调无味，并对现有的场所联想和城市嗅觉体验造成威胁。过去，在立法还不像现在这么严格的时候，气味来源可以随意将气味直接排放到大街上，某些甚至直接从地下室或平街层排放到地面上。在英国，与气味相关的立法仅适用于场地建立时、建筑物的用途需要修改时，或有居民投诉的情况。因此，许多已经存在多年的经营单位，特别是准备和供应食物的经营单位，目前仍在向周围环境低空排放气味，而这在新修的建筑中是不允许的。

唐卡斯特就有一家这样的地下室餐馆。这家餐馆将气味直接排放到大街上，并逐渐成为唐卡斯特的味标。一些人对这个气味表示喜欢："我每次经过那里……都看到他们使用各种香草，闻到各种气味……排气风扇的风吹到你脸上，那种感觉真的很不错。"（D38）但是，也有一些人并不喜欢这种气味：

"从路边这家餐厅飘出来的油烟，是我经常闻到的一种气味，每次我从那里经过我都会屏住呼吸……如果非要让我说出唐卡斯特有什么我不喜欢的气味，那就是这个气味了。"（D18）

餐馆排放的气味还有一个独特之处在于人们可以通过温度感觉到它的存在，而参与者关于这方面的评论通常是正面的：

"我也说不清楚这到底是种什么气味，但就是感觉这种气味十分温暖……闻起来很舒服。"（D21）

"能闻到一种非常强烈的地下室通风孔的气味，那个气味是从餐厅传来的，极为强烈……在寒冷的晚上这种气味让人感觉很舒服，我和我妹妹经常站在这里取暖。"（D06）

对于这种温热的气味，不论是来自抽排系统还是商场供暖系统，唐卡斯特的人们常常持肯定态度。但这种积极、正面的感知仅限于在寒冷的冬天，因为那个时候气温和排气之间的差异更大。

排气孔排出的热气能够从一定程度上缓解寒冷。但将通气口转移到地面和平地层之后，这样的体验就不那么常见了，因为气味控制的重要性被放在了这类令人愉悦的热体验或嗅觉体验前面。

除此之外，通风本身的多感官属性和气味预期之间有了更多的相互作用："我每次听到空调运行的声音……我就知道马上就会闻到某种气味了。"（D05）在某些情况下这一相互作用还会影响场所判断："我能听到抽排系统运转的声音，所以这个地方跟上一个地方比起来控制还不够。"（D28）因此，通风和气味置换对总体体验的影响也十分明显。但在进一步探讨这类主题之前，我首先要对便利食品、快餐餐厅和食物类别及气味价值之间的关系进行详细讲解。

6.4　便利食品、快餐餐厅和气味价值

在加利福尼亚州的一个叫作山景城的城市，2007 年曾有一期地方报刊在头版刊登了一则标题为《附近居民不喜欢 KFC 的气味》的报道（德博尔特，2007）。该报道内容如下：

"上周，市政厅一个小型会议室人满为患，大量住在 KFC-A&W 附近的居民聚集在这里声讨这些快餐厅……他们对快餐厅出现在其居住区域附近表示担忧。部分居民住在距离 KFC 只有 30ft 远的地方，他们都抱怨以后肯定会有很多人开车到这儿来速买食物，到时候会有大量汽车尾气。而那些素食主义的周边居民则对飘散在附近区域的炸鸡的气味表示担忧。"（德博尔特，2007）

同一年，一则关于加拿大多伦多的博客也提到了 KFC：

"这个城市里每一家 KFC 餐厅都会发出难闻的气味。我认为这会降低KFC 餐厅附近的住宅楼盘的价值。我的一位女性朋友在找房子的时候看中了新多伦多的一套小房子，但就是受不了旁边 KFC 的气味，所以就没有询价……麦当劳也遭遇了类似的事件。我认为这已经成为一个世界性的问题。"（布莱克特，2007）

在英国各大城市，快餐企业的数量也在逐渐增多（施洛瑟，2002），并从多个方面对城市环境造成了影响。其中感官方面的影响是核心部分。快餐企业在全球范围内受到各个群体的欢迎，规模也在不断扩大，因此在山景城和多伦多出现的这一系列问题实际上在英国各大城市也时有发生。

一名唐卡斯特规划师描述道：

"如果有人提出要在住宅小区附近设立一个熟食外卖店的申请，附近的居民就会跑过来说他们不希望附近有这样的外卖店……主要原因是因为这些外卖店会吸引一些开车来买食物的顾客，或者外卖店会有自行车帮忙送餐……这样会对该区域造成扰乱，并不仅仅是食物本身的问题……而且这样一来这附近会有很多人，孩子们也会来这里闲逛……"（D09）

根据餐厅的位置和性质不同，快餐企业可能会引来大量的车流，比如得来速，或餐厅为顾客提供了停车位，或顾客取餐时把车停在餐厅外。这样一来，该区域的车流量会大大增加。尤其是那种需要顾客把车走走停停，发动机长期空转的快餐企业，相关问题最为严重。快餐厅还会产生大量的街道垃圾和废弃物（Keep Britain Tidy，2003），而这些废弃物又会产生其他气味，并对城市的总体体验和感知造成负面影响。

快餐厅排放的气味和油脂浓度极高（内森，2005：18），特别是那种制售高销量油炸食物的餐厅。比起其他类型的餐厅，这类餐厅需要更先进、复杂的通风系统。但是，为确保符合设备和维护的管理要求，许多规模较小的独立企业则需要地方政府官员给予详细的引导。城市环境中普遍存在快餐厅发出的气味，而不同个体对这种气味的感知也有所不同，受品牌认同度和食物类别等因素的影响。

在唐卡斯特，人们通常把快餐厅和破旧的区域联系起来，并认为其主要供应"油腻"类食物：

"我不喜欢碎肥肉，那种气味也不是很好闻，非常刺鼻……一闻到这种气味我就想到……那些烤肉店……就是吃夜宵的地方……这种气味对这个城市来说并不是什么值得骄傲的东西。"（D27）

人们通常把油腻的快餐气味和晚间经济联系起来，还有过去那些常常在大街上宿醉的人，但在那种情况下人们对气味的判断就不会受这么多限制了，这跟人处于清醒状态时有所差异："我现在闻到的这种气味就类似于快餐厅的气味，一点都不好闻。不知道如果我晚上11点半喝得酩酊大醉的时候会不会也是这种想法。"（D39）人们赋予快餐的价值也会影响场所感知：

"就是因为这些曾作为晚间经济的场所（快餐经营单位），这条街快要被废弃了。"（D09）

"其实我觉得这条街有些破旧，确实是这样，而且还有点臭。这种模糊的不干净的气味，令人作呕的廉价的油腻食物，还有汽车尾气的气味，总是挥之不去。"（D39）

参与者在探测到气味之后，会将气味和它所在的区域关联起来，并赋予它某种意义。并且，他们认为越破旧的地方越有可能闻到快餐的气味。在柱廊广场，也就是唐卡斯特嗅觉漫步中最不受待见的地方，参与者以为这里会有油烟的气味，这就好像人们以为在某个地方能闻到汽车尾气但实际上却没有闻到：

> "我看到那些各色各样的正在营业的门店，还有一些……它们有一些顾客，我觉得这些门店供应的食物价格可能比较便宜……我的意思是这里肯定不会供应那种现磨的新鲜咖啡，也不会有那种用新鲜大蒜油烹饪的气味……我觉得……这里应该会有便宜的速溶咖啡的气味。"（D47）

在一个覆盖了英格兰和苏格兰的研究项目中，麦克唐纳（Macdonald，2007）等人着重强调了四大快餐连锁店（即汉堡王、肯德基、必胜客和麦当劳）的位置和周边区域贫困状况之间的关系。这些连锁快餐店在相对穷困的区域扎堆的现象可能是由于生活在这些区域的人们对快餐的需求量更大、地价更低，同时也更容易获得规划许可（麦克唐纳等，2007：253）。但是，一个在格拉斯哥进行的早期研究项目中，麦金太尔（Macintyre，2005）等人为格拉斯哥的所有餐馆的位置绘制了地图（快餐店、咖啡馆和外卖店），却并没有发现这样的关联。麦克唐纳等人（2007）在思考这两个研究项目的研究结果的差异时，发现跟周边区域穷困状况相关的，是快餐企业的类别。除了上面所说的这四个快餐连锁店之外，其他的快餐连锁店，以及个体快餐店都并没有在相对穷困的区域扎堆。如果把气味纳入考虑，这种解释十分有趣。在唐卡斯特，参与者更倾向于把个体快餐店（特别是烤肉店）的气味和破败的区域联系起来，而不是一些知名的快餐连锁店。对于后者，参与者的态度要温和得多。这种联想和小型个体商户及前文中所说的夜间经济中的羊肉店之间的感知联系有关，人们普遍认为炸鱼和薯条的气味要比其他快餐的气味好一些，就如一名参与者在提到快餐的气味时说道：

> "这种气味跟炸鱼和薯条的气味很不一样。我喜欢炸鱼和薯条……天生就喜欢，这是一种传承，一种习惯。但是，这里这种气味更像是烤肉店的气味，并不是很讨人喜欢。"（D27）

大多数人都不喜欢这种油腻的气味，但在城市中的主要零售和核心商业区的大排档发出来的食物气味的感知方面却有所不同。包括汉堡售卖车和热狗摊位等商业活动被认为是一种街头剧。跟在市场上可以闻到的棉花糖的气味一样，这种气味通常会被人们跟儿时关于游乐场的记忆和其他城市联系起来。有时候会在法式大街举行街头的各种销售活动，因为该区域是当地的主要零售区域。负责街道管制的公职人员对这样的街头销售活动非常反感：

"街上那些卖热狗的令人反感……如果他们没有经营许可，我们就会驱逐他们……我记得有一次是在圣诞节前的一个星期，我们就发现有一个没有经营许可的商贩在购物中心外面贩卖热狗……很多人都向我们投诉……跟我们说那气味很难闻……当地零售经理为这个事伤透了脑筋。"（D11）

零售经理的投诉主要涉及两个方面的顾虑，一方面是这种气味可能会影响他们零售店的客流量，另一方面就是气味本身的特质："那种令人作呕的油脂和洋葱的气味会让人发疯。"（D11）但唐卡斯特的8名参与者中，大多数在详细探讨来自某些街边摊贩发出的气味时并没有这样的反感情绪；其中有6名甚至表示喜欢这种气味。

相反，那些负责城市街道管制的人们同时也要负责组织城市中的街头市场，他们对这种气味的感知则完全不同，认为"这种气味能够让街道变得更加有趣"（D11）。大部分参与者表示喜欢这种街头市场，但都认为价格稍微偏高。由此可以看出，对食物气味的感知在很大程度上与食物的类别有关，而且食物还会对场所认同感，以及场所管理和控制造成影响。通过深入研究与快餐气味相关的体验，我们发现嗅觉能够帮助我们进一步了解城市的社会生活。嗅觉实际上是一个无形的标记，它强化了社会经济的界限。

6.5 食物和气味——探讨

"我们可以用各种各样的标准把这个世界一分为二，比如穷人和富人。但现在又多了一个划分标准，那就是气味。而从这个角度上讲，生活在富裕国家的我们通常是不会闻到贫穷地区才有的那些气味……所有陌生而强烈的气味都不是那么令人愉悦……现在这两个群体之间最大的差异就是嗅觉。"

（吉尔，2005）

　　明顿（Minton，2009）在她的一本关于 21 世纪的城市中的恐惧和幸福的著作中对城市政策和公共空间的私有化、清洁度和证券化趋势之间的关系进行了深入探讨。明顿指出，商业开发区、有栅栏有警卫的社区以及住宅项目的开发都是从美国引进的概念，而这些在英国的各大城镇已经是司空见惯的了。棉（Mean）和蒂姆斯 Tims（2005）认为，这些区域在设计时就参照的是某种具体的社区标准，也就是那些有足够的财力和教育背景，有能力在这里生活、工作和消费的群体。这些地方跟它们所在的这个城市和地区的总体面貌几乎没有关系。目前关于城镇中心同质化和进而产生的克隆城市的辩论不绝于耳（新经济基金会，2005）。建筑师伊丽莎白·迪勒（Elizabeth Diller）对这类区域的设计过程进行了以下描述：

　　"把空气中不好的东西清除掉：比如湿气、臭味、热气……我们一直想要完全掌控环境。但就是因为我们对环境的这种控制欲，一切都变得索然无味，成为一个单一文化定位的舒适区域，里面的任何事物都乏善可陈，这实际上是一种感官剥夺。"（芭芭拉，佩里斯，2006：134）

　　明顿还指出，这些区域还排斥包括年轻人、老年人、穷人、无家可归的人和有精神疾病的人在内的多个群体，这对整个社会都造成了不良影响："真正的问题在于，由于这些场所并不适合每一个人，在这里面待太久会让人对差异感到不适应——甚至害怕"（明顿，2009：36）。类似地，德根（2008：196）在一份关于两个重建城市中心的生活体验的研究报告中总结道："地方和全球过程之间的相互作用产生了新的空间竞争形式，而这样的竞争则对城市的社会凝聚力造成了威胁。"德根的研究项目中的两个城市中心分别位于曼彻斯特的 Castlefield 和巴塞罗那的 EI Ravel。

　　如本章中所述，气味感知在场所感知、场所认同度和场所判断方面扮演着重要角色，对其产生重要影响。在唐卡斯特的嗅觉漫步中，参与者对走访的几个区域的食物气味预期差别较大，比如科普里路的"国际化"或"外国"气味，以及一些更加破旧的区域或晚间经济区域的油腻快餐气味。

　　同样地，气味所在的场地也会对气味感知造成影响。那些通常情况下不喜欢鱼的气味的参与者却很享受唐卡斯特的鱼市散发出来的鱼的气味，并且希望能在那里闻到这种气味。

在公共空间的其他使用者和负责管控建筑环境区域的城市政府官员之间，对气味的感知差异最为明显。一直到了唐卡斯特市场因一场大火而部分关闭后，城市领导人才意识到了唐卡斯特市场在地方认同感、场所体验和唐卡斯特总体经济发展方面起到的重要作用。类似地，参与者对街边大排档的嗅觉体验通常是正面的，但对于负责城市中心街道管制的政府官员来说又完全相反了。在德根的一项关于重建空间的感观体验的研究中，德根发现，建筑环境从业人员采取的以各种城市政策为支撑的战略的主要目标就是对表现形式进行固定，建立解释框架，并对这些区域内的生活体验加以控制（德根，2008: 197）。场所体验的感官因素，包括城市嗅景的场所体验，对地方场所归属感和认同感起到了一定的促进作用，但这往往被政府官员所忽视。因为政府官员倾向于从专业和个人的角度感知建筑环境，但这和当地居民的视角相去甚远。如果建筑环境从业人员能够把注意力转移到城市感官环境的微妙之处，包括城市嗅景中的感官环境，那么他们就能以一个全新的视角审视环境问题。

6.6　结论

通过对建筑环境中的食物气味的体验进行深入探讨，我们可以看出嗅觉和场所与气味实际上存在紧密联系，这对场所感知、认同感和愉悦度产生了较大的影响。同样地，气味所存在的环境也会对个体对气味的感知造成影响，此外，气味预期和气味认同度也属于相关的影响因素。因此，个体因素在气味感知中起到的积极作用至关重要，不同的人会对相同的气味有完全不同的体验。

个体对一个场地的物理环境和社会经济环境的感知和气味预期和接受度等因素之间存在相互作用的关系。而由于现代主义的分离趋势，这种相互作用又被进一步强化，而这很可能对社会阶层划分和拉大差距起到推波助澜的作用。在相关的立法和政策中，通常会把气味视为环境中的一种负面因素，因此总是试图限制或控制气味的排放，以减少抱怨，但并没有尝试利用气味的积极意义和地方关联。实际上，专业做法对维护社会秩序和自然秩序有一定的帮助，但就气味而言，这种做法可能会引起一系列问题。

我们无法将气味限制在规定的边界内，因此在某些情况下气味可能被人们认为是"不合时宜的事物"（道格拉斯，1966）。我将在接下来的几章中对近期出台的几项对城市嗅觉体验造成直接和间接影响的政策进行细致的探讨，同时还将对上述几个因素进行进一步讲解。

7

城市政策和气味

建筑师赫维·埃莱纳（Herve Ellena）提出，嗅觉和其他化学感官都属于"建筑的阴暗面"。在建筑设计中，这些细节通常会被忽略。正因如此，无意间产生的气味形成了特殊的场所特征（芭芭拉，佩里斯，2006：98）。本章将对各项不同政策对城市嗅觉体验的直接和间接影响进行深入探讨。虽然本章中的探讨选择了英国作为主要背景，但整个西方世界实际上也已经实施了类似的政策。

本章一共分为三大部分：第一部分为 24 小时城市和气味，该部分将对晚间经济和咖啡文化活动的嗅觉影响进行探讨；第二部分为吸烟和气味，该部分主要围绕 2007 年英国禁烟法案出台以来的烟草烟雾体验；第三部分为 24 小时城市的废弃物生产，该部分主要探讨关于废弃物的气味体验，包括烟头、街头便溺、呕吐物和公共厕所等设施的气味。最后是一个关于唐卡斯特市中心两个区域的案例研究。该案例研究涉及了前面各个部分中提到的全部主题。

7.1　24 小时城市和气味

英国工党政府在 1997 年开始执政后，开始强调城市中心建设的重要性，以解决人口外迁问题，扭转经济下滑和城市社交生活被剥夺的现状。英国城市工作组白皮书《我们的城市：未来——实现城市复兴》（DETR，2000）中将休闲和文化作为吸引对内投资、振兴城市区域旅游业，以及刺激新的住宅项目的重要手段。而 24 小时城市（希思，1997）这一概念也随之产生。24 小时城市是一个理想化的概念，其核心内容是希望从欧洲大陆引入晚间经济和咖啡文化以振兴经济和丰富城市生活。酒吧和路边咖啡座等概念被引入，并且在传统营业时间之外的时间里经营，给公共区域注入新的活力。而英国城市工作组也认为这些概念能够鼓励居民参与公共生活。但是，一些评论家很快指出，这样的概念被引入之后会加重狂喝滥饮的现象，并可能引起一系列的反社会行为（蒂耶斯德尔，斯莱特，2004）。

2003 年，英国又出台了授权法案对授权立法进行修订。该法案出台以来引起的最明显变化就是地方政府可以灵活决定各自管辖的区域内的营业场所的打烊时间。营业场所的许可证上会注明其打烊时间。为此，唐卡斯特地方政府出台了一项与街头咖啡座相关的政策。根据该政策规定，已获得售卖食物、酒精和／或其他饮品相关授权的营业场所可以将范围扩大到公共道路上，但必须确保有足够的可用区域。

森内特（1994）指出，咖啡店和酒吧在过去的城市公共生活中占据了举足轻重的地位，比如 18 世纪巴黎的咖啡店就是面朝大街的。相反，在同一时期内的传统英国酒吧则更适合人们面对面地交流，但这些酒吧"在空间上与街道并没有直接相连……看起来像个避难的地方，但却有着一种啤酒、香肠和尿液混合在一起的特有香气"（森内特，1994：346）。今天，越来越多

图 7-1　传统的酒吧与现代的酒吧门前装饰，唐卡斯特

的酒吧和小酒馆都把大门正对着公路（图7-1）：

"过去当你路过小酒馆的时候，你就能闻到……香烟和啤酒的气味，这种气味是小酒馆中很常见的……过去在路上就能看到小酒馆里面的样子，能看到人们在里面喝酒，但现在授权法案出台以后就不能这样了……变了很多。"（D09）

参与者在嗅觉漫步中会经常闻到来自这类营业场所的气味，而这种气味都是暂时存在的。立法规定，烹饪食物的营业场所必须安装通风系统。这样的限制规定从一定程度上减少了烹煮食物的气味的排放，但并没有完全将其消除，仍然会有一些气味从路边咖啡座等供应食物和就餐的地方传出来。

总体来说，人们对于这种新鲜食物的气味的遭遇的感知都是积极、正面的，但某些过于油腻的食物除外。第6章中有相关的详细探讨。参与者还问到了来自酒精饮料的气味，并使用正面词汇描述了"新鲜的"酒精的气味，这种气味让过路的人垂涎欲滴："我不得不说，上周我就去过那里，当时很想来一瓶拉格啤酒，我就在想，我平时不喝拉格的，这到底是怎么回事，后来我才明白原来我只是喜欢那个气味。"（D36）相反，那种隔夜的酒精的气味则通常被描述为负面的事物，参与者通常使用"腐臭""酸臭""霉臭""苦涩"和"刺鼻"等词汇来形容这种气味。一些参与者认为这种气味和露天咖啡座格格不入："我不喜欢那种隔夜的啤酒气味，一点都不好闻……就是那种一大群人喝醉酒的气味……这种气味和具有文化气息的咖啡馆格格不入。"（D17）

传统的英国小酒馆地板上都铺着地毯，还有木质的精装修包厢，独立的房间和低矮但装有各种灯具的顶棚。这些小酒馆的气味和今天这种大型的、通风良好的开放式前开口酒吧完全不一样。而这种差异在某些情况下和酒吧出售的饮料类别有一定的关系：

"我认为像这种有点过时的小酒馆……地上有很多木屑……所以每天早上起来都能闻到陈啤酒的气味。但稍微晚一点的时候，就能闻到新鲜啤酒的气味，这种气味就好闻多了……在那些年轻人常去的新的大型酒吧，主要就是烈酒或者别的什么气味，那种气味很不一样。"（D21）

顾客群体和商业活动也会对气味造成影响：

"这取决于里面有些什么人。我觉得，如果你到了一个酒吧，里面有现场音乐表演和其他演出，有时候你会觉得透不过气，闷热。"（D18）

英国在 2007 年将在密闭空间内吸烟的行为列入刑法后，这些营业场所的气味发生了很大的变化。整个 20 世纪，各大酒吧弥漫着烟草的气味，特别是男性居多的酒吧。有人认为这类酒吧是 19 世纪风行的吸烟室的文化残留物。芭芭拉和佩里斯（2006：67-68）将这种地方称为充满了资产阶级文化价值的象征性空间。新出台的禁烟立法有效地去除了这种文化相关气味："发生了极大的变化……过去的酒吧弥漫着烟草的臭味……但实际上……如果你闻到了烟草的气味，然后问身边的人这种气味让他们想到了什么，他们会说是小酒馆。"（D34）一些参与者对这种气味赋予了积极的价值："我会想起过去常去的那种满是香烟气味的小酒馆，我有点怀念那种感觉。"（D05）

过去的小酒馆里的香烟气味掩盖了各种各样的其他气味："我发现自从禁烟立法出台以来，我在酒吧外面能闻到更多的气味了……比如拉格和啤酒的气味就比以前更加强烈。"（D36）在苏格兰也有类似的现象。在 2006 年苏格兰出台了一项禁烟法案后不久，媒体就报道了一则关于"有毒气体"的新闻（格兰特，2006）。唐卡斯特的小酒馆、酒吧和俱乐部也受到了类似的影响：

"现在比以前更容易闻到他人的体味了，因为在过去有些人的体味可能被烟味掩盖。在我看来体味要比烟味更难闻……这个问题在俱乐部更加突出，因为在俱乐部人们喜欢跳舞……跳舞就容易出汗。"（D25）

一名大型连锁酒吧的经营者对残留气味作了这样的描述：

"过去我们装了排气风扇，所以烟味本身并不十分严重。现在你会发现，其实在过去很多各种难闻的气味都被烟味掩盖起来……小酒馆里难免有很多酒瓶子，所以我们有酒瓶框之类的用来装酒瓶子的东西，现在我们能闻到酒瓶框散发出来的一种让人恶心的气味，但之前并没有这样的气味。现在还能闻到厕所的气味。"（D35）

为此，经营者采用了一系列新的策略来解决其经营场所的气味问题：

"我的老板总是责备我说，'你这小酒馆臭死了'。是啊，我也觉得很臭，但这并不是我的错……现在不管你走进哪个小酒馆，特别是白天，你都会感到和以前不同了。但在晚上，当小酒馆人满为患时，你其实也闻不到太多的气味……我这辈子都没跳过舞。"（D45）

除了勤打扫之外，现在的营业场所越来越多地使用香味来掩盖一些难闻的气味。一家名为 Luminar Leisure 的公司在 2007 年宣布将在旗下的两个夜总会品牌引入全国最受欢迎的气味（Urban Planet，2007）。类似地，一名唐卡斯特的经营者解释道："现在打扫的工作量要比以前更大了，而且要在空气清新剂上花费很多的资金。"（D35）因此，我们可以看出，禁烟立法对酒吧、小酒馆和俱乐部的内部环境造成了很大的影响，那种具有文化意义的气味荡然无存。而这种气味，实际上是烟味和其他一些气味混合在一起的气味。

24 小时营业的总体趋势也给街道上的经营场所的体验造成了影响：

"在我的一生中，小酒馆的气味有着非常特殊的意义……白天路过小酒馆的时候，总能闻到烟草、酒精和清洁剂的气味，特别是在早上……我知道听起来可能有点怪，但我就是喜欢这种气味。我的意思是说，现在所有的小酒馆几乎都 24 小时营业了，所以基本上已经不存在这种现象。但在之前小酒馆还是早上 11 点开门的时候，如果你在这之前的 1 个小时或几个小时经过小酒馆，你会看到他们还在打扫，你也就能闻到那种气味。"（D06）

为抓住立法和政策倡议带来的机遇，现在的小酒馆和俱乐部仍在不停地调整着营业时间，并尽可能提供多样化的服务，以瞄准多个目标市场。许多英国城市的连锁酒吧 JD Werherspoon 现在早上 7 点就开始营业，这样一来吸引了各式各样的顾客群体，包括幼童和他们的父母。这类营业场所逐渐开始举办各种各样的商业活动，并把各种气味散发到其他一些传统营业处所，进而产生了新的社会生活形式。这样一来，晚间经济和咖啡文化，以及内部和外部运营之间的界线越来越模糊。

城市设计过程中的一个关键原则就是临街必须具有活力，要让内部的私人空间和外部的公共空间有一定的互动。这一原则在英国城市设计纲要（戴维斯，2000）中也有所体现，而落实到各个城市的层面上就表现为各种各样的倡议行动。地方政府和私人开发商纷纷打算利用咖啡店、餐厅，以及市场和其他零售店来实现室内和室外用途的交叉互动。室外咖啡店为人们创造一个积极的能够鼓励人们参与公众生活的欧洲大陆式环境的这样一个理念不仅仅局限于政府言辞和文件。参与唐卡斯特嗅觉漫步的建筑环境从业人员也对这样的理念表示赞同，而他们在关于正在兴起的咖啡文化的谈论中，也提到了这一理念：

"虽然有些许欧洲的风格，但跟巴塞罗那之类的地方还是有不少差异。总之这要比之前好很多，现在有露天咖啡座、露天饮品店和更多的供人们聚会的场所。"（D50）

"这个地方非常不错……这里有露天的咖啡座，顾客络绎不绝……很有国际化的气息。"（D48）

咖啡的气味颇受欢迎。来自各个城市的参与者都把这种气味和城市环境联系起来，并认为城市环境中应该有咖啡的气味。人们将咖啡的气味和城市联系得如此紧密，以至于在曼彻斯特的 Exchange Square 的一家新的酒吧开业时，人们用带有咖啡香的云状物来"给天空增加香味"，以表庆祝（米利根，2005）。

然而奇怪的是，在嗅觉漫步过程中，参与者很少闻到咖啡的气味，即使是在咖啡文化氛围浓厚的区域。

英国的天气对咖啡文化的感知产生了重要的影响。由于英国特殊的天气条件，人们外出就餐主要集中在夏季。在唐卡斯特，只有满足了特定前提条件的经营者才能把商业活动扩展到公共道路上。首先，运营场所外的路面区域必须足够宽阔，以维持正常的行人通行。此外，商户还必须有良好的声誉，极少有公共骚乱问题发生，同时还需要满足多项规定，比如需要使用塑料杯替代玻璃杯，以及晚上 8 点之后就不能在室外供应酒精等。未获得占用公共道路的许可，运营场所需要支付一笔象征性费用："每年 400 英镑，很小的一笔钱……某些运营场所在扩张到公共道路上以后，运营面积几乎翻了一倍。"（D22）

获得了占用公共道路许可的商户就有了更多的挣钱门路。明顿（2009）认为，这实际上是迎合了公共场所私有化的大趋势。但是，从实用层面来看，在唐卡斯特，由于路面区域并不是很宽，所以运营场所即使能够扩张到公共道路上，也会受到诸多限制。相比之下，在唐卡斯特一些私有区域的商户则能够直接把营业区域扩张到大街上，而不需要向地方政府提出任何申请。但一般情况下需要获得私有地主的许可。

24 小时城市对城市嗅觉的影响概述

自英国禁烟立法实施以来，运营场所以及整个休闲娱乐行业都发生了翻天覆地的变化。运营场所的环境、运营状况和相关的室内和室外气味体验都受到了一定的影响。建筑布局方面的变化，以及逐渐兴起的咖啡文化的发展也增强了室内外环境气味的相互渗透。那些之前通常在运营场所内部进行的商业活动，如进餐、吸烟和饮酒等，现在也可以在室外进行了。这样一来，人们在大街上遭遇气味的机会就更多了。人们普遍认为新鲜的酒精和食物的气味会对所在区域的总体环境起到积极的改善作用。但是，一些溢出物却常常会发出腐臭的气味，比如那些散发着臭味的隔夜残留物。同时，如吸烟等人类活动向室外的转变也为这些运营场所带来了吸引新的顾客群体的机会。但是，这样一来，在原本能够掩盖其他气味的烟味被清除之后，这种曾经标志着传统英国小酒馆的气味已经不复存在。

一些人对此表示惋惜，但一些人则感到欣喜。我将在下面的内容中对此进行详细探讨。

7.2　吸烟和气味

2007 年，英国跟随许多其他欧洲国家的脚步，也出台了禁止公民在密闭公共场所吸烟的相关法案。出台这些新的法案的主要目的是改善室内工作环境和公共卫生状况，而首当其冲的自然就是小酒馆、俱乐部、咖啡店和餐厅等场所了。但相关立法也涵盖了大部分其他工作场所，只有少数没有被包含在内。这一立法对一些旨在减少全英国吸烟者数量的公共卫生运动起到了一定的推动作用。从这方面讲，这一立法是成功的。据报道，在禁烟法案出台后的 12 个月内，有超过 40 万名吸烟者成功戒烟（BBC，2008b）。爱尔兰和苏格兰分别在 2004 年和 2006 年出台了类似的法律，虽然二者在立法细节上有细微的差异，但主要针对目标是一样的，都是那些密闭的室内环境。在某些国家，禁烟立法还适用于室外公共区域；比如日本的东京、美国的加利福尼亚州（BBC，2002；波科克，2006），以及印度，但具体执行情况各不相同。以纽约市为例，在纽约，所有公民均被禁止在公园吸烟，但在纽约市的唐人街，吸烟行为却并没有受到制止，因为唐人街的居民认为吸烟是无伤大雅的个人行为。大部分的禁烟立法都要求吸烟者改变吸烟行为，这对人们在大街上的感观体验、行为变化和他人的言论产生了影响。

　　人们对不同烟草制品的气味的反应和评论存在很大的差异，但都不是十分明确。在研究涉及的所有城市中，大部分非吸烟者都不喜欢过滤嘴烟的气味："我不喜欢烟雾，非常反感……我不喜欢这种气味……但这种气味总是挥散不去……感觉这是一种对私人空间的侵犯。"（D47）部分参与者认为香烟烟雾有一种强烈的令人窒息且持久的腐臭气味，还有一些参与者在闻到这种气味时会出现恶心、呼吸困难和喉咙灼痛的现象。和对污染气味的反应一样，对过滤嘴烟的烟雾气味的反感也主要源自两个方面的顾虑，即健康问题和气味本身的特质，且后者居多。

　　吸烟者的感知也各不相同，主要表现为少数吸烟者表示他们喜欢香烟烟雾的气味，但大多数对这种气味持中立态度，并表示他们"不介意这种气味"。但还有一些吸烟者表示他们不喜欢腐臭的烟雾气味，特别是在衣服上或家里难以去除的烟雾气味。但是，一名有吸烟史的参与者描述道："烟雾本身的气味和吸烟者身上的气味是不同的。"

　　在这名参与者和多名其他参与者的言谈中，吸烟者和作为人群中大多数的非吸烟者之间存在明显的气味差异。实际上，这种对因为靠近香烟烟雾而沾染"吸烟者的气味"的担心不仅存在于非吸烟者，也同样存在于吸烟者："我不喜欢这种腐臭的烟味。我跟其他人都在抽烟的时候，我并不会觉得有什么，但抽完烟后衣服上会残留一股腐臭的烟味，这让我很不舒服。"（D18）

　　自禁烟法出台以来，其造成的最为戏剧性的一个后果就是人们即使在外面逗留整晚都不一定会沾染到吸烟者身上的气味了。

"人们吸烟的时候，烟味会留在他们的头发里、衣服上，还有周围的环境中，这对任何人都不太健康。禁烟立法出台之前，人们可以在小酒馆或者其他任何地方吸烟，那时候我从来不去夜店，因为每次去了夜店回家就得洗衣服、洗澡、洗头发，非常麻烦。"（D21）

禁烟立法的出台造成了如此巨大的变化，以至于英国的干洗行业也受到了十分明显的影响 (BBC，2008b)。有人为传统小酒馆气味的消失扼腕，但更多的人却因为无需再担心去夜店玩耍会沾染烟味而欣喜。

和香烟烟雾相比，人们对其他形式的吸烟活动相关气味的反应通常更加积极、正面。在唐卡斯特嗅觉漫步过程中，参与者也闻到了雪茄、斗烟和大麻的气味，但远远没有过滤嘴香烟烟雾的气味频繁：

"我非常喜欢闻大麻的气味，我也不知道是什么原因，我猜是因为政治敏感的关系。对那些吸大麻的人，我也没有感到排斥。我喜欢这种气味，这种气味很好闻，这是整个嗅觉漫步中令我印象最深刻的气味。"（D27）

闻到这些气味的参与者通常以气味关联和气味的特质来解释他们对这些气味产生积极反应的原因：

"我不介意雪茄的烟雾……那种气味很舒服，很别致……雪茄烟雾的气味并不会附着到我们的衣服上，也不会在空气中逗留太久。抽烟的时候会有烟雾，抽完烟烟雾就会散去。"（D24）

由于参与者在嗅觉漫步过程中闻到雪茄、斗烟和大麻的气味的次数并不多，这类气味通常被认为是意料之外的特殊气味：

"城市环境中，所有事物看起来都更加干净、卫生，因此在这样一个井然有序的环境中，太过强烈的气味就显得格外引人注意……我就记得有个小伙子……在那里吸斗烟……如果你每天经过同一个咖啡馆，你会变得习惯，但因为斗烟很少见，所以情况就不一样了。"（D34）

因此，关于香烟烟雾的看法就存在很大的差别。但关于最常见的烟雾形式，即过滤嘴香烟的烟雾，人们通常持负面看法。此外，气味所存在的环境会与气味和场所本身的愉悦性有着相互影响。

新出台的禁烟立法涉及个体和群体行为，特别是吸烟行为，同时也涉及公众认为可以吸烟的实体空间。而公众在这方面的观点则通过立法和政策、场所和设施的配置，以及总体社会态度和预期体现出来。禁烟立法出台后，吸烟者的吸烟场所发生了变化，因此吸烟行为也发生了变化，这表明社会公众对吸烟的总体看法也发生了变化：

"在最近这段时间里，吸烟逐渐成为一种会引起社会公众反感的行为，正因如此，禁烟立法才得以出台……10年前，这种事情是想都不敢想的……因为这种法律会引起公众的愤怒……但在这项法律出台时，已经有很多人对吸烟行为感到不满……也就是说那时候已经累积了较大的相关社会压力。"（D41）

吸烟者则表示，他们自身和那些喜欢吸烟的朋友现在更喜欢在家里聚会，或去朋友家里聚会，而不会选择餐厅或小酒馆，因为在家里可以吸烟，而在餐厅和小酒馆是禁止吸烟的。一家大型的品牌连锁大型酒吧的经理说道："说实话，禁烟立法给我们带来了利益……现在我们可以挣到更多的钱了。"（D35）相反，传统小酒馆和工人俱乐部则遭到重创："禁烟立法出台后，我们举步维艰……有一家酒豪们常去的小酒馆，那里面的顾客看起来就与众不同……你从他们的衣着打扮就能看出他们是哪个社会阶层的。"（D45）

城市中那些习惯于在办公室和休闲娱乐场所吸烟的人现在不得不去室外吸烟。在美国许多城市，法律规定吸烟者必须在离经营场所或食品销售点一定距离的地方吸烟，而英国的法律则没有这样的规定。许多办公室很早之前就制定了禁烟政策。因此，在靠近办公大楼入口处的公路和公共区域时常会有三五个人在吸烟，而人们对这个景象，以及相关的声音和气味已经习以为常了。一般情况下，小酒馆、酒吧、餐厅和咖啡店会为吸烟者设立专用吸烟区。

吸烟者被禁止在这类经营场所吸烟，这产生了一种位移效应，并对公共领域的气味体验造成了一定的影响。因为这样一来，人们在大街上与过滤嘴香烟烟雾的嗅觉遭遇机会有所增加：

"我自己不抽烟，所以对烟味特别敏感。现在的人们出来玩的时候都喜欢点根烟，不是吗？"（D51）

"在过去可能并没有注意到这个现象，因为过去人们可以随时随地地抽烟。但现在他们必须去室外抽烟，所以当你从人行道走过的时候，就更容易闻到烟味了，特别是对不抽烟的人来说。"（D01）

在公共区域，吸烟者通常喜欢在从一个地方走到另一个地方的途中抽一根烟，或者一大群吸烟者聚集在门道。这样一来便形成了一个新的社会组织：

"我认为这一现象正在改变着社会……如果你们一共四个人，其中有两个人抽烟，而你和另外一个人则不抽烟。这样一来如果那两个抽烟的人出去抽了根烟，回来之后你们之间的谈话就会出现隔阂。这种感觉有些奇怪。"（D23）

要求吸烟者只能在室外吸烟，这就将他们和非吸烟者隔离开来，一种新的次文化也逐渐形成：

"现在我们只能去大街上吸烟了……在外面吸烟的时候我遇到过不少有趣的人，而这些人是我在平时生活中很难遇到的……因为在吸烟的时候我们会相互交谈，所以从社交层面来讲，这种吸烟者和非吸烟者之间的隔离可以产生积极作用。"（D43）

贝尔（Bell，2008）指出，吸烟者之间联系更加紧密，社交更加频繁，这对整个城市的总体公共文化起到了一定的促进作用。但是，许多参与者（非吸烟者和部分吸烟者）对因此产生的气味却持截然不同的态度：

"我不喜欢在大街上抽烟的人……抽烟跟社交完全没有任何牵连，而且可以说抽烟是一种对自身和他人都不好的反社会行为。"（D21）

"我最讨厌的事情就是白天从市中心走过，我宁愿去酒吧或者去咖啡店喝杯咖啡……我每次从市中心走过的时候，一想到我吸着别人呼出来的烟味我就很反感。"（D31）

一些对此持反对态度的参与者提到了他们对城市嗅景的预期，他们认为香烟烟雾的气味是整个嗅觉体验中较为突出的一个减分项。和烟草其他形式的嗅觉体验不同，参与者并不希望在大街上闻到烟味，对这种气味感到抵触和反感。而对于烟草的其他形式，由于参与者并没有想到会与之遭遇，所以通常会对积极感知产生促进作用："在大街上的时候不知道为什么烟味总让我有些反感……本来空气是清新的，但如果空气中有股烟味就令人很不舒服了。"（D07）对于这一现象，其中一部分原因是近期出台的禁烟立法，人们目前还在调整他们对周围正常的可接受吸烟相关行为的感知。另外一个原因是环境控制和管理已经在公众心目中先入为主，同时公共空间和个人空间之间存在明显的界线（德根，2008；明顿，2009）。

如果有人在一栋建筑物的门口抽烟，则会对进入这栋建筑物的人的体验造成负面影响：

"我觉得门道是个问题……每次进去的时候都如临大敌，必须得屏住呼吸才行……完全不像是走进一栋建筑物那么简单。"（D17）

为减少烟味对企业形象造成的负面影响，许多企业都出台了员工吸烟条例，禁止员工在办公室内吸烟，这样一来，很多员工只能到大街上吸烟了：

"很明显老板不让他们在门厅吸烟，因为这样会影响企业形象……所以他们只能去隔壁商店门口吸烟……但这样的场景也不是很雅观，很多银行职员都站在外面吸烟……我们也有类似的规定，公司要求员工吸烟的时候必须脱下制服，或者穿上夹克衫在小巷子里去吸烟。"（D35）

吸烟者常去的另一个地方就是露天咖啡座。在上述街头咖啡座相关立法的影响下，随着禁烟立法出台，唐卡斯特的相关申请数量大幅增加。在多个案例中，小酒馆或餐厅通过在私人土地上搭建棚屋、在公共区域搭建顶棚，以及使用户外取暖器抵御寒冷天气等方式加大有盖面积投资。对于能够满足条件的经营者，这样做可以带来巨大利益。但是，一名接受采访的经营者表示因为其不满足要求而无法获得将其后院改建为室外吸烟区域的许可，同时由于门口的公共道路并不太宽，他们也无法向前面的道路扩张。这样一来，经营者根本无法盈利。那些剩下的有吸烟习惯的顾客常常聚集在其经营场所门口吸烟。

随着吸烟者对室外吸烟设施的需求的增加，那些本来供人们进食或者喝咖啡和饮料的露天座位区常常被吸烟者占据（图7-2）。多数参与者对此并不看好，因为这样会导致大街上香烟烟雾增多，但一些建筑环境从业人员则有不同的看法：

图 7-2　唐卡斯特的吸烟者在室外咖啡座吸烟

　　"从城市设计和城市复兴的角度上讲，禁烟立法带来了诸多积极影响——禁烟立法出台以来，更多的人从咖啡店走到了室外。这里有供人们休息的桌子和椅子和其他设施，这让整个公共领域变得很有生气。"（D04）

　　这些区域虽然变得"很有生气"，但由于烟味取代了咖啡味，不同的人对此也有不同的感知。最明显的感知差异存在于吸烟者和非吸烟者之间。但是，即使是对同一个人，在一天内不同的时间段，感知差异也会有所不同。

禁烟立法对城市嗅觉体验的重要影响概要

　　禁烟立法的出台对城市嗅景产生了多方面的影响，其中最主要也是最明显的影响就是城市街道和公共场所的吸烟者较之前有所增加。不论是经营场所外部的私人室外区域，或是公共道路上的专用座位区，都无法将气味封锁在区域内，因此烟味更容易被城市街道上的行人察觉到。还有的吸烟者会在从一个场所前往另一个场所的途中吸烟，这使得情况变得更糟。但是，香烟烟雾在室外的消散速度要比在室内快得多，吸烟者吸烟时产生的烟雾很快就会消散到人类嗅觉无法察觉到的浓度水平。理论上讲，烟草烟雾还能够对周围环境中的其他气味起到掩盖作用，比如在传统的英国小酒馆。

禁烟立法对吸烟者的日常气味体验也产生了一定的影响。首先，禁烟立法出台后，经营场所内部的烟草烟雾不见了踪影，而那些没有吸烟习惯的顾客的衣服、皮肤和头发上再也不会沾染烟味。实际上，大多数人似乎已经接受了这样一个观点，即禁止密闭环境吸烟所带来的益处远远超出了因此导致的小酒馆传统气味丧失所带来的遗憾，以及室外吸烟者大幅增加所带来的困扰。但是，在禁烟立法出台以及 24 小时城市概念逐渐兴起后，大街上的吸烟相关垃圾较之前有所增加，这也对城市嗅景造成了一定的负面影响。

7.3　24 小时城市中的废弃物产生

7.3.1　吸烟相关垃圾

在英国禁烟立法出台后的第 1 年里，Keep Britain Tidy 发布相关报告指出，城市环境中的吸烟相关垃圾数量大幅增加。在英国，有 80% 的街道上，烟头、火柴盒、烟盒、包装纸等随处可见，自禁烟立法出台以来，这类垃圾产生的地理影响增幅达到 43%（道尔，2008）。今天，吸烟相关垃圾被认为是英国面临的最严重的垃圾问题（Keep Britain Tidy，2009），而在吸烟相关垃圾中，烟头是最常见的（Keep Britain Tidy，2010）。在唐卡斯特的嗅觉漫步中，参与者在街角和地面的缝隙，以及树穴和绿化区域等地方都发现了烟头："St Sepulchre Gate 的花槽看起来就像一个巨大的烟灰缸，里面全是烟头，但清洁工会来清理。我认为在英国的文化理念中，个人对生活空间不需要承担责任，我们从来不会去过问公共空间的问题。"（D10）虽然大多数参与者都表示他们只看到了这些吸烟相关垃圾，但也有参与者称他们闻到了腐臭的烟味，或者是新鲜的烟草的气味，因为有的烟头被扔到地上或香烟垃圾容器之后仍然还在燃烧。

Keep Britain Tidy 行动的执行长官认为对于这一现象吸烟者应该承担主要责任："如此严重和广泛存在的吸烟相关垃圾问题着实令人不齿，甚至有些令人恶心。很明显，许多吸烟者还没有意识到他们丢掉的烟蒂会造成环境污染，所以他们都是想丢哪儿就丢哪儿。"（Keep Britain Tidy，2009）但是，在许多城镇用于丢弃吸烟相关垃圾的公共设施配备明显不够：

> "经常都会遇到像这个男士一样的人，很明显他老板不让他在办公室抽烟，所以他就到大街上来抽了。但是这里没有丢弃烟头的公共设施。拥有这栋大楼的公司不会让他在这里抽烟，但他们又没有提供用于丢弃吸烟相关垃圾的公共设施，而吸烟者又不可能把烟头直接带走……你能怎么办呢？"（D41）

烟头的丢弃确实是一个令人头痛的问题，因为在禁烟立法出台之前，通常要求吸烟者不要把烟头丢到垃圾桶里，以避免火灾。这样一来："遍地都是烟头。在有垃圾桶的地方就闻得到烟头的气味，因为有的人直接把掐灭了的烟头扔在垃圾桶的盖子上。"（D28）烟头很多年来一直都是街头垃圾的一部分，但吸烟者们现在只能在室外吸烟，这一问题被进一步放大。在唐卡斯特，当地政府尝试通过多种方法来解决这一问题，比如出台了一项更加严格的管理条例，将烟头或者空烟盒扔在地上的公民将面临 75 英镑的现场罚款。地方政府还通过改进或替换现有垃圾桶以满足烟头或空烟盒丢弃需求、制定新的公共领域方案简化环境维护过程，以及清除公共领域中被认为存在问题的组成部分等方法，对现有的公共基础设施进行了相应的调整：

> "我们已经去掉了很多东西，因为这些东西经常会被烟头或者空烟盒塞得满满的。这应该算是政治决策了，那些决策制定者说……你本来是想要改善现状，但实际上却引起新的问题。我们应该回到过去的状态。"（D11）

在后面这个案例中，有人以吸烟相关垃圾越来越多为由，提出要削减城市中的部分绿化区域。但是，绿化地通常被认为是城市嗅景中对城市环境改善起积极作用的积极因素（见第 9 章），而这也正是唐卡斯特市中心所欠缺的。

因此，减少绿化地会对环境质量造成负面影响。地方政府还与经营者合作，鼓励后者安装用于丢弃吸烟相关垃圾的设施，并对经营场所前方的区域进行清洁。此工作开展得较为顺利，但是：

"我从那里路过的时候大概看到了七八个烟灰桶……真的，一点都不夸张……那些瘾君子会把烟灰桶拽开……说起来可能没人相信，这种烟灰桶要二三十英镑一个……太可怕了，我每天早上都要清理这些烟灰桶。"（D45）

随着大街上吸烟相关垃圾不断增多，越来越多的人都闻到了腐臭的烟草的气味，这对城市嗅景体验造成了直接影响，同时还间接促进了唐卡斯特市中心绿化面积的清除。而绿化面积属于城市嗅景中的积极感知因素。此外，公共区域的实体布局也进行了相应调整，以强化对吸烟相关垃圾处理设施的管理，并达到清除街道上因吸烟留下的嗅觉和视觉痕迹的目的。

7.3.2　街头便溺、呕吐和公共厕所

所谓的 24 小时城市，就是指整个城市的餐饮企业和娱乐场所 24 小时不间断运营。这一概念被引入后，城市监管部门就不得不重新思考城市现有公共服务设施的配备，以解决当前存在的一系列问题。与城市嗅景关系最为密切的一个问题就是公共厕所的安设，因为这对不同群体产生的影响程度相差较大，特别是对女性、老年人、儿童和残疾人（格里德，2003）。根据 1936 年的公共卫生法案，英国各地方政府有权按实际需要建设这类公共设施，但这并不属于法定责任。由于在残障歧视法案 1995（DCLG，2008）出台后存在预算紧缩、政府对增效节约的需求不断增加，同时各项调整政策的实施也需要成本等客观因素，许多地方政府减少了公共厕所的配置数量，或考虑采用其他方案来代替公共厕所，如鼓励私人企业向公众提供厕所等。此外，由于近期公共部门的资金被削减，公共厕所的配置数量必定会进一步减少（BBC，2011a）。

关于气味偏好的相关研究表明，公共厕所的气味是最不受欢迎的气味之一（11% 的参与者表示公共厕所的气味是他们最不喜欢的气味）。同样，呕吐物和尿液或氨气的气味也属于最不受人们欢迎的气味（分别有 18% 和 11% 的参与者表示这两种气味是他们最不喜欢的气味）。因此，部分参与者认为公共厕所的气味会对城市嗅景产生负面影响：

"过去，不管是在哪个城市，走在大街上都能闻到公共厕所的臭味，特

别臭……离几百米远都能闻到。但现在的厕所都在室内了，比如在购物商场、餐厅和咖啡店里。"（D01）

唐卡斯特各市场的公共厕所设施在白天仍对外开放，但晚上会关闭。而曼彻斯特则在市中心位置设立了一个免费的公共厕所，但仅在白天开放，此外整个城市多个位置还设有收费使用的厕所装置。

嗅觉漫步中参与者也闻到了从唐卡斯特市场公共厕所散发出来的气味。但这种气味和嗅觉漫步参与者的回忆中公共厕所的普遍气味存在很大的差异。在参与者的回忆中，公共厕所的气味是尿液和漂白液的混合气味，而唐卡斯特的公共厕所间则散发着清洁液的气味。部分参与者表示他们喜欢这种气味："我们从公厕经过时我闻到了一股柠檬的气味……我想他们可能是刚刚扫完厕所……那种气味让我知道他们刚刚打扫了厕所，所以我很喜欢。"（D19）有参与者认为公共厕所的维护和清洁对气味控制起到了关键作用："如果上厕所的人很多，他们就算打扫得再频繁也不能完全去除厕所发出的那种气味……这是一场持久战。"（D39）厕所发出的气味对场所感知也会造成潜在影响："……人们对一个场所的判断，在很大程度上取决于那里的厕所是否干净，是否有难闻的气味，对公共场所来说更是如此。"（D24）

部分参与者在经过地下停车场出入口时，也闻到了常被人们和公共厕所联系起来的尿液和漂白剂的气味。但其中一些参与者并没有能正确判断气味来源：

"我能闻到一股淡淡的厕所的气味。这附近有公共厕所或者其他类似的设施吗？"（D14）

"在离停车场入口很近的地方，我闻到了一股很明显的气味。我不知道附近是不是有公共厕所，因为那股气味持续时间很短。"（D18）

参与者不仅将尿液和漂白剂的混合气味和公共厕所联系起来，他们还在停车场的楼梯间闻到了这种混合气味，因此也将这种混合气味和停车场联系起来：

"停车场楼梯间总有些散发恶臭的残留物……那种尿液中夹杂着漂白剂的气味……那种气味非常特别。不仅仅是唐卡斯特有这种气味，各个地方的

停车场都有，就好像是故意喷的，好像是他们在修好停车场以后故意在里面喷了这种"停车场"特有的气味。"（D31）

由一家名为 NCP 的国家停车公司完成的相关的研究项目结果表明，停车场的这种"常见"气味造成了多达 1/3 的顾客流失（BBC，2009）。在2000 名被调查者中，2/3 的被调查者认为停车场的楼梯间是整个停车场气味最差的区域，还有 1/3 的被调查者将这些区域和尿液的气味联系起来。因此，NCP 就对停车场采取了与小酒馆、俱乐部和酒吧等采用的相似的解决方法，即通过重现如玫瑰、刚出炉的面包以及刚割下来的草的气味等令人愉悦的气味，掩盖尿液的气味（BBC，2009）。至于比起尿液和漂白液的混合气味，人们是否更能接受这种不合时宜的气味尚需进一步研究才能确定。

街头便溺和呕吐，以及相关的气味通常被人们与夜间经济联系起来。产生这种气味的原因是一些人在晚上大量饮酒，而夜间因为公共厕所没有开放随地便溺现象严重（比查德，汉森，2009: 88）："有的人在街角便溺，还有的人在商店门口便溺，这种反社会行为会产生非常难闻的气味。"（D22）但是，负责唐卡斯特夜间经济管理和政策制定的参与者并不认为厕所配置数量不够是导致这一现象的原因：

"我觉得夜间的市中心的厕所数量要比其他地方都还要多，在那些经营场所里面就有厕所……我想即使有公共厕所，那些习惯在商店门口便溺的人还是会在商店门口便溺，也照样不会去用公共厕所。"（D22）

参与者还将尿液和呕吐物的气味和偏僻的角落、门道和小巷子紧密联系起来："在那种比较偏僻的角落，通常能闻到尿液的气味，这种地方还常让我想起毒品、针头之类的东西。"（D14）

许多城市的市中心都曾尝试通过引入自动清洁厕所间和在晚间营业时间开始时就从地面上升起来的夜间无遮挡小便斗等措施解决这一问题（图7-3）。唐卡斯特在制定总体公共领域方案时，也考虑在市区采用这种冒起式小便斗，且得到了许多夜间营业场所的支持，但最终由于日间营业零售商的反对，以及资金缺乏等因素，这一提案被暂时搁置。因此，唐卡斯特仍然存在街头便溺和呕吐的问题，加之白天和夜间经营活动留下的残留气

图 7-3 Urilift 是一种在白天可缩入地面的公共小便斗 ©Urilift BV

味迥然不同，这对人们造成了更强烈的感官刺激。

7.3.3 废弃物生产、管理和气味相关重要问题概要

随着以刺激夜间经济和咖啡文化为目的的一系列政策的出台，加之禁烟立法造成的一系列影响，城市街道上的废弃物不断增多。这些新出台的政策并没有产生新的陌生气味，而是增加了人们在大街上与熟悉的如尿液、呕吐物和香烟等气味遭遇的概率。在下一节中，我将会对这些政策对唐卡斯特嗅觉漫步中走访的两个特定区域的嗅景产生的影响进行对比。这两个区域分别为优步步行街和白银大街。选择这两个区域是因为它们具有一定的相似性，二者均为多功能区域，并聚集着大量的小酒馆、俱乐部和酒吧。

7.4　案例研究对比——唐卡斯特优步步行街和白银大街

优步（Priory）步行街于 21 世纪初期兴建，靠近城市的主要核心零售区

域。这一百万英镑级步行街包含翻新的 3 层楼高的历史建筑物，以及在之前的露天停车场上新建的标准建筑。

该区域已被建设成为行人专用区，采用的是传统街道的风格，两侧有各色咖啡店、酒吧、俱乐部、餐厅、私营零售店、连锁零售店和服务机构（图 7-4）。虽然优步步行街通街都设有公共通行权，但该步行街仍归一家当地公司私有，因此并不属于公共道路。优步步行街的布局、绿化、清洁和维护，以及步行街上进行的一般经营活动等都由其所有公司负责管理。该区域的绿化包括沿街道中心分布的树，其出入口均有花篮悬挂。

白银大街则位于距离零售中心更远的位置，在唐卡斯特中世纪核心区域的东南边界。一条双行道沿白银大街布设，构成了整个城市的主要公交线路（图 7-5）。公路两侧设有人行道，而公路和人行道均属于公共道路。商业建筑位于公路一侧，背靠唐卡斯特市场区域，大街上各处散布着有一定历史的建筑物和一些近年来修建的建筑物。公共道路的正面也有一些年代久远的建筑物，但有许多建筑物在 20 世纪 60 年代至 70 年代之间被拆掉，在原来的

图 7-4 唐卡斯特优步步行街的街头咖啡店

图 7-5 唐卡斯特白银大街（公共道路）

位置已经建起了现代建筑。这些现代建筑的平地层主要是一些娱乐场所，而三层以上则用于办公。这条街上有各色经营场所，如酒吧、小酒馆、餐厅、外卖店和私营零售店及服务机构等。该区域的主要经营场所都在夜间营业，属于唐卡斯特的主要夜间娱乐场所，仅经授权的营业场所就能容纳 15000 人。白银大街刚好在市中心的行人专用区旁边，由于穿过这条大街的公路并不太宽，当地政府认为剩下的路面并不允许设置露天咖啡座。

但是，每年都有特定的几个晚上，在行人最多的时候，这条公路禁止通车。公共道路由地方政府负责管理和维护，而该区域也时刻处于唐卡斯特的主要 CCTV 网络的监控下。该 CCTV 网络也是由地方政府和警察负责运营的。

参与者们需要评价他们在唐卡斯特的嗅觉漫步中所闻到的气味和每个场所及环境的质量。总的来说，与白银大道相比，大家更加喜欢修道院步行街，不论是气味的好闻程度或者是场所与环境的质量（表 7-1）。

研究人员请参与者对其在唐卡斯特嗅觉漫步中走访的各个区域内的气味探测结果、场所感知和环境质量进行评论，当然也包括那些与气味没有直接关系的区域。评论内容包括环境的有形因素（如建筑、公共领域设计质量、树木和植被的数量、封闭程度和公路设置情况等）、经营活动（夜间经济、零售经济和咖啡文化等）、除气味之外的其他感官刺激物（公路噪声、人们咀嚼口香糖的画面等），以及其他区域感知结果的评估（清洁度、安全性和投入水平等）。根据参与者对这些环境特征的描述（如积极、正面的，或是消极、负面的，或二者兼具／不偏不倚的），我对他们的评论进行了分析（表 7-2、表 7-3）。

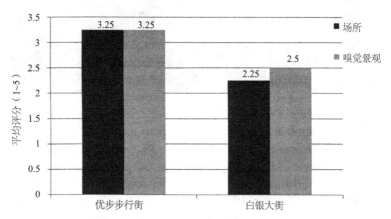

表 7-1　场所和气味喜好度——优步步行街／白银大街（1：非常不喜欢；5：非常喜欢）

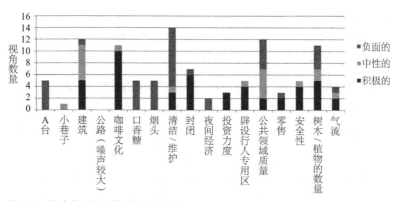

表 7-2　优步步行街环境质量主观评价

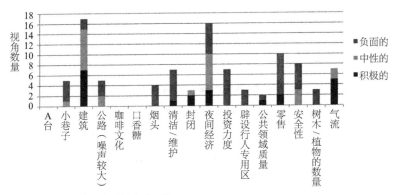

表 7-3　白银大街环境质量主观评价

通过对这两个场地的相关数据进行对比和分析，我们可以明显地看到白银大街的公路对该区域的感知环境质量和嗅景产生的影响要比对空气质量产生的影响更大。多名参与者认为，优步步行街的行人专用区建设对气味产生了积极的影响："街上没有汽车的噪声，也没有汽车尾气，不会给人造成压力，我觉得是这样的。"（D38）相反，参与者在描述白银大街的公路的布局和使用时则使用了较多的负面词汇："马路所占比重太大，在了解了这条街道的使用情况后，我认为这里的建筑环境和公共领域分配严重失衡。"（D31）优步步行街完成行人专用区建设后，街头咖啡座得以快速发展，咖啡文化成为该区域最重要的积极感知特征。相比之下，白银大街由于没有足够的空间支持类似的咖啡文化的发展，失去了这一难得的机会：

"如果可以对这个街道进行改建，从而允许这些经营场所往街道上扩张，那么大街上的气味将会发生巨大变化……如果可以把公路变窄一些，步行道就可以扩宽，或者如果把这里的公路改建为单行道，也可以达到这个效果。"（D11）

优步步行街的人行道区域同时为绿化建设提供了空间，因为参与者认为该区域安全性较高。这一点又和白银大街截然不同：

"行人通行量较大的区域通常给人一种不安全的感觉，因为总有人喝醉，在街上跌跌撞撞地走着……这一片城市景观都经过了做硬处理，完全没有绿

化植被。"（D26）

　　但是，在参与者的描述中，优步步行街的清洁和维护水平要明显低于白银大街，即使白银大街因汽车尾气、尘垢和泥土的存在而减分不少。优步步行街的口香糖和烟头问题要比白银大街更加严重，部分（公共部门）参与者甚至提出了私营部门所有人应该与公共部门合作以改善清洁和维护水平的建议：

　　"通常情况下……在这些地方就需要大力投入，采取环境改善措施……合作这个词常常被滥用，但去找他们交涉并向他们收取一定的环境清洁和维护费用并没有任何不妥……看这个街角，完全已经沦为吸烟区了，不是吗……但看起来很奇怪，你觉得呢？"（D40）

　　同样，虽然优步步行街没有车流，但参与者仍认为这里的管制质量要低于白银大街。他们认为这里的海报架非常难看，并且也对人们的行动造成了阻碍。在全部的 42 名参与者中，有 6 名对遍布白银大街的夜间经营场所持消极否定的态度，他们认为这些夜间经济减少了日间客流量，对该区域内的日间运营零售商的可持续性造成了影响，同时也造成了过度的人群聚集：

　　"上周六……晚上 10 点的时候，我坐公交车回到这个地方，但车子根本没有办法通过，因为人太多了……很多人站在街边喝着酒，醉态酩酊……白银大街过去是个很不错的地方，但现在这里除了酒吧就是小酒馆。"（D52）

　　我按照气味类别以及参与者对气味的描述（积极正面、消极负面或是二者皆有/不偏不倚的），对参与者关于在这两个区域内探测到的气味的评论进行了整理和分析，使用的方法和环境质量评论的方法一样（表 7-4、表 7-5）。在这两个区域内，气味体验都主要由一种气味构成，虽然这两个区域之间的具体气味有所不同。白银大街的气味主要来自汽车尾气（20 名参与者都有提及），而参与者对汽车尾气的气味褒贬不一。在优步步行街，主要气味是连锁快餐店的气味（18 名参与者都有提及），而参与者对这种气味又爱又恨。

　　总体来说，参与者对优步步行街的气味感知要比白银大街的气味感知更加积极、正面，特别是各餐厅、咖啡店、酒吧和室外咖啡座等散发出来的食物气味：

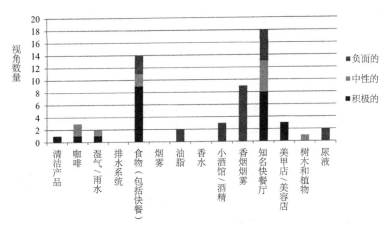

表 7-4　参与者探测到的气味和气味感知：优步步行街

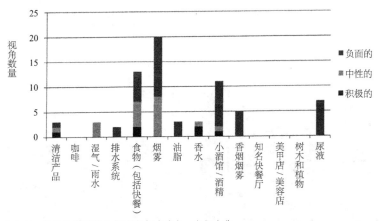

表 7-5　参与者探测到的气味和气味感知：白银大街

　　"我的意思是，当你走在街上的时候还可以闻到各种食物的气味，这种感觉很不错。这个地方很适合跟朋友一起吃午饭。到晚上这个地方就完全变了个样子，因为很明显到了晚上他们就不供应食物了。"（D12）

　　相比之下，人们在提起这两个区域内的酒精气味时通常都指的是隔夜的腐臭气味，这跟白天的情况截然不同：

　　"我不喜欢这种隔夜的啤酒的气味……如果你想打造一个咖啡店聚集区，

白天的时候换一个经营模式……那么我就不太愿意去这个地方了，因为这里有难闻的气味。"（D17）

　　白天，优步步行街的烟味要比白银大街更重，因为很多人在商店门口和室外的咖啡座区域吸烟，同时优步步行街白天人也比较多。

　　但是，更多参与者在白银大街上闻到了尿液的气味，特别是在两栋建筑之间的小巷子中（图7-6）："……这里总是有一股尿臭味，还有别人扔掉的长丝袜和丁字裤……和呕吐物之类的。因为人们总是喜欢在这种僻静的角落呕吐。"（D42）参与者普遍认为白银大街的小巷子很脏、卫生条件差、阴暗，同时也不安全，并把这种地方和尿液及呕吐物的气味联系在一起。而从优步步行街横穿过的小巷子却只被一名参与者提起，而且这名参与者对这条小巷子持中立态度，仅把它当作一个通往城市其他地方的捷径。同样，参与者对优步步行街的总体嗅景的感知结果也要比白银大街更加积极、正面。

图7-6　唐卡斯特白银大街的小巷子

优步步行街的封闭式建筑设计被许多参与者描述为该区域的积极方面（有 6 名参与者）：

"我认为这种封闭式设计非常不错……这样可以把气味封锁在这个场所内，我想如果我是 [快餐厅名称] 的拥有者的话，我会想办法把这些气味排出去，以吸引顾客，通过这种方式充分利用这里的气味。"（D05）

虽然优步步行街的封闭式设计受到参与者的褒奖，但在白银大街，人们却对那里的良好的空气流通表示赞许，认为这能够让空气"变得新鲜"：

"我的意思是，在像今天这种大风天气，大风可以把污染物吹走……这很大程度上只是心理上的安慰，因为当你处于一个密闭空间，你就会觉得自己呼吸的空气不新鲜，而如果你在一个开放的有空气流动的空间内，气味会被风吹走，就不会那么难闻了。"（D06）

因此，我们可以认为环境形态和环境质量的总体水平将会与城市嗅觉体验和总体场所感知相互作用。

7.5 探讨

24 小时城市指城市里的各大营业场所在夜间仍继续开放经营，这一概念还包含了欧洲式咖啡文化的某些元素。这一概念的引入对唐卡斯特市中心的生活体验造成了一定的影响。这项政策以及与禁烟和公共厕所关闭相关的政策都对唐卡斯特的城市嗅觉体验，以及总体环境质量感知造成了影响。但是，如本章开头部分所述，这些政策在制定过程中都没有将它们对城市嗅景的影响纳入考虑范畴。

唐卡斯特从很多年前起就存在大大小小的小酒馆和俱乐部，因此这类经营活动的存在以及相关的排放到大街上的气味并不是什么新鲜事物。但气味的性质和气味所在的场所一直在变，这些变化体现在气味的强度和类别上。比如在禁烟立法出台以来，英式小酒馆的传统气味发生了变化，同时当地政府也引入了新的清洁和维护制度，以去除或掩盖还被清除的气味。现代酒吧较过去的酒吧更加宽敞，规模更大，通常采用敞开式平面布置，木地板，一些酒吧还把经营场地扩张到店面前的公共道路上，这对上述气味清除行动起到了一定的促进作用。传统的营业单位由于使用的是地毯、墙纸，封闭的前门设计，且顶棚通常较低，因此在适应新政策方面面临一定的困难。在过去，烟味和其他一些小酒馆特有的气味混杂在一起，产生了一种独特的气味。部分参与者在回想这种气味时，表示它能增强场所体验，并把这种气味和愉快的记忆和其他感官刺激联系在一起，比如香烟烟雾和干冰机制造的雾气混在一起的样子。相反，参与者普遍对附着在衣服上的腐臭的烟味表示反感，并把这种气味和吸烟者联系起来，而不会想到香烟本身。

近几年，唐卡斯特的某些类别的气味的空间集中度也有所增加。大型的俱乐部、小酒馆和酒吧数量不断增加，而大部分都集中在城市中的某些特定区域。这类营业场所在某些区域扎堆设立改变了人们对这些区域存在的气味类别的预期。比如人们会希望晚上在大街上闻到酒精、香烟烟雾、尿液、呕吐物（晚上是新鲜的呕吐物的气味，白天则是腐臭的气味），以及须后水和香水的气味。在研究范围内的两个区域，新的街道清洁和维护制度建立后，由公众负责管理的白银大街的气味浓度有所降低（但小巷子除外），而在私人拥有和私人负责维护的优步步行街区域，维护水平则普遍不尽人意。一些参与者认为，优步步行街在白天的嗅景更令人愉悦，因为白天可以闻到新鲜食物和饮料的气味，同时花草树木发出的气味也起到了一定的作用。

相反，白银大街的人行道和营业场所在白天则少有行人，但公路上却车水马龙，这样一来，汽车尾气的气味成为该区域内气味体验的重要组成部分。

虽然过去在英国的各大城市都能体验到与尿液、呕吐物和烟草的感官遭遇，但即使是在很多年以前，也有一些城市的气味要比其他城市的气味更多、更浓。根据当代社会规范，气味和产生气味的经营活动被划分到特定的区域中（如将重工业企业从市中心搬离），同时在时间上也将它们隔离开来（如夜间经济）。这些因素均对人们对气味和气味所在环境的感知造成了影响。而造成这样的关联的原因之一，就是参与者在特定场所和其他类似场所的过往体验：繁忙的公路、步行街和夜间"经济带"。有了这样的关联，某些气味被认为是符合特定场所和时间的，因此如果人们在符合这样的关联的环境下闻到这些气味，他们会感到习以为常，也更易于接受这种气味；而如果人们在其他环境下闻到这种气味，就会认为这种气味是"格格不入的"。比如，不论是吸烟者还是非吸烟者，（过去）在大街上闻到烟味都要比在小酒馆等密闭环境中闻到烟味更容易引起他们的反感。同样地，呕吐物和尿液的气味被认为是属于个人的比较隐私的气味，因此只应该存在于人们所居住的私人空间内，而不应该存在于公共环境中。因此，参与者对街道上存在的这类气味通常持否定态度，认为它们是其他人的反社会行为和无节制行为的痕迹，会让他们想起一些与疾病相关的记忆和事物。在禁烟立法出台以后，小酒馆中的厕所、洒到地上的啤酒的气味以及人们的体臭更是无处不在，而人们认为这些气味也是不合时宜的，经营者应该采取各种气味控制措施去除这些气味。

从城市设计和管理的角度看，气味让时间的空间隔离沦为空想。在 24 小时城市概念引入后，建筑环境可以被看作是一个舞台，这个舞台上白天表演一个节目（咖啡和零售文化），晚上表演另一个节目（饮酒文化）。如果不采取严格的气味控制措施，这两个节目之间的隔离很难维持，相关营业活动的副产物产生的气味会从这些场所溢出，进入它们本不应该存在的实体空间、社会空间和时空空间。气味跨越了公共空间和私人空间之间的界线，而从一个空间泄漏到另一个空间的气味也可能对后者造成污染，进而导致控制防线的崩坍。随着各种更加直接的气味控制措施被投入使用，比如清洁和维护制度，多个可纳入城市嗅景设计的建筑环境形式的实体因素被最终确定。

7.6 结论

城市无时无刻不在发生着变化，这种变化不仅仅体现在物质形态上，同时也体现在城市居民的各种活动，以及他们开展这些活动的场所方面。各娱乐或经营活动的内容，以及具体场所，几乎都由城市监管部门决定。因此，对于城市和城市生活的政治想象会对城市的感官生活体验造成直接的影响。

英国在倡导 24 小时城市概念的过程中出台的一系列政策与密闭公共区域内的禁烟相关立法相互作用，从多个相互牵连的方面对城市嗅景的体验和感知造成了影响。食物和咖啡的气味本身属于政府言论中的欧洲式咖啡文化的理想化概念，但参与者在嗅觉漫步中体验到的食物和咖啡的气味却明显少于香烟烟雾的气味。而如今在大街上，香烟烟雾的气味无处不在。此外，这些政策和行动还在大街上产生了废弃物的气味，包括烟草设施、洒落到地上的酒精、尿液和呕吐物的气味。最后，这两种气味最常出现在阴暗、偏僻和卫生条件较差的区域，比如小巷子、公共停车场楼梯间等地。

结果，地方政府就出台了一系列新的更强硬的气味管理准则，包括清洁、维护和气味调节准则。气味调节即使用人造气味掩盖室内或室外环境中的一些较为难闻的气味。本书中的下一部分，也就是最后一部分，将从进一步探讨这一问题开始，对气味控制、设计和场所营造等进行详细探究。此外，该部分还将涉及建筑环境中的当代气味处理方法，以及城市管理者在管理和设计城市嗅景时采取的一系列措施的相关讨论。

第三部分

嗅景控制、设计和场所营造

8

城市中的气味控制过程

过去的巴黎充斥着面包房、公共厕所、法国茴香酒和烤烟的气味。这些大概是这个城市最具诱惑又最颓废的气味了。这些属于巴黎的过去的气味早已荡然无存……已经没有人喝法国茴香酒了，面包房也发展成了大型联合企业，并搬离了市中心，而公共厕所也在几年前被全部撤销。巴黎现在已经成为一个寡淡乏味的城市。不仅仅是巴黎，整个世界上的其他城市也都如此，原本属于城市的各种气味都已经被人们从嗅觉地图上一一清除（吉尔，2005）。

1994年，地理学家保罗·罗达韦（Paul Rodaway）对仅仅采取限制人本身和环境的气味的这一普遍做法提出了质疑。他认为，这一做法过于简单化，并提出了四种其认为能够有效控制和管理来自人体本身和环境的气味体验的战略。罗达韦将其分别定义为：清洁，即通过清洗的方式去除气味；除臭，即通过添加掩盖气味的方式去除不良气味；合成，即通过气味提取或合成的方式制造气味；以及标签效应，即对特定的商品或空间添加具有理想属性且从文化角度上讲又能引起人们正面联想的气味（罗达韦，1994: 151）。但是，其他一些人则对这几个术语有不同的理解。比如气味掩盖这一被公众熟知的词通常被用来描述一种气味叠加在另一种气味之上并对后者造成影响的现象。这一现象经常被用于控制农业和工业生产场地散发出来的气味（克利米西诺夫，1995）。克拉森等人（1994: 171-172）认为除臭是一种通过控制而非掩盖来减少气味的策略，并着重介绍了近期研发出来的一种被称为对抗剂的"气味抑制喷雾剂"，这种对抗剂能够对人们感知特定气味的能力造成抑制，其作用机制是向空气中释放无气味的分子。此外，如果从环境控制和管理的角度来考虑 Rodaway 的合成和标签效应策略，这二者可以被看作同一个过程的两个组成部分，气味合成可以被视为气味制造过程，而标签效应则属于合成气味在环境中的实际应用。

如果我们仔细思考与城市中环境气味控制有关的现代术语，我们会发现以上这四个策略实际上问题百出。我这样说并没有任何贬损 Rodaway 对我们在理解气味和环境之间的关系方面作出的重要贡献的意思。

基于这方面的考虑，我根据 Rodaway 提出的分类标准，按照我自身通过实证性嗅觉漫步研究获得的深刻见解，从城市嗅景管理和控制的特定角度，对以上四个策略进行了重新定义（图 8-1）。

重新定义后的策略分别为隔离，即将气味或气味来源相互隔离，或将其与气味来源隔离开；除臭，即通过废弃物管理、清洁和维护等措施，将气味从环境中清除；掩盖，即在环境中有意或无意地使用（更强烈的）气味，使其与其他气味相混合、重叠，或对后者加以遮盖；以及气味调节，即在某些区域内引入新的气味，以增强嗅觉体验，并／或使人们察觉到特定气味，进而影响人们的行为或情感（与改变或遮盖其他气味相对）。在本章中，我将以此对以上四个策略进行探讨。在探讨过程中，我将引用前面章节中的探讨

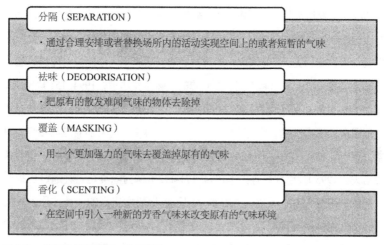

图 8-1　管理和控制过程：城市嗅景

结果，以及其他与除臭和气味调节相关的资料。

8.1　隔离

隔离一直被认为是城市嗅景管理、控制和设计方面的一个重要的组织概念。它涉及以下方面的内容：气味生产活动的空间隔离（按活动类别）、通过搬迁达到气味隔离的目的、通过通风和其他机械措施将气味和气味来源隔离开，以及气味的时间隔离。

过去，城市中不同类型的工贸企业摩肩接踵，通常在一个很小的区域内就能闻到各类不同的气味（克拉森，2005a）。而如今，许多产生气味的工业生产或其他活动都已经搬迁到了当代市中心以外的地方，造成这一现象的原因一方面是相关政策和立法的实施，另一方面则是土地价值飙涨和全球化进程的不断推进。大多数人认为，如污水处理厂等被广泛认为是不良气味来源的经营单位的搬迁对城市的环境体验带来了积极的影响。但是，人们并不是对所有的空间隔离都买账。比如，一些人认为，如酿酒厂等某些传统的产生气味的企业搬迁到城市中心区域以外的地方对城市嗅觉体验造成了不良影响，场所归属感和认同感则首当其冲。

隔离过程会导致气味从一个地方转移到另一个地方，而这又对城市嗅景造成了影响。我在第5章中着重指出，由于城市核心地带的某些街道和区域被建设成为行人专用区，车流和汽车尾气的气味被隔离到了"被制裁"区域。我这里所说的"被制裁"区域是指公众或立法者允许开展特定活动或允许特定体验存在的区域。唐卡斯特的行人专用区建设则受到普遍的拥护。多数人认为这一举措不仅改善了城市中的空气质量，还减少了市中心的汽车尾气气味。但是，唐卡斯特的行人专用区建设方案实施后，车流和汽车尾气的气味集中出现在包括白银大街在内的周边区域，也就是唐卡斯特核心行人专用区的边缘位置。在这些地方，汽车尾气的气味成为最主要的气味，而这种气味和行人专用区内的其他气味形成了鲜明的对比，且前者则通常不受待见。

造成气味位置变化的另一个原因则是禁烟立法的出台。根据禁烟立法，公民不允许在密闭公共场所吸烟。禁烟区域被划分出来之后，吸烟活动和烟味的位置也发生了变化。人们只能在距离学校、医院以及食品供应场所一定距离的地方抽烟，比如美国和印度都有这样的规定。而有的地方则规定人们只能在私人区域内抽烟，比如尼日利亚。在英国，城市内禁止抽烟的空间包括授权经营场所的后院和室外座位区、办公室门道、大街和室外公共区域。但气味常常可以从一个区域泄漏到另一个区域，而许多人对此表示反感。我见过的关于将吸烟者和烟味与非吸烟者隔离开的最新奇的案例发生在瑞典的斯德哥尔摩。这座城市专门在酒店大厅和机场等密闭的公共区域设立了透明且通风良好的吸烟亭（图 8-2）。

路人可以看到那些聚集在吸烟亭里吸烟的人，但却闻不到他们的气味。这样的场景总会让人们联想到动物园里稀奇古怪的动物。在欧洲某些地方，我们也能看到这种在非吸烟场所为人们提供了吸烟区域的吸烟亭，比如德国法兰克福市机场以及赫尔辛基的一些办公室。日本网络媒体近期发布了一侧关于日本东京有三个地方引入了首批收费使用吸烟亭的消息：据称，每天有900 名吸烟者使用收费吸烟亭（读卖日报在线，2012）。在这些区域内，人们使用高级通风系统，将烟味从源头隔离开。这类高级通风系统的作用原理是将气味从吸烟亭中吸出，以阻止它们扩散到周围的外部环境中。即便如此，仍有一些烟草气味会残留在吸烟者的衣服、头发和皮肤上。

在一些城市街道，人们也使用通风系统和高烟囱等方法对气味采取了类似的隔离措施。由于大部分的工业活动都搬迁到了市中心以外的区域，这类系统在城市区域内最常见的使用场所就是快餐店、餐厅、酒吧和小酒馆，以及美甲店、美发沙龙和健身房等私营商店或服务机构。这类场所大多在立法中被归为"烦扰"类，即可能引起人们反感，并对生活质量造成影响。但是，人们对这些场所散发出来的气味的感知却各不相同，影响因素包括个体、社会和文化体验和规范，以及专业视角、培训和气味识别、气味预期和气味接受度等。

立法中通常规定了哪些类别的系统应当用于哪些目的，同时也规定了气

图 8-2 瑞典斯德哥尔摩阿兰达机场的吸烟亭 ©Finnavia&Finnair

味排放的高度。这样一来,大多数的这些气味仍需要被排放到某些特定区域,虽然它们已经经过化学处理去除了油脂或气味分子。在许多城市里,人们通常从经营场所的后面或在其后的小巷子中排放这种气味,比如唐卡斯特的唐人街或唐卡斯特的科普里大道。这样一来,在人们的印象中,房屋背后的区域通常又脏又臭,且卫生状况也十分恶劣。实际上,使用通风系统将气味隔离和转移到这些区域增强了房屋前方公共区域和后方私有区域之间的嗅觉差异。来自厨房等区域的气味从源头被隔离和转移,这样一来,人们就很难识别这种气味,同时也不知道在什么地方会出现这种气味了。因此,这些气味跟它们所在的区域显得有些格格不入。即便是采取了以上这些通风措施,但仍有一些气味会从经营场所泄漏到大街上。而大街上的食物气味，只要不是过于油腻的，通常会受到人们的欢迎。将这些气味转移到房屋后面的区域不仅仅可能增强区域的负面感知，同时这些气味本身也很可能会引起人们的反感。

许多提取气味被释放到一楼以上的空气中，以减少气味被人们察觉到的机会。城市街区的高层建筑正在朝着多功能的方向发展，餐厅、酒吧、零售店通常被设置在平地层，而其他楼层则为住宅楼层。这样一来，这种将气味排放到高空的做法也会引起一系列问题。在靠近气味来源的地块上开发新的住宅项目也会引起类似问题。在这种情况下，餐厅和酒吧等各公共空间的气味会泄漏到私人住宅区域中，导致气味的隔离变得十分困难，甚至根本行不通。

在当前的英国规划指导政策中，拟建的可产生气味的项目，以及将现有经营场所改造为其他可产生气味的经营场所，对其周边区域的影响均被纳入考虑范围。但是，对于多功能城市街区（即同一街区内有不同类别的经营场所）的开发，如果通风系统满足建筑调节要求，则这类项目对上方居民的影响应不足以引起政府官员的过度重视。类似地，如果是在现有的气味来源附近修建新的住宅建筑，则潜在的烦扰和抱怨问题很容易被忽视。在某些情况下，只有在这些项目完工后政府接到投诉的时候，人们才会意识到冲突的存在。

气味隔离有时候也体现在时间上，比如一天的某些时段，或者一周或一年的有些天，或者更长的一段时间。这些都意味着嗅觉体验随着时间推移不断变化。由于受一年中季节性活动和天气对气味体验和预期的影响，气味会发生短暂的时间性变化。气味的这种瞬时性变化也会对来自绿化空间的气味造成直接影响。我将在第 9 章对此问题进行进一步探讨。气温较高时许多气味的强度也会随之增加：

"在夏天的时候气味通常会更加强烈，造成这一现象的一部分原因可能是夏天外面会有很多人……但同时太阳发出的热也可能增加气味强度。在气温较高时，我们会接到更多的关于垃圾发臭和宠物随地大小便之类的投

诉。"（D44）

温暖的天气也会减少室内和室外的物理隔离，因为在这种天气各经营场所常常会把当街的门窗打开，而露天咖啡座的人也会比平常多。在某些气候炎热的国家，极端高温天气却会起到相反的作用，因为在这种环境下人们常常会紧闭门窗，打开空调设备，这一趋势在新加坡就特别明显（乔治，2000）。在一项关于城市地中海环境中小气候条件对公共场所用途的研究中，尼科洛普卢和莱科迪斯（2007）发现，在秋季和冬季，城市空间白天的使用率要比炎热的夏季高出300%~400%。

24小时城市这一概念的引入在各项活动之间形成了物理隔离，在一天的不同时段以及一周的不同时间内，人们会有不同的气味预期。在规模较大的城市中，晚间和夜间经济会从周一持续到周日，但在特定的几个晚上要比其他时间更加繁忙。在唐卡斯特，夜间经济活动通常集中在一周内的某几个晚上，这产生了不同的暂时气味预期："我知道每周六和周日早上会有这种气味，整个地方到处都是呕吐物。"（D10）

同样地，和许多主要街道上那些每天营业的零售店面不同，唐卡斯特市场并不是每天营业。因此，市场内的嗅觉体验在一周内会发生巨大变化。在交易日，唐卡斯特市场会有各色各样的强烈气味，而这些气味通常受到人们的喜欢。而在非交易日，"这里则有一种空荡荡的感觉……这总让我想起星期天早上我从那里经过的时候，经常都会闻到一股周六晚上人们在这里活动留下的气味。"（D42）

汽车尾气污染的体验也会受夏季炎热天气和冬季寒冷天气的影响。在炎热的夏天，人们感知到的汽车尾气气味会有所增强，这说明高温和实际污染物水平之间存在一定的关联（DEFRA，2008: 51）。在冬季，寒冷的空气和雾霾也可能加重污染水平（本迪斯，2000），而在寒冷空气中由于汽车尾气变得更加明显，人们也更容易注意到汽车尾气的存在："车流量较大的时候，特别是车流基本无法行进的时候，会让人感觉非常难受。在寒冷的早晨，那种感觉也不是很好受。"（L17）

可以看出，气味隔离对气味体验和预期的影响表现在多个方面，且较为复杂。我们可以将其理解为是生活的瞬时性和气候变化共同作用的结果。但是，人们想要控制环境的强烈欲望也是重要的影响因素之一。

8.2　除臭

我在本书中所说的除臭一词，包括各种以去除或减少环境中的废弃物或污垢的气味为目的的活动。因此，除臭可以指废弃物收集，以及清洁和维护等以去除和清洗城市表面气味来源为目的的各项活动。

由于人们对商品、服务和物资的消费量不断增加，产生了大量的汽车尾气、工业排放物、生活污水、食物残渣或街头便溺等废弃物。人们采取各种措施清除和处置这些废弃物，包括按废弃物的不同类别对其进行隔离，如将有机物和无机物隔离开、将塑料和金属隔离开，以及将有毒物质和无毒物质隔离开；废弃物专用处置区域，即将废弃物储存或排放到屋后小巷子、后院和花园等私人区域，从而将其与公共区域隔离开；或在大街上安放废弃物处置容器（图 8-3），如垃圾桶，或固定到建筑物上的与吸烟相关的垃圾丢弃装置等。将垃圾收集到这些容器或处置场地之后，由公共或私人废弃物处置机构将废弃物运输到城市外距离城市核心区域较远的场地，如再循环工厂、焚烧站和垃圾填埋场。

废弃物收集和处置的工艺也会从多个方面对城市嗅景体验和预期造成影响。废弃物收集服务的频率对控制维持尤为重要："我认为应该规定一个垃圾收集频率的最低要求……因为如果是在炎热的季节，一大早就可能会闻到气味。"（D26）虽然这种将废弃物隔离到指定场所的物理隔离做法确实能够产生视觉隔离效果，但还是不可避免地会存在气味泄漏的情况。

小巷子通常被认为是需要定期维护的有臭味的区域。如果得不到定期维护，这些区域的气味会渗漏到公共区域，进而对后者造成污染："我们经过一个小巷子的时候，闻到了垃圾桶里传出来的很强烈的垃圾的气味；垃圾桶旁边还有塑料袋……站在很远的地方就闻得到那种气味。"（D24）同样地，参与者在某些特定区域还闻到了排水系统散发出来的气味，这对区域感知

图 8-3 垃圾桶，曼彻斯特

也造成了一定的影响："这种气味非常难闻……特别是天气比较炎热的时候，很让人恶心……但在市中心行人如织的时候，这种气味是非常不合时宜的，因为这会让人们对这个城市产生不好的印象。"（D11）

但是，垃圾箱等基础设施并没有达到预期目的。就拿与吸烟相关的垃圾来说，近期出台的禁烟立法也引起了垃圾处置要求的变化；人们不再将烟头丢弃到室内的烟灰缸里，这就对室外的烟头和烟灰缸处置设施提出了更高的要求。如果废弃物的气味或废弃物本身出现在了人们印象中它们不应该出现的场所，则会引起一系列问题。这些气味包括烟头的气味、烟味、溢出的酒精的气味、尿液和呕吐物的气味。人们通常将它们与不干净、不卫生且偏僻的区域联系起来，而这些区域通常都是缺乏管理和控制，同时清洁和维护活动也明显不足的场所："我想那些比较贫困的区域通常会有腐臭的气味，因为这种地方常常缺乏管理，我认为有些气味就是从那种地方传出来的。"（D28）

在各城镇的核心区域，城市管理者通常会采取措施清除那些"不合时宜"的污染物。具体措施包括对在大街上乱丢垃圾、吸烟相关垃圾的公民处以罚款，对街头咖啡座进行管控，以及要求各经营场所对其前方区域进行清洁等。对室外区域进行打扫和冲洗逐渐成为多数城市采用的一种普遍的清洁措施。但是，对清洁度的判断是非常主观的事情。以下是两名不同的参与者在同一天早上对唐卡斯特的同一个区域的清洁度作出的判断：

"虽然看起来很新，好像刚被搬到这里不久，但还是很脏。店面的招牌看起来已经需要好好地清洗一下了……我觉得路面上那些被嚼过的口香糖和烟头……这个区域的总体清洁度真的……"（D24）

"我喜欢 Priory 步行街……这是唐卡斯特为数不多的几个非常干净的地方。这里的布局也很不错，那些现代风格的建筑物非常养眼。"（D25）

可以看出，个体对一个场所的清洁度的判断受职业和个体因素以及个体对场所的熟悉度和与场所之间的关系等环境因素的影响。

此外，对特定场所清洁度的判断还受个体对该区域的先入之见，以及在现场收集到的嗅觉和其他感官信息的影响："这种气味闻起来不太舒服，给人一种不干净的感觉，而且每次来到这里都能闻到这种气味。所以我会觉得这个地方本身就不是很清洁。"（D24）城市中心区域的清洁和维护工作是再常见不过的了，所以人们只有在预期未得到满足时才会作出评论："这里必须维持一个特定的气氛，而这个气氛则取决于唐卡斯特的清洁工的清洁质量。但我不得不说，这里清洁质量一定很好，不然我肯定一眼就看出来了。"（D15）在以上案例中，干净的场所往往就是没有气味的场所，但实际上并不总是如此。在很多情况下，人们也使用加香的清洁液和清洁剂，而这些清洁液和清洁剂的气味本身就会对城市嗅觉体验起到积极的促进作用。相较于加香清洁液的气味，参与者普遍不喜欢清洁剂的气味，他们认为这种气味过于强烈，和室外环境格格不入：

"有时候虽然我们可以忽略背景气味，但同时你可能会不可避免地闻到其他一些强烈的气味，比如清洁剂的气味……这种气味很难闻……在医院闻到这种气味还好，但在其他地方闻到这种气味就令人很不舒服了。"（D05）

虽然大家对有香味的清洁剂的味道的描述褒贬不一，但是大家还是普遍认为这种味道是比较好闻的：

"一开始我觉得还是挺好闻的……当你闻到这个味儿的时候，你脑子里面就一下子开始思考这到底是什么味道，然后你再闻一闻就会发现是消毒剂的味道。然后，这个味儿就一直不消退，就会让你觉得太浓郁了。"（D12）

清洁剂和加香清洁产品都属于清洁用品，二者都用于清除废弃物发出的难闻气味，包括腐臭的酒精气味、尿液的气味和呕吐物的气味。实际上，在唐卡斯特，参与者闻到与清洁相关的气味最多的是两个夜间经济活动较为频繁的区域（即优步步行街和白银大街），但参与者也在市场闻到了这种气味。普遍认为，清洁剂和其他清洁液的气味对其他一些更难闻的气味能起到掩盖作用。但是，在某些情况下，前者可能不但无法掩盖后者的气味，并且清洁产品本身的气味会和那些更难闻的气味混在一起，产生其他同样难闻的气味。比如，公共厕所通常就有尿液和漂白液的混合气味，而参与者对这种混合气味的印象和描述都不太好。但是，在靠近唐卡斯特市场一个公共厕所的地方，参与者闻到了加香清洁液的气味："那是一种干净且好闻的气味，类似于 CIF 柠檬香。"（D19）这种合成的柠檬香气通常会让人联想到干净的环境，而人们也认为这种场所就应该有这样的气味。

这充分体现了人们对环境的控制欲望。合成的柠檬气味也起到了掩盖人类排泄物的气味的作用。因此，虽然清洁剂和加香清洁液被用于相似的目的，但相较于清洁剂的气味，人们通常更乐于接受加香清洁产品的气味。因为清洁剂的气味常常让人联想到医院和厕所之类的场所。

因此，在城市中，在通过废弃物管理、清洁和维护等措施达到城市嗅觉除臭的目的时，不应仅仅局限于气味清除或杀菌，虽然这两个过程在维持感知环境质量和去除不良气味方面扮演着重要角色。除此之外，二者还与隔离和气味调节措施有关。除臭过程中的一个潜在主题是公共场所和排泄物以及其他未经批准就处置的废弃物的气味之间的联系："大街上的气味……我觉得跟公共区域和公交汽车有很密切的联系……这种气味给人一种不干净的感觉……但也有可能是心理作用。"（D04）这并不表明人们认为私人场所要比公共区域更干净；在关于唐卡斯特夜间经济区域的案例研究分析中，被认为清洁和维护质量最差的区域恰恰是一个由私人所有和管理的区域。但是，总体来讲，参与者更喜欢私人区域的嗅景，造成这一现象的主要原因是该区域已被建设成为行人专用区，因此参与者认为它没有受到汽车尾气的污染。

8.3　掩盖效应

凯恩（Cain）和德雷克斯勒（Drexler）（1974）对掩盖气味和"对抗"气味进行了深入研究。"对抗"气味指通过引入特定气味，降低另一种气味的感知强度。凯恩和德雷克斯勒认为，掩盖效应实际上属于气味特质范畴的问题，而与气味强度无关。从这个角度上讲，引入的气味的特质和现有气味的特质组合在一起，最终产生新的气味特质。曾有研究人员将这种气味混合的现象描述为类似于当一个人将蓝颜色和黄颜色混合在一起产生绿颜色时出现的视觉组合。虽然绿色是由前面两种颜色组合而成，但它既不属于蓝色，也不属于黄色，而是具有自身特性的一种颜色。而被掩盖气味也会有类似的现象，即一种气味和另一种气味混合后，产生了全新的气味。

和与我们的身体相关的气味掩盖活动不同，城市中环境气味的掩盖效应与其说是刻意为之，不如说是另一种无关行为的副产物。我们喷香水却是为了故意掩盖我们身体上的一些难闻的气味。

在当代各个西方城市，气味掩盖效果最明显的活动莫过于城市中来来往往的车流产生的汽车尾气了。从这个角度讲，具有掩盖特性的空气污染物的存在不仅仅会减小人们察觉到较隐蔽的环境气味的可能性，同时这些污染物在空气中流动时，还可能会破坏其他气味（麦克弗雷德里克等，2008），并暂时性或永久性降低人们的嗅觉能力（哈德森等，2006）。因此，汽车尾气污染会对气味体验产生严重影响。但这绝非气味相关决策制定过程或战略所致。

香烟烟雾的气味对其他环境气味的体验也会产生掩盖效应，特别是在禁止密闭公共区域内吸烟行为的相关英国立法出台后，人们才更深刻地认识到这一掩盖效应。在小酒馆、酒吧、俱乐部等场所的烟味逐渐消失后，人们开始闻到体味和其他难闻的气味，这时人们才意识到烟味起到的掩盖作用。也就是说，只有在吸烟者的吸烟活动从一个场地转移到另一个场地之后，人们才清楚地意识到烟味的掩盖作用。

城市环境中也存在一些刻意的环境气味掩盖行为。其中，最常见的是清洁剂和加香清洁产品的使用，其目的均在于清除不良气味来源，但其自身独特的气味仍会将剩余的气味掩盖。停车场楼梯间使用人造香气的做法（BBC，2009）实际上是借鉴了酒吧和俱乐部经营者在禁烟立法出台后使用的气味掩盖战略。这种做法所基于的假定条件是：通过使用更强烈的气味掩盖其他气味可改善区域内的气味体验和感知。

8.4 气味调节

越来越多的主要街道上的国际品牌门店和餐厅，包括 Sony、Nike 和 Lush（赫希，1990；詹金森，塞恩，2003；塞尔瓦吉-鲍曼，2004；林德斯特伦，2005a）等非餐饮门店和 KFC、McDonalds（施洛瑟，2002；KFC 公司，2007）等餐饮企业都刻意使用了一种采用独特设计的气味向顾客传达信息。这种企业气味常常和主要街道上其他可察觉到的气味混合在一起。在本节中，我将从三个大类出发，对城市嗅景中的气味调节活动相关体验进行深入探讨。第一大类为非食物气味，这种气味与零售店或服务业门店所销售的商品的气味相关。

第二大类为香水和合成气味，这是一种更加积极的气味调节方法。在第

6 章中，我大致介绍了因食物销售和食物制作引起的气味感知。而前文中尚未探讨的另一种食物气味的类别则是我即将要探讨的第三类气味调节活动：食物中的商业气味调节方法的感知。对于每个大类，商业界对气味感官质量都有不同的见解。在对这三个大类进行探讨的过程中，我将着重讲解因上述气味调节活动产生的潜在伦理问题。

8.4.1　非食物气味——商品相关感知

零售店或服务业门店通过前方的窗户或门道，或通过后面的通风系统将各种非食物气味排放到周围环境中。这类气味通常只存在于个别区域，并可以让闻到气味的人了解门店的商业活动性质和其出售的商品。此外，这些气味还对人们的气味预期产生了积极的影响，让人们在城市中漫步时会希望在特定的场所闻到特定的气味。人们的气味预期会受到之前的特定门店或类似门店的相关体验的影响，比如人们在经过鞋店或手提包店的时候会期望闻到皮革的气味，经过宠物店的时候会期望闻到木屑和动物饲料的气味。在某些情况下，气味来源可能并不十分明显：

"某些气味总让人想起一些特定的场所……比如电子游戏商店就总有一股崭新的商品的气味，就好像他们有很多刚到货的商品……每次我闻到这种气味，都觉得是新塑料的气味，这总让我想到电子游戏。"（D16）

人们在药店也会闻到非食物的气味："一切都显得刚刚好，当你生病的时候，闻到这样那样的药物的气味，会感觉自己很快就要好起来了，因为马上就可以吃药了。"（D49）这类气味还可能构成个体对特定店面的情感依附。比如人们对皮革店、宠物店和书店等的气味感知通常是积极、正面的，或是中立的。在唐卡斯特的嗅觉漫步中，当参与者没有闻到他们所预期的气味时，他们总会说：

"我已经尽力去闻宠物店的气味了……但我经过那里的时候还是没有闻到那股气味，我有点失望……我每次经过宠物店都会自然而然地想要闻到宠物食物的气味……可惜他们没有抓住机会给周围环境增添这种独有的气味。"（D31）

参与者在服装店和街市台位也会反复闻到各种气味，并将某些气味和高端服装店的香化措施联系起来（我将在后文中对此进行详细讲解）。但是，不少人认为这种气味是服装本身的气味，将其描述为"新衣服的气味"，并表示喜欢这样的气味：

"其实我从那个卖衣服的摊位经过的时候闻到了一股很舒服的气味……那是一种有些强烈的新衣服的气味……我很喜欢那种气味。"（D14）

"每次进入服装连锁店之类的地方我就会感到一种独有的氛围，这很可能是因为那些新的面料造成的……那是一种没有粘上泥土或污垢，也没有被穿旧的新衣服的气味，还有一股独特的新鲜气味。"（D13）

实际上，人们不仅仅会将"闻起来很新"的这个概念和衣服联系起来，比如唐卡斯特的参与者中就有 11 个参与者认为服装店的衣服"闻起来很新"，人们还会把它跟建筑环境中不同的方面联系起来。这对顾客的消费起到了一定的刺激作用，同时也与偏僻的区域的场所感知形成了鲜明的对比："我喜欢这种闻起来很新的感觉，比如新的油漆、新的家具、新的设备和新的地毯等，就是喜欢这种崭新的感觉。"（D39）这里所说的崭新并不仅仅表示一个全新的商品所散发出来的天然的"崭新"气味，它还表示这个商品没有受到任何污染，也没有沾染任何污垢。

对于从零售店和服务业门店散发出来的非食物气味，如在售商品和正在加工的商品散发出来的气味，不同个体也有着不同的体验。所有这些门店，参与者不论是否喜欢，都无一不将它们与具体的某个较小的区域联系起来，并将其视为微区味标。因此，这些气味和其他相关气味能够改善嗅觉体验，并提升城市的辨识度，因为人们会依赖气味和其他感官信息在内心形成一幅包含特定街道、街区和其他城市区域的城市地图。

8.4.2 香水和合成气味

参与者在大街上还闻到了香水的气味和合成气味，包括人们身上喷的香水、加香商品和店面内销售的香水，以及各个店面为提升顾客体验和品牌形象而刻意使用的合成气味。在这类气味的相关体验中，最引人注意的是参与者在察觉到这类气味后作出的极端判断，以及随之产生的身体反应和行为。

从对香水的偏好的角度上讲，个体差异十分明显。在一项关于参与者最喜欢的气味的调查中，许多参与者最喜欢的香水却被另外一些参与者列入了最不喜欢的行列。同样地，大街上的人们对香水的感知也各有不同：

"一个小伙子跟我擦肩而过……我闻到了一股很舒服的气味……那是我非常喜欢的 Kouros 香水的气味，那个小伙子身上就喷了这种香水。"（D15）

"走在这条街上的时候，我唯一能闻到的气味就是我们前面那个女士身上的香水味。我非常反感这种气味，让我很不舒服……绝大多数时候我都能闻到她身上那股廉价香水的气味，很恶心。"（D10）

参与者通常使用强烈、刺鼻和具有侵略性等词语来描述他们不喜欢的香水气味和合成气味，不论这种气味来自人体、商品还是店面："那个香水柜台的气味很难闻，简直让我无法忍受。"（D05）参与者发现，在三个案例研究所涉及的城市中，有一个位于主要街道的店面在售卖加香商品，并散发着十分强烈的气味；这个店面是一个在 20 世纪 90 年代创建于英国的全球化妆品连锁品牌 Lush 旗下的店面。在一项由鹿特丹管理学院在千禧年之交完成的关于体验营销的研究中，研究人员对人们对 Lush 店面的气味的体验作了如下描述：

如果你走在一条有 Lush 店面的街道上，你离很远就能闻到各种香气；但由于这种奇特的香气本身并不属于城市嗅景，因此你的嗅觉感官会立刻变得机警。当你从他们的橱窗前经过时，你就会意识到这股芳香的气味是从这里扩散到大街上的。这样你不自觉地就会走进去看一看（弗兰克等，2001）。

在 16 名提到了在 Lush 的嗅觉体验的唐卡斯特参与者中，有 6 名表示喜欢这种气味，并认为大多数人都喜欢这种气味："当你来到一个有 Lush 店面的街道，你会发现人们都会用一种很惬意的态度来享受这种气味……这种气味很好闻，人们都很喜欢。"（D41）但是，也有相同数量的参与者对这种气味表示反感，原因是这种气味过于强烈：

"我讨厌这种气味，我觉得这种气味很难闻，让我很反感，政府应该出台禁令禁止这种气味……太过强烈，不属于我喜欢的类型，完全不适合我的

品位。这种气味强烈到让人逃无可逃，非常难闻。"（D14）

"这种气味太过强烈，我认识的很多人都跟我说，他们路过这里的时候都会忍不住打喷嚏……我觉得是气味的强度出了问题，如果气味不那么强烈，可能情况会好一些。"（D19）

香水和有香气的商品的气味的强度成为参与者不喜欢某种特定类型或品牌的商品的主要原因。如在参与者对他们在 Lush 店面的体验的描述中所反映的，过于强烈的气味有时候会引起恶心等身体反应。许多参与者对他们对香水的身体反应进行了描述，并将这些不良反应归因于过敏或哮喘或花粉症等健康问题。具体症状包括头痛、黏膜炎、气喘、喷嚏和鼻子刺痒等。许多存在这类反应的参与者认为这些气味令人恼火。在这些案例中，人们通常会采取类似于回避高浓度汽车尾气污染时的回避行为，包括暴露限制——"我只有在给朋友买礼物的时候才会进去，而且都是快进快出，因为里面的气味实在太强烈"（D36）——甚至有可能是回避整个区域——"我之前有个女朋友不喜欢这种气味，每次她在街上闻到这种气味，我们都要绕着走，以回避这种气味"（D31）。

那些钟情于某种香水和合成气味的参与者为那些不喜欢这种香水和合成气味的人给出了类似的原因，包括气味特质、气味引起的联想，以及气味强度，但并没有提到健康相关问题的影响。那些对某种气味存在正面联想或喜欢某些气味特质的参与者常常用"干净""新鲜""有少女气息"或"甜美"等词语来形容这些气味，并且通常将它们与"性魅力"联系起来。多数参与者都表示这类气味对区域形象可产生积极影响："我认为这种气味给这一区域增添了质感。"（D38）这些参与者还强调这些香水和香气是"经过精心设计的"，而不仅仅是"人造的"："我想这种气味应该是为迎合人们的喜好精心设计的，所以我觉得女士香水的气味对我来说并不难闻。"（D26）有参与者认为，在某些情况下，部分门店强烈且独具特色的气味形成了这个城市的味标，并增强了城市的辨识度，同时为这些门店吸引了更多的顾客。但是，也有一些参与者认为这种气味"人造成分过重"，并且很讨厌这种气味：

"我不喜欢空气清新剂那样的气味，就是那种罐装空气的气味，类似于空调室里的气味……我感觉那种气味不由分说地就向你扑来，跟商场里的喇叭音乐一样……但就气味而言，我觉得这种被动的感觉更加强烈，因为连想闻什么气味都不能由自己决定。"（M26）

还有几名参与者也表达了类似的情绪，并表示感觉受到了"感官操纵"，并且对此感到抵触。在这里以及本书后面的章节中所指的操纵这一概念，指的是气味具有在未得到我们默许，甚至我们并不知晓的情况下，下意识地影响我们的情感状态和行为的能力。

但是，这些对"感官操纵"表示抵触的参与者却很乐意接受那些符合他们预期的商业气味调节措施：

"我不喜欢那种不自然的东西，从这个角度讲我很讨厌人造香气，但是……在那些高端服装店，我觉得他们用的那种高档古龙水的气味却产生了很好的效果……比如当我走进一家店铺的时候，我就觉得那股气味很好闻，让我想起大城市里的高端夜总会。那种气味很诱人。"（D31）

在这个案例中，参与者在新开业的品牌服装店闻到了香气，并把这种香气和财富与成功的形象联系起来，这一点与"新衣服"的气味相似。这种体验还突出了隔离过程，因为古龙水与对应的商品或其所在的实体环境之间并不存在任何化学或自然产生的关联。相反，这是一种从其他物质中提取出来的气味，因此，我们也可以认为这种气味是不合时宜的。但经营者使用这种气味的目的却是增强购物体验，并最终达到提升销售额的目的（科特勒，1973）。使用这种香气需要满足一定的假定条件：即使这种香气与店面环境和店面内摆放的实体商品之间没有任何自然关系，却符合顾客的预期并且被顾客所接受。这种气味关联是建立在人们的社会经历上的，就和参与者对加香清洁液发出的柠檬的合成气味的积极感知相似。这样的气味关联在很大程度上受到社会关系及其复杂度的影响。同时，这也从一定程度上反映了人们控制和管理环境的欲望。

在过去的10年间，商业加香做法有了新的发展趋势，即从店面的半封闭内部环境转移到了大街上。2006年，在一款牛奶产品的海报营销活动中，美国旧金山的公交车站引入了气味类似于饼干的加香精油。但气味投放还不到 24 小时就被撤除，原因是有人投诉这种气味能引起过敏反应，并且会无形中伤害那些无家可归也买不起这种美食的穷人（戈登，2006）。在英国的部分公交车站也有过这样的气味调节广告运动。我曾经和曼彻斯特大学的一个研究团队共同对此展开研究，并发现人们对这类广告运动的看法存在明显的个体差异。2012 年，有一项覆盖了五个英国城市的广告运动就使用了烤马铃薯的气味。这种气味受到大多数在公交车站等车的人的喜爱。这种释放于公交车站的气味代表了一种特定的新颖价值观。而且，商家还配合这种气味，制造了对应的酷似马铃薯的球形突出物，并伴随着热量的释放（图 8-4）。

公交车乘客接触香气的时间较短，这一点非常重要，并且这可能是公交车站被选作气味行动场所的原因之一。因为如果长期接触一种气味，人们对这种气味的感知又会很不一样了。我访问了一名经营着一个市场摊位的本地商人。他所经营的市场摊位距离上面提到的一个公交车站很近。这位受访者向我抱怨自从公交车站开始释放气味以来，他就出现了头痛、感冒、充血等一系列问题，他甚至都为此去看了医生，还写信给市政局投诉。

公交车站释放的香气还可能掩盖环境中的其他气味，包括和某些商品或场所相关的气味。虽然零售商们可以通过商家气味规范店内嗅景，或吸引顾客注意他们的广告运动，从而增强品牌知名度，但商家释放的气味也可能会对现有的场所地域性造成威胁，因为它们可能会覆盖具有地方特色的环境气味。正如梅西（Massey，1991）所述，场所地域性并不仅仅取决于这个场所过去的地域性。它是不断变化的，同时包含了地方特征和全球因素。从这个角度上讲，这些商业香气对场所嗅景带来的积极作用和其他场所的特有气味相同。更重要的是，人们每天在城市中某些特定的区域都会闻到这些气味。香气的引入还可能会消除或覆盖那些人们不喜欢的某种气味。但是，值得注意的是，也可能有一些对这种气味比较敏感或有身体反应的顾客。我将在后面的内容中对这一问题进行深入探讨。

图 8-4 伦敦公交车站的商业气味调节运动，2012 年 2 月

8.4.3 人们对食品中的合成和商业气味调节做法的感知

对于非食物来源发出的香气和气味，参与者认为他们能够根据气味来源的性质，凭直觉区分"自然的"和"合成的"气味。在《牛津英语词典》（2012a）中，"合成物"一词被定义为"通过化学合成制造出的一种物质，特别是用于模仿一种天然产品"（http://oxforddictionaries.com/definition/english/synthetic）。比如，香气就通常被描述为一种合成物，而皮革则拥有其自身的自然气味。但是，自然产生的气味和合成气味之间的区别并没有看起来的这么明显。比如，皮革的气味是在鞣制的过程中产生的，而鞣制本身也是一个化学过程。同样地，皮革的合成气味常常被用于产品制造过程，以产生一种皮革的错觉，让人们认为这种产品很新，且很有质感。这跟将气味喷洒到新车中的做法是一个原理（林德斯特伦，2005a, 2005b）。此外，某些香水的气味（包括 Lush 门店散发出来的气味）都是通过将天然产品合并或从

天然产品中进行提取获得的。从气味感知的角度上讲，天然和非天然、纯正和合成之间的划分是非常模糊的，因为个体和个体之间本身就存在巨大差异。

在对食物气味的感知进行研究时，天然和非天然、纯正和合成之间的划分就变得更加困难了，因为我们从气味来源的性质并不能看出什么。因此，我们就很难确定参与者在嗅觉漫步过程中，是否察觉到了任何合成的食物气味。相反，我把重点放在了参与者对食品中的商业气味调节做法的看法上，并根据所获得的信息，对注重感官感受的市场营销和与气味设计做法相关的观察结果进行详细阐述。

对食物零售环境设计和店面布局中气味的思考本身并不是什么新鲜事物，因为之前出台的严格的通风条例就要求食品商家将气味控制纳入建筑基础设施和运营的考虑重点。许多人都已经注意到，一些商家已经开始对气味加以利用，其中最有名的例子就是在超市中使用面包的气味。在此情景中，一些人认为面包气味是通过通风系统从店面的烘焙区域转移到了店铺入口，以吸引人们进店购物。在这种情况下，面包的气味被认为是纯正的，而人们探测到气味的场所就是设计因素，而非气味本身。在其他一些情况下，超市中的面包气味则被认为是合成气味，因为超市中没有进行任何烘焙作业：人们认为超市中的面包气味是一种增加客流量和刺激销售的手段。在以上这两个情景中，参与研究的参与者都对这种做法持否定态度，认为这是一种不诚实的具有欺骗性质的做法：

"就超市来说，我知道他们把抽风机的排风口迁到了门口，但这种刻意的做法使得这种气味和人造气味的效果差不多。"（D05）

"我能看出一些商店的套路，他们把面包柜台设置在靠近商店入口的位置，让人们闻到烤面包的气味，以吸引人们光顾他们的店面。虽然我喜欢这种气味，但我不喜欢被摆布的感觉。我有点反感这种事情。"（D42）

对于商家们通过气味控制或诱导人们行为的做法，参与者们给出的解释是食品本身会散发出特定的气味。人们认为，食品商家使用其他食物气味，不外乎是想营造出一种商品质量很好的假象，或者掩盖商品质量较差的事实，这样做的目的就是为了增加销售额："我会想，他们这样做不是在要我吗？

他们卖的食物闻起来真的有那么香？为什么他们要依靠人造的气味来吸引顾客？他们为什么不能靠食物本身的气味来吸引客人？"（D04）虽然这种气味调节做法遭到了参与者在道德层面上的诟病，许多参与者还是对这种气味作出了商家所期待的反应："我不喜欢这种做法，但跟其他人一样，我会爱上这样的气味。"（D39）一些参与者将这种持续的积极反应解释为气味特质的作用结果："可能你就是会喜欢闻某些气味，而这样的气味也确实会增强你的购物体验。就好像我们在逛超市时闻到新鲜面包的气味一样……在我认识的人里面，还没有谁不喜欢这种气味"。（D47）一名小酒馆经营者也提出了类似的看法：

"这种新鲜咖啡的气味超级好闻，我每次闻到这种气味就会幻想我马上要喝到一杯香浓的卡布奇诺了。所以，如果你的小酒馆中喷洒了空气清新剂，当有人从小酒馆走过时闻到了一种像是从供应食物的小酒馆中传出的新鲜咖啡的气味，他们就会想'噢，我想我应该进去喝杯咖啡'。这是一种双赢的做法。"（D35）

还有一些人对气味适宜性的评论则取决于具体环境：

"这是一种创建舒适购物环境的战略，是一种被滥用的市场营销手段。但是至少闻到了这种当你走进食物零售店时会希望闻到的气味……实际上这种做法效果很好。在我看来，对于一些零售店，我不喜欢的地方是经营者会试图用这种方式提升食物的感官质量，我认为他们不应该这样做，他们应该给客户一个完全真实的体验。"（D05）

因此，那些认为商业气味调节做法是一种不诚实的行为的参与者通常认为这种战略的最终意图是改变顾客的购物行为，以及顾客对产品的判断，而不是改善商业气味环境本身。但是，这和向大街上释放烹饪食物的气味之间有什么区别呢？

唐卡斯特的实地调查进行到一半的时候，一家位于主要零售区域的正面敞开的熟肉店开始营业了。这家店把熟肉的气味直接释放到街道上。一名参与者评论道："通常情况下这样做可以吸引顾客；这是一种非常有效的商业手段。"（D42）类似地，还有一名参与者对市场区域内的食物气味作了以下描

述:"我认为这些气味很吸引人,真的很好闻,会让人产生购物的冲动。"(D32)
参与者认为这种做法释放出来的是"诚实"的气味,并且对这种做法的态度
也和对超市的面包气味的态度截然不同,因为后者被认为是"不诚实的"。

嗅觉设计在某些情况下被认为是一种合理也符合道德规范,且对社会和
城市生活有益的做法;但在某些情况下又被认为是一种不诚实的企图摆布顾
客购物行为的战略。而这两种观点之间的转换点非常复杂,并且会随着个人
信仰和经历的不同而有所不同。部分参与者将这一现象与食物气味是否为纯
正气味或是合成气味联系起来:"商家这样做是为了吸引顾客进店购物,那
么这种气味到底是合成的还是纯正的又有什么关系?我认为这种气味究竟是
纯正的食物气味还是人造气味根本没有任何区别。"(D28)而其他一些参与
者则认为动机才是关键所在:

"我认为商家这样做的动机才是差异所在。如果商家这样做有不可告人
的企图,而不是仅仅想要提升顾客的购物体验,或者改善购物环境。我认为
这样做并没有什么不妥,因为除非你还想再次光临这家店,并享受这里的环
境,否则商家这样做没有任何实际意义。"(D43)

因此,商业气味调节做法就形成了一个困局,也就是这样的做法是否合
理、是否对社会有益,或是否具有操纵和不诚实的嫌疑?对于这几个问题目
前还没有十分明确的答案,因为人们的感知取决于多个方面的复杂因素,比
如气味的纯正性质或合成性质、释放气味的环境,以及商家释放气味的动机。
其他环境相关问题也会对人们对这种做法的态度造成影响,比如个体关于小
型私营商店的正面联想,以及对大型跨国公司(利思,2008)的感知。许多
存在于气味调节做法的困局也同样存在于总体气味管理做法和城市嗅景设
计。由于不同的个体对城市环境中的许多气味有不同的体验,我们在探讨环
境中的气味时,也应当仔细考虑道德的复杂性。

8.5 香化天空

英国的城市设计纲要(戴维思,2000)是一份为地方政府和从业人员提

供高质量城市领域设计相关指引的出版物。其中，城市嗅景被提及，但只有寥寥数笔。

城市设计纲要提出了以下问题："我们可以添加哪些气味？"回答如下：

"一个场所内的香气能够在很大程度上提升这个场所的体验，不论这种香气是来自鲜花、咖啡还是现烤面包。尽管小部分人不喜欢某些场所的气味，但大多数人会认为气味强化了一个场所的特质。比如酵母的气味就会让人想到啤酒厂。比如伯明翰的 Brindley Place 就有喷泉产生的流水声，还有咖啡店飘散出来的咖啡香气，这些因素都能吸引人们来到这个地方，并且能够为这个地方增添活力。"（Davies, 2000: 100）

虽然内容并不多，并且只是对上面这个问题作出了简单的回答，但这种说法至少表明当代人们对气味的处理方法并没有亨利·列斐伏尔（Henri Lefebvre）（2009）所说的那么直接。亨利·列斐伏尔认为人们只是想要让气味完全"萎缩"。实际上，上面这个问题的措辞就暗含了大量关于我们在思考城市气味环境设计时面临的问题的信息。

当我在访问了建筑师、城市设计师和其他建筑环境从业人员，并带领他们完成嗅觉漫步后，我通常会询问他们对城市气味设计和管理的打算。在大多数情况下，这些参与者的回答都表现出他们对气味这一设计特征的了解非常少："在室外空间，我们无法成功地制造一种气味，或者如果空间内存在气味问题，那么除非你能够消除根本原因，否则你仍然无法真正有效控制气味问题，不是吗？"（D39）正如城市设计纲要中提出的假定条件一样，许多建筑环境从业人员认为城市是一个空白的模板，而设计师只能添加气味，而不能将气味看成城市中本身存在的会受设计和管理做法影响的固有特性。从这方面来讲，我认为很有趣的一点是虽然这些从业人员无法确定区域设计和管理中气味的处理方法，但他们能够在嗅觉漫步过程中描述城市嗅景体验中的影响因素。作为感受主体，许多从业人员获得了通过培训和相关决策制定过程无法获得的知识和深刻见解。

在本章中，我们将城市领导人、建筑环境从业人员，以及商家描述为会对人们的气味体验环境、场所和气味类别产生影响的行动者。某些气味的产生可能是因为与城市嗅景无关，但会对其造成直接影响的政策的实施。但是，环境气味管理和控制过程在某些场所的应用却并不与之对等。如果我们进一步对这一问题进行探讨，我们很容易发现不同类别的气味与社会上普遍存在的不对等性存在重大关联，不论是存在还是不存在这种气味。《华盛顿时报》在2008年发布的一篇文章对该市刚刚当选的市长提出了批评，因为这位市长将多个开发项目描述为"世界级"开发项目。

但并没有说明"世界级"到底意味着什么："虽然某些街区周末的景致、声音和气味确实展现出了这个城市的种族多样性，以及零售业的活跃度，但一些其他地方的景致、声音和气味却反映出了市政厅的短浅目光。"

梅西（1991）、帕金森（Arkinson，2003）、赫伯特（Herbert，2008）和明顿（2009）认为城市的私人化特质越来越明显，因为不同的社会经济群体正在将自身与其他群体隔离开来。安了大门的社区、商业开发区，以及唐卡斯特的优步步行街等私人开发项目不断涌现。这些地方都有全职保安巡视街道，把那些与街道格格不入的都清理掉。这样一来，人类和人类所在的社区就显得越来越狭隘，根本无法相互容忍。在《华盛顿时报》中，就有一篇文章对这种人类和人类活动相互隔离的现象进行了剖析。文章中，这些区域聚居着社会经济地位较低的少数民族群体，且这些区域通常具有清洁度差、卫生环境不良等特征，还弥漫着呕吐物、尿液、香烟烟雾和污染物的气味。这种把特定气味和特定类别的场所联系起来的现象表明，气味是人们判断他们是否不合时宜的依据之一，不论这种气味是名牌服装店的香气，还是破旧区域的油腻食物和香烟烟雾的气味。比如，人们对旧金山的加香汽车站广告运动中使用的合成饼干气味会对无家可归的人造成不公平的影响的担忧，就是气味和预期气味受众之间存在的感知不一致的典型例子。

在比较繁华的商业区域，气味控制手段则更加密集。这些区域将一些潜在的反社会气味隔离在区域之外，比如通过区域划分，或使用排气系统改变气味流动方向等，而这些被改变流动方向的气味则被释放到那些鲜有人涉足的区域。控制系统附近难免会有一些未经批准就开始经营且会产生气味的商家，而这些商家在区域内的运营产生的气味则会引起相应街道或区域负责人的强烈反感,这一情况跟唐卡斯特的主要零售核心区域的街头汉堡小贩相同。商业区域的清洁和维护制度不断得到强化,而大量公共资源和私人资源都被用来保持关键公共区域的清洁。在某些区域内,清洁度的重要性甚至超过了区域的总体美感。

从另一方面来说,气味的掩盖效应可出现在多个类别的场所。气味掩盖可能是其他行为的非预期副产物,也可能是计划中的与气味相关战略的作用结果。造成掩盖效应的原因是汽车尾气污染物、香烟烟雾和漂白剂的气味等不良感知气味与尿液的气味相互混合,而这些气味通常被人们与破旧的夜间经济聚集区域联系起来。这种区域通常是"公共区域"。

加香清洁液的气味是比较积极的。而这种气味可以覆盖人们反感的气味,如与公共厕所相关的气味。

人们通常将商业和合成气味调节做法与核心贸易区域联系起来,一些城市和购物中心在开展商业活动的过程中,会释放出各种合成气味。商业区在日常运作中,会释放出人们能够察觉到的商业气味和合成气味,这类气味通常来自在售产品。但是,由于人们对天然和非天然气味的构成的理解相差较大,因此我们很难或几乎无法区分天然气味和合成气味。相比之下,唐卡斯特的科普里路、曼彻斯特的唐人街或伦敦的 Soho 区域的气味则能让人们更加了解这个街区和这里开展的各项商业活动的"真正"面貌,为人们打开了一扇通过气味联想进入另一个世界的窗户。部分参与者将唐卡斯特科普里路区域的负面感知归因于各国食物发出的"异国"气味。这部分参与者反复强调区域内的街道不够清洁,这说明来往于此处的人们素质偏低,而正因如此,这个街道很不安全。明顿(2009)着重指出,尝试创建清洁受控环境可能会造成不良影响,因为人们会很快调整他们的预期,并且对异样的事物会过度敏感,感到害怕。通过深入研究城市嗅景体验,我们能够对城市嗅景体验的这一方面进行观察。使用和特定场所没有任何自然关联的理想化气味进行区域气味调节,以及城市环境除臭处理,都是为了让人们将特定的食物气味与唐卡斯特科普里路的"另一种气味"联系起来。在这类做法中,有些做法可能会降低场所体验和多样性:"我认为我们将生活环境清洁得越彻底,比如

气味的清洁，我们对城市和场所体验造成的损害就越严重。"（D05）

这种通过习惯化实现过度清洁，以获得无菌环境的做法也是引起目前环境敏感问题日益严重的一大原因，特别是在美国和加拿大（气味敏感及其诱发原因的相关描述请见第 3 章）的某些地区。弗洛伊德（Freud，1961）指出："生物体保护自身不受刺激物损害的功能要比接受刺激物的功能更加重要。"森内特对这种说法进行了如下解释："如果我们的身体无法承受周期性危机，机体就会由于缺乏刺激而出现病变。"（森内特，1994：372）从这一方面来讲，这一环境敏感现象可以被理解为环境过度受控的结果，因为在一个控制过度的环境中，有形存在的直接不舒适感会取代感官刺激。提升人们穿行于城镇的各个角落时的身体舒适度被放在了首要位置。

虽然环境敏感度可能会受到现代城市环境设计简化方法和公共空间新自由化的影响，但弗莱彻（Fletcher，2005）将对环境敏感的人群的理想化环境需求解释为："一个没有任何气味的城市、没有任何化学物存在的空间，一个只有纯净气味的场所"。从这个角度上讲，我们可以将不适感看作一个恶性循环，如果我们不打破这个循环，就可能会引起环境感观体验的进一步嗅觉下降：

"整个事情存在严重的偏颇……我读过一篇关于存在过敏问题的儿童数量激增的文章。文章把这一问题归因于现在的孩子过于注重清洁，他们不会在院子里玩泥巴或者跟蜗牛玩耍……一旦身上有一点污垢，他们就会赶紧清洁掉，弄干净，不想沾染任何气味。接着他们会回到一个他们认为正常、干净的空间，这样一来，他们就可能对一些东西过敏了……我们尝试了多种方法去除公共场所存在的气味，还有我们人类自己身上的气味，而现在我们已经清除了市中心的气味。"（D41）

但是，我们也可以通过室内空气质量研究对环境敏感度进行描述（如：范格，1998；范格等，1988；雷利希等，1997；瓦尔戈基等，1999）。通过相关研究，人们发现释放到空气中的污染物的来源有很多，包括办公室通风系统、各种家具和材料，而这些污染物混杂在一起就会对我们的身体造成多方面的影响。具体症状包括类似于人们对周围城市嗅景中某些气味的反应的疲劳、敏感反应、呼吸系统不适。许多当代气味控制和管理采取的是将各种人类活动相互隔离的方法，并通过冲洗将环境打扫干净。但是，这并不一定是对人们最有利的方法，也并不一定对社会产生积极的作用。香化室内空气可能会引起室内空气质量相关研究中所提出的身体反应，并且被许多人认为是一种企图操纵人们的行为做法。此外，这种做法引起的气味联想可以吸引顾客，但也可能会使顾客止步。因为，有些气味会让顾客感觉到他们与这个场所格格不入。

8.6　结论

目前的城市嗅景控制和管理中正在采用各种相互关联的方法，而其中有的方法非常精细、缜密。还有的是各种人类活动的计划外结果，比如汽车尾气的掩盖效应，以及在禁烟立法出台之后香烟气味出现的位置发生了变化。

在任何一种情况下，这些方法都对人们的日常体验和环境中的气味感知造成了复杂的影响。然而，这一现象又涉及了与未来可持续城市设计相关的更宏观的议题。

在对城市嗅觉体验进行深入研究的过程中遇到了各种复杂的困局，比如社会凝聚力、环境敏感度和行为操纵感知的问题。随之而来的一个更加清晰的问题是，我们在设计可持续城镇时，如何将气味纳入考虑？此外，由于气味可以从一个场所泄漏到另一个场所，同时还能相互混合、覆盖，建筑环境从业人员可以使用何种工具构建嗅觉环境，而这些活动又将如何并入城市管理战略，以创建健康、包容的社区，都是值得我们思考的问题。我将在下一章关于城市嗅景设计的内容中对这些问题进行一一探讨，包括城市环境体验的恢复、这些措施在气味方面对整体环境质量作出的贡献，以及这些措施可以从哪些方面改善城市生活质量等。

9

结合气味的设计

康复性环境和设计工具

"如果城市的建筑密度很高,那么所有的建筑就要挨得很近,这种情况下就必须考虑城市的整体体验,而气味则是不可忽视的一个方面。"(D07)

全世界范围内的城镇居民数量都在日益增多,城市密度也随之上升。这是人类保护自然资源和创建可持续发展城市战略的重要组成部分。人类以及人类活动之间的联系愈加紧密,这样势必会对城市的生活体验造成影响,而气味相关问题和投诉发生的频率会随之增加。这样一来,市政府则不得不加强城市嗅景的控制力度。但是,建筑环境从业人员可以采取其他城市的嗅景设计方法。

在前面的内容中,我们根据气味来源对气味体验和感知进行了详细讲解,并发现气味在人类了解周围世界的过程中起到了十分重要的作用。许多年来,环境气味一直被建筑行业从业人员认为是环境中的一种突出的负面因素,但实际上我们可以将更具前瞻性的气味相关做法纳入现有做法中,以创建一个更充实和人性化,同时也更具可持续性的城市环境。但到了这一步,我们又面临着另一个棘手的问题:在城市设计和建筑实践中,结合气味的设计并不是我们所熟知的事物。我在询问建筑行业从业人员关于如何进行结合气味的设计时也发现了这一点。因此,在本章中,我将尝试寻求相关的可行做法,并加深人们对气味、环境和设计过程之间的关系的理解。首先,我将对空气和气流在城市嗅景体验中扮演的角色进行探讨;接着,我将深入探讨城市中气味的康复性体验,以及气味可能起到的积极作用;最后,我会根据前面的章节中所描述的实证性研究的结果确定可能对城市嗅景体验造成影响的环境设计特征。通过以上途径,我希望为城市设计和管理实践提供准确、实用的信息。

9.1　空气和气流

　　气味从源头向外传播是通过空气中有关气味的化学物质的分子运动来实现的。因此，空气的质量对城市嗅景体验也会产生重大影响。空气和气流在人类的气味感知中扮演着举足轻重的角色，并对嗅觉体验造成多方面的影响。同时，它们也是城市嗅景设计的重要组成部分。和气味相同，空气和气流本身都是我们肉眼看不见的。但和气味不同的是，空气和气流会产生可见的影响，比如被风吹动的树枝和在空气中打转的树叶。虽然我们看不见空气和气流，但我们的皮肤、鼻腔、口和肺可以通过触觉和热觉感受到它们的存在。就如我们的耳朵能听到风吹过景观和建筑的声音一样，我们的嗅觉也能探测得到空气和气流。但空气本身有气味吗？如果有，那么空气的气味和城市嗅景设计之间又有什么关系呢？

　　"空气"一词用于描述构成地球大气环境的无形气体，其主要成分为氮气和氧气，还有少量的其他气体（包括污染物）和含量不定的水蒸气。水蒸气对气味感知的影响很大，因为它能影响鼻黏膜的状况，而我们的鼻黏膜能够起到分解气味，并将气味信息传输到嗅觉感受器的作用。此外，凯特·麦克林（Kate Maclean）在一项在苏格兰格拉斯哥进行的关于气味的地图研究（STV，2012）中发现，在潮湿的空气中，气味会停留更长的时间。虽然氮气和氧气本身是没有气味的，但空气中包含的其他含量较少的气体就不一定没有气味了。由于我们人类能够探测到浓度很低的气味，空气本身的气味就会受到其所在环境的影响，而环境中可能存在各种各样的带有气味的空气成分。多名英国各个城市的参与者将"新鲜"空气的气味描述为整个城市中他们比较喜欢的一种气味，但当研究人员让他们描述这种气味时，他们通常会把这种气味描述为空气的其他特质让他们产生的联觉联想，包括空气的温度，以及吹打到身体上的气流的力度等。和"崭新的气味"一样，新鲜空气的气味与其说是一种气味，不如说是没有气味："我认为只要空气闻起来是干净的，并且没有大量的汽车尾气,那么就可以被称为真正的新鲜空气。"(D36)因此,"新鲜"一词常常可以和"干净"一词互换。

人们也常常将新鲜空气和城市中植被的气味联系起来:

"外面那种令人感到清爽的环境让我知道这里有真正的新鲜空气……在市中心这样的环境,我认为只有在公园里才有新鲜空气,因为那里有花、草之类的植物,散发着植物的芳香。"(D44)

绿化带、树木、植被和水都被认为是可以改善空气质量或"新鲜度"的因素,因此也深受人们喜爱。但是,虽然人们都喜欢新鲜空气,但城市中却很少能寻觅到"新鲜"空气的踪影。在曼彻斯特、谢菲尔德和伦敦克勒肯维尔,人们常常看到空气中弥漫着汽车尾气。在唐卡斯特,部分参与者发现了一种不同的气味背景:"我发现唐卡斯特到处都是这种类似于食物气味的气味,有点像是劣质食物发出的气味……几乎在任何时候都能闻得到。"(D10)研究人员在其他相关的研究项目中发现,爱丁堡和格拉斯哥这两座苏格兰城市拥有自身独特的嗅觉背景,也就是酿酒的气味和潮湿的电力设施的气味(麦克林,2013)。

城市嗅觉背景这一概念在我们探讨城市嗅景的结构和组成时具有极其重要的地位。在确定更全面的设计感官做法的过程中,马尔纳尔和沃德瓦尔卡(2004)制定了一个词汇表,内容涉及了与时间和空间相关的感官反应的多个方面。根据皮亚杰(Piaget, 1969)的感知相关研究结果中总结的区分方法,马尔纳尔和沃德瓦尔卡(2004: 244-245)认为嗅觉刺激介于"无意识的"和"偶然的"气味这两个极端之间。偶然气味即可以"直接感受到,并且……会在记忆中反复出现的气味",而无意识气味则被描述为一种更为常见的构成了环境背景的气味。在香料制造人调制一种新的气味时,他们通常会使用不同的前调、中调和基调配料。和马尔纳尔和沃德瓦尔卡的环境中气味区分方法类似,这些前调、中调和基调也是按照香料行业所说的临时特性或持久性进行定义的。前调和高调配料指那些人们在第一次闻到一种香水时就能直接感受到的配料;这种气味存在于感知的最前端,包括柑橘类的水果和芳香草的气味。虽然这种前调配料的气味非常强烈,但由于这种气味来自具有挥发性的气味分子，所以会很快挥发。相反，基调气味一般是木材、苔藓、琥珀和香子兰等挥发性较小的配料。因此，虽然这类气味在人们第一次闻到香水时并不那么强烈，但它们能够为香气增添厚度，并让香气变得更加持久，甚至在喷洒后数小时仍能保留在皮肤表面。中调气味包括鲜花、香料和浆果的气味，这类气味介于以上二者之间，其作用是为香水增添特色。

同样地，我们也可以把城市嗅景看作是由来自自然环境、人工环境、人类和人类活动的各种气味组成的不同气味特征组合而成。如果我们乘坐飞机抵达一个陌生的国家，我们很可能在走下飞机后闻到这个区域或城市的背景气味（图 9-1）。除非这是一种具体的局部气味，如飞机燃油或乘客携带的须后水的气味，否则这种背景气味就构成整个城市嗅景的宏观层面上的基调气味，或者用马尔纳尔和沃德瓦尔卡（2004）的术语来说就是"无意识"气味。

我们在城市中行走时，可能会发现某些街区或区域存在一种突出的气味，比如某种工厂的气味，或唐卡斯特市场区域内鱼类和海鲜的合成气味。这种中调气味和背景气味混合在一起，就构成了一种区域特有的气味。在宏观层

图 9-1　嗅景是由不同气味特征组合而成的（纳比勒·阿瓦德绘制）

面上，我们能够察觉到嗅景中的高调气味，这是一种可能非常强烈、短暂存在且多变的来自时间和空间中的某些点源的气味。我们走在街道上就能闻到这些气味：

"我能闻到……商店里传来的羽绒制品的气味……浸湿的硬纸板的气味，和公共厕所的气味……在我走向市场的过程中，我能闻到油炸食品店的气味……还有家用喷雾和商店的香味，这种气味非常强烈……棉花糖的气味，就像是露天市场中的热狗和棉花糖等的气味。"（D04）

某些区域的嗅景可能相对统一，主要气味就是城市嗅景中的背景气味。而在其他一些区域，如唐卡斯特的市场区域和曼彻斯特唐人街的小巷子，区域嗅景则会随着地点不同而发生变化。从这个角度，我们可以开始思考场所相关气味的不同空间层面；我将会在本章后面的部分对这一问题进行详细讲解。

是否存在气流也会从多个空间层面对城市嗅景造成影响。牛津英语词典（2012b）将气流定义为"可感知的自然空气流动，特别是以具有一定方向的空气流的形式存在的空气流动"。人们认为，气流在城市嗅景中扮演着极为重要的角色。在某些情况下，人们认为气流是空气清新剂，能够清洁或稀释繁忙的街道上的汽车尾气气味等不良感知气味。气流也被认为是气味的载体。在某些情况下，也可能指的是被人们所喜爱的气味，包括与新鲜度相关的气味：

"如果这里种了很多花草树木，或者设立了绿化带……那就能够为空气增添清新的气味，这并不是一种总体感觉，而是你会时不时地闻到这种气味，比如在有风吹过时，不是吗？"（D28）

但是，在某些情况下，情况却刚好相反：

"在这里你永远都闻不到新鲜的气味或者绿色植物的气味……而在伦敦，风会把公园里的植物或者树木的气味透过窗户吹到你的房间里。但这里却没有这种气味，被风吹到房间里的只有雾霾和烟雾，任何时候都像是生活在地底下。"（M18）

因此，人们认为气流能够带来新鲜空气和植被的气味，从而从宏观层面上稀释不良气味的强度。但是，对于嗅景主要由某种特定的气味或多种气味组合而成的环境，气流只能在局部或小范围内对环境气味起到"搅拌"的作用。我将在后文中关于确定城市嗅景设计工具的章节中，对空气的移动和气流进行更进一步的探讨。但在此之前，我们在谈论城市中的新鲜空气时，需要思考另一个重要的问题。这个问题涉及"康复性"环境这一概念：康复性环境即能够缓解和消除城市生活带来的日常压力和焦虑的环境。

9.2　康复性

"吹拂树叶的风，池塘中潺潺的流水，潮湿土壤散发出的泥土的芬芳，让皮肤、面部、手掌、手臂感到温暖的阳光，这所有的种种都让人感到自然、放松，给人一种精神和身体上的舒适感。"（奥斯塞特等，1998: 372）

城市环境通常被描述成为坚硬、冷酷的景观，城市的街道和空间设计的主要考虑因素是方便人类活动，而没有将我们的身体、大脑和场所之间的深层次联系纳入考虑（森内特，1994）。在这样的环境下，人们渴望从紧张的现代城市生活中得到暂时的解脱，缓口气，而康复性环境体验这一概念就应运而生。康复性体验常常与乡村、野外和公园等天然区域联系起来。但是，乌利希（Ulrich，1984）和后来的卡普兰（Kaplan）和卡普兰（Kaplan，1989）认为城市中的绿色空间也能带来康复性体验。环境心理学家从压力疏导（乌利希，1983；乌利希等，1991）以及注意力集中（卡普兰，卡普兰，1989）的角度对康复性体验进行了深入、细致的研究。在注意力恢复的相关研究中，研究人员对康复的组成部分进行了探讨，并作了深刻的思考（莫里斯，2003）。卡普兰（1995）虽然将压力疏导和注意力集中看作康复性体验的两个截然不同的方面，但他仍然强调这两个因素之间存在一定的关系。卡普兰对这种关系进行了如下概括：

"……指出，定向注意力是一种心理资源，它在我们应对挑战时能起到十分关键的作用。从这个方面来讲，自然环境也起到了不容忽视的作用。人们在自然环境中的体验不仅仅能够帮助我们舒缓压力，同时还有助于促进必

要资源的恢复，进而阻止压力的产生。"（1995：180）

卡普兰夫妇（1989，1995）对他们提出的理念进行了进一步扩展，并对自然环境对人们的身体和精神状态产生的影响，以及所处的具体情况进行了深入研究。通过研究，他们发现了构成康复性体验的四个关键因素：逃离感——即一种因逃离日常环境产生的感觉，比如在度假或去乡下踏青，或在城市公园内玩耍时的感觉；迷恋——即环境保持个体定向注意力的能力；范围——即环境的大小，以及在环境中的个体拥有的沉浸其中的感觉的强烈程度；以及兼容性——即环境符合人类需求和预期的能力。乌利希（1983，1984）和乌利希等人（1991）对人们在观赏真实自然环境或自然环境的照片时获得的恢复性效益有着浓厚的兴趣。他们通过研究发现，这类体验能够有效疏导压力，使人身心愉悦，同时还能改善人们的健康状况（乌利希，1984）。类似地，摩尔（Moore）（1981）发现，监狱中关押的犯人如果能够从监狱中观看到自然环境，那么他们生病的频率就会有所降低（莫里斯，2003）。虽然在一些康复性环境研究中，研究人员对人类"亲近"大自然时的全身体验进行了深入研究（如哈蒂格等，1991；奇苏拉，2004），但这类研究大多数还是停留在单从视觉的角度对康复性体验进行研究的层面上（如摩尔，1981；乌利希，1983、1984；乌利希等，1991；张等，2008）。

佩恩（Payne，2008）在对谢菲尔德的城市公园声景的康复性特质进行研究时，也用一定的篇幅探讨了这种以视觉为中心的康复性研究做法。她通过对400名公园游客进行调查，对包括人们听到的声音、声音的音量，以及声音持续的时间长度等在内的声景，以及参与者的感知康复性体验进行了深刻了解。此外，她还对各公园内的声级进行了监测，以了解更多的环境信息。佩恩在研究结束后得出了这样的结论：声景感知在城市公园的康复性体验方面扮演着极为重要的角色。她还强调了个体作为与场所存在一定关系的环境感知者所起到的重要作用。

有关城市嗅景起到的潜在康复性作用的研究数量仍然十分有限，但在有关自然环境总体体验的宏观层面研究中，气味却也常被简单提及。在思考气味在 SPA 的放松和芳香疗法中所起到的重要作用时，我们发现大多数的康复性环境研究都并没有相关的内容，这说明我们的社会文化对气味、气味的潜在作用，以及气味所属场所都极不重视。

恢复这一概念作为生活在各个城镇的人们的体验的重要主题，在我的实证性研究中也有相关的探讨。在进行唐卡斯特嗅觉漫步之前，我让参与者对他们在城市区域内的总体气味预期发表意见。大多数的参与者提到的都是生活中常遇到的城市气味，如空气污染、废弃物和食物等的气味。还有少数参与者认为他们会在市中心闻到绿色植物的气味。但是，当我询问他们最喜欢的气味时，许多参与者都表示他们最喜欢森林、乡村、新鲜空气、刚切下来的青草、树木、鲜花和雨的新鲜且天然的气味。虽然参与者认为他们只会在唐卡斯特市中心体验到这些气味，但在研究范围内的所有城镇的各个区域，人们都闻到了这些令人喜爱的气味。人们认为这些气味能够提高城市生活质量。但是，正如人们接受空气污染的存在，并把它视为人们享受城市生活带来的其他益处需要付出的代价一样，人们同样认为城市中绿化面积较少也是不得已的。一名规划者这样解释道：

"这是所有存在开发压力的大城市和市中心都要面对的一个问题……市政局必须足够强硬，并告诉人们'绿化地带确实非常重要，我们要保护绿化地带，而不是把它们变成坚硬的水泥'……在唐卡斯特，城市开发正在以势不可挡的趋势进行着。而这样做导致的结果就是绿色地带面临着越来越大的压力，以至于人们都不知道去哪里寻找绿色空间了。Leeds 也面临着一样的问题。"（D26）

值得注意的是，谢菲尔德、曼彻斯特和伦敦克勒肯维尔的参与者对在城市中闻到植物气味的预期高于唐卡斯特的参与者，但都认为这种气味并不会太频繁。

参与者在对各个英国城市进行评论的时候，提到了多种城市环境中康复性气味的潜在来源。这些康复性气味潜在来源总的来说可以分为四个大类，第一类就是前文中强调过的风和气流。另外三个康复性气味类别则分别为：树木、植物和绿色地带；自然水体和水景；以及非天然来源的康复性气味。

9.2.1　树木、植物和绿色地带

说起恢复性环境体验，就不得不提到这样一个理念：即绿色地带和植物是城市的肺脏。通常情况下人们在谈论空气污染时就会想到这个理念："闻起来就像我最喜欢的新鲜空气的气味。我是说在公园、乡村之类的地方能闻到的气味，让我不自觉地想要深呼吸，这种地方没有任何的，那什么，烟雾吧。"（S13）人们普遍认为，绿色地带和植物在空气质量改良方面起到了极为重要的作用：

"任何可以吸收污染物的东西并不一定会排出污染物，比如人们生活区域内的树木……在我看来其实就是从二氧化碳中吸收碳元素。"（D50）

"这一点非常重要，因为……通过这种化学反应，树木能够为城市提供更多的氧气。"（M23）

一些参与者观察到，如唐卡斯特车水马龙的白银大街之类的环境极度缺乏绿色植被，并表示如果能够在这些区域种植更多的树木和植物，其总体环境质量和空气质量都会大幅提升。但是，如斯图尔特（Stewart，2002）等人在其研究著作中所提出的，虽然树木能够有效吸附空气中的污染物，但森林清除空气污染物的能力要比草地强 3 倍，并且树木还可以释放挥发性有机化合物（VOC）。这就是人们在森林中能够闻到某种气味的原因。但是，挥发性有机化合物和二氧化碳合并后，将产生更多的对人类健康有害的污染物。此外，正如迪穆迪（Dimoudi）和尼科洛普卢（2003）所指出的，在炎热的夏天，城市环境中的树木和植被确实能够起到防暑降温的作用。迪穆迪和尼科洛普卢还得出了这样的结论：绿色植物能够有效缓和城市热岛效应。除此之外，皮尤（Pugh，2012）等人在近期发表的研究报告中对城市形态和植被之间的关系进行了深入剖析，并发现在之前的研究项目中，植物对城市空气质量的潜在影响都被低估了。皮尤等人总结道，植物对改善空气质量作出的贡献程度会随着城市特定部分的空气流动情况的不同而有所不同。

在空气流动较小的区域，城市中的植物能够降低 40% 的二氧化氮水平，以及 60% 的 PM_{10}。

参与者认为，树木和植物不仅能够起到净化局部空气的作用，同时对整个城市的总体空气质量也能起到一定的改善作用，不论人们是否能察觉到相关的气味。一名参与者还对树冠遮盖面和区域的降温效应产生的空气质量改善效果进行了描述：

"它们就相当于过滤器，物理过滤器，所以我们会在这些区域种植树木。树木不仅能为人们提供荫凉地，还能起到降温和去除污染物的作用……温度越低，活性也会降低……也就是说树木不仅能够提供荫凉地，还能吸收污染物。"（D50）

绿色地带备受重视的原因是其具有恢复特性，并且与总体城市环境形成了鲜明的对比：

"我们谈起一座城市时，脑海中浮现的都是建筑物、公路和街道的画面……我们常常不会想到公园。我一直认为绿色地带是城市的呼吸器，但不会把二者直接联系起来。绿色地带是能让人感到放松的东西。"（D26）

因此，人们认为，吸入植被发出的气味能够对身体产生净化作用，并可以改善我们的健康状况："我的意思是，曾经有几次我真切地闻到了田野的芳香，那种气味令人神往，因为吸入这种空气会让人感到神清气爽。"（D48）有时候人们会将这类气味和美好的会议、情感依附、幸福感以及逃离感联系起来："我想你肯定会把鲜花和愉悦感和满足感联系起来。我喜欢我的花园……走到外面，我就能闻到新鲜空气的气味。"（D47）因此，人们普遍认为，在城市区域种植更多的绿色植物能够有效改善城市的气味环境："我们需要绿色植物来让城市更加芬芳。"（D49）

人们常将植物、树木和其他植被发出的气味与以下两种城市体验联系起来：第一种就是在城市区域内零星分布的小规模植物景观，包括吊篮、独立或成排种植的树木，以及在野外生长的植物等；第二种就是城市绿色地带、公园、铺草地带等。人们认为后者能够带来全身的沉浸式恢复性体验。第一种与植物相关的体验持续时间通常简短，并且有时候会出现在你意想不到的场所：

"我们能预料到某些区域种着鲜花，比如在这个公路的对面就有一小簇花丛，还有的双行车道两旁种着灌木丛和玫瑰花。它们的气味都很好闻，每次走过那里都会闻到这种气味，虽然只持续几秒的时间，但那种感觉很享受。"（S23）

雷诺兹（2008：192）认为这种体验会给人留下非常深刻的印象，因为这类气味和城市中其他常见的不良感知气味形成了鲜明的对比：

"当花香扑面而来的时候，那种诱惑力最为强烈……比如在你刚刚才闻到了那种城市街道上柴油机尾废气、香烟烟雾和狗屎的混合气味之后。在你还没有看到任何的花草之前，你就被这种公园里的植物的气味深深吸引了。"

这种短暂的嗅觉遭遇并不会对身体产生沉浸式的恢复性作用，但能够沉浸其中。人们通常将这种气味与他们关于环境的美好回忆联系起来，而这样一来，人们就能获得更多的沉浸式恢复性体验。

尽管人们对城市环境中植物的感知通常是积极、正面的，但唐卡斯特一些小型的植物种植区域却因为塞满了与吸烟相关的垃圾和其他垃圾被全部撤除。类似地，一些气味浓烈的植物和鲜花却偶尔会出现在人们能看到但闻不到的地方：

"以前唐卡斯特的双行车道中间会摆放很多的桂竹香，但行人根本无法从中获益。我想他们把桂竹香放在马路中间的原因是避免被儿童和狗破坏，所以这是很正常的事情。但桂竹香实际上是香味非常浓烈的一种鲜花，他们其实可以把桂竹香放到广场之类的地方，用种植箱装着，而不是只放一些常青植物在那里。"（D09）

唐卡斯特的主要零售区域内种植的植物包括树木、小型种植区域、吊篮和夏季的花卉展览（图9-2）。自研究项目结束以来，唐卡斯特又种植了更多的植物，以在嗅觉漫步线路以外的其他地方设立新的公共文化区域。唐卡斯特还有一部分植物景观来自一年一度的城镇间花卉比赛，如"绽放的不列颠"和全欧洲范围内举办的"欧洲城乡绿化大赛"。从"花卉展览"一词的含义可以看出，这种比赛一般都把重点放在鲜花的视觉属性上，而不是鲜花的气味上。在英国，这类比赛从一定程度上鼓励了文化发展，因为这些用于展览的鲜花都是在其他地方完成培植，并在比赛开始之前运输到城市环境中的：

图 9-2　唐卡斯特主要零售商业街区的小型种植区

"人们争相参与……绽放的唐卡斯特之类的比赛时……所有这些用于展出的鲜花几乎在一夜之间全部出现，真的是这样！"（D35）虽然许多人都很喜欢这些鲜花，并且这些鲜花也扮靓了整个城市，但仍有部分市民表示这些鲜花和当地环境之间存在"脱节"。

而且人们只是在初春的时候把这些鲜花放在这里展出几个星期，暂时"美化"了城市。

除了在花篮和花槽中展出的鲜花外，参与者在研究范围内的所有城镇的大街上和荒地里也看到了鲜花的踪影："如果你沿着这片目前被用作停车场的荒地走过去，你会发现那里有一大丛醉鱼草，闻起来特别舒服……这种东西越多越好。"（M21）在个别案例中，参与者还脱离了既定的嗅觉漫步路线去闻鲜花的气味："这种低矮的灌木丛和袖珍鲜花闻起来很舒服……如果我住在这附近，我就会去那个地方购物，如果我有足够的时间，我会专门走过去闻一闻。"（L35）半数以上的唐卡斯特参与者认为鲜花的气味有助于提升环境感知："在所有的市场摊位中，鲜花摊位显得与众不同……鲜花摊位可以对我们造成潜移默化的影响，你的愉悦感也会不知不觉发生微妙的变化。"（D41）

参与者在经过某些商店的时候也闻到了鲜花的气味："是那种淡淡的鲜花铺传来的香气，但我不知道那是不是因为我的大脑中浮想起了之前闻到过的某种气味，才让我在路过鲜花店的时候，会希望闻到这种气味。"（D06）和其他几种气味来源相同，在人们的印象中，鲜花店也会散发出特定的气味，而在我们没有闻到这种气味时，则通常会将其归因于天气条件和气温："我认为天气暖和一点的时候，鲜花店的气味会更浓烈。我想那是鲜花的本质使然，就跟青草一样，不是吗？天气暖和一点的时候就能闻到气味，这是随季节变化而变化的。"（D27）

和构成城市环境的其他方面不同，部分参与者对鲜花并不看好。在个别案例中，这跟参与者对鲜花过敏有关："我不喜欢鲜花的气味，那种气味不仅会让我感到不舒服，而且让我想要远离。"（D48）还有一些参与者则认为造成这一现象的原因是鲜花和城市环境并不协调："生长在乡下的鲜花有一定的观赏价值，但放在城里就不一样了，反正我不喜欢。"（D10）对于另外少数参与者，这种不协调感则来自于鲜花是一种能让人产生理想化气味联想的非自然产物的理念：

"我从来都不喜欢鲜花……我认为鲜花的气味并不好闻……人们总是把鲜花和自然环境联系起来。但其实大多数鲜花跟自然环境没有一点关系。那只是工业生产的结果，就跟造车或者制造别的商品一样。"（D26）

在上面这几种情况下，参与者对鲜花气味的不良感知都源于参与者印象中鲜花的"非自然"特质。在其中一个案例中，造成这种判断结果的原因是城市环境的固有属性。在另一个案例中，造成这种判断结果的原因则是参与者对植物来源的联想。参与者认为城市里的鲜花不是自然生长的，因此也就不喜欢它们的气味。这让人想到了拉德福德（Radford, 1978）发表的一篇关于"赝品"的著作。拉德福德在发现一些油画作品实际上并非知名画家所画之后，深入研究了油画作品的来源对人们关于这些作品的美学特质的感知

结果。埃利奥特（Elliot）提出了与自然和非自然环境相关的一些理念，并
解释道："苏格兰海湾旁边的那座城堡是天赐的瑰宝，跟后来一些迪斯尼的
人造环境中修建的复制品不可同日而语"（2003：384-385）。人们对鲜花的
这种负面感知主要源于人们赋予鲜花的价值判断，与之共同作用的因素还包
括商业关联和鲜花气味的理想化。此外，这一现象还与前文中所述的对超市
中面包气味的感知有关。和面包气味相似，对于人们印象中鲜花的这种非自
然特性，不论是否是由当前环境或气味来源所引起，人们都认为这种气味体
验是有人精心设计或布置的，因此是不真实的。至于什么样的鲜花气味才会
被人们认为是不真实的，以及人们是否会认为鲜花气味不真实，都取决于一
系列的个体因素、社会因素、文化因素和环境因素。虽然有的人认为城市鲜
花的气味是不自然的，但大多数的人都认为城市中的鲜花带给人们的体验也
是环境自然而然产生的。

　　唐卡斯特的城市核心区域也种植了各种树木。这些树是在过去的 20 多
年时间里种植的，目的是改良城市领域的自然环境。为此，唐卡斯特还开
发了多个新的公共空间。这些新种植的树中，大部分都很小，因此树冠覆
盖面也不大。选择这样的树种的原因是城市中缺乏空间，同时地方政策也
要求植物不能遮挡用于监控街道的 CCTV 摄像头。但是，在人们的印象中，
城市中心区域的绿色地带远远不够："这样缺少绿色植物的环境给人一种
坚硬、冰冷的感觉，不是吗？这个地方完全没有任何的稍微大一点的绿色
空间。"（D35）即使在没有绿色地带的情况下，新建的公共空间仍具有一
定的康复功能。其中一个具有代表性的区域就是法式大街，也就是唐卡斯
特城市嗅景项目的最后一个停靠点（图 9-3）。对于存在于这类区域的植被
气味，人们通常认为它们能够增强区域的直接体验："在夏天的时候，这种
气味确实给这个地方增添了一抹新绿，同时也可以起到降低噪声和消除汽
车尾气气味的作用。"（D13）虽然之前并没有任何关于植物屏障在减少汽
车尾气气味方面的作用的研究项目，但马龙和范·韦克伦（Malone，van
Wicklen，2001）及科莱迪（Colletti，2006）等人曾对植物屏障对禽畜饲
养场地的影响进行了相关的研究。然而，目前为止，以上研究项目的研究

图 9-3　唐卡斯特法式大街

结果并不能使人信服。

　　相反，参与者在谢菲尔德、曼彻斯特和伦敦克勒肯维尔等城市中的公园和规模较大的城市绿色地带的体验并没有达到他们的预期：

　　"在夏天的时候，人们很难闻到附近的绿色地带的气味，即使它近在咫尺，并且也得到了良好的维护。造成这种现象的原因是区域内存在的人和事物，以及各种人类活动，比如交通和建筑物等。"（M28）

　　在这类情况下，导致人们无法探测到气味的原因还包括其他多个方面，包括空气污染对总体城市嗅景体验的影响。

　　通过对在研究范围内的城镇进行气味偏好调查发现，在夏天，受到人们广泛喜爱的气味包括树木、种植区域和绿色地带的气味，而这种积极感知通常与植物对环境带来的积极影响有关。这些积极影响包括空气质量改良、人们的健康状况和幸福感提升，气味质量和气味联想有所改善，同时还包括环境具有的康复功能。这些气味能够让人们暂时沉浸在放松的氛围里，舒缓城市生活带来的压力。

9.2.2　水和水道

水以各种各样的形式存在于我们所生活的环境中。不论以什么样的形式存在，在研究范围内的所有英国城市中，水体都广受人们喜爱。人们普遍认为，水能够产生与绿色地带相似的康复效果："我喜欢去这个地方，因为附近没有公园，而这个地方能让我有种亲近自然的感觉……运河能够给我们带来很多好处。"（M18）另外一名参与者说道："和平公园有很多喷泉，就像中央广场的那种喷泉。我几天前去过一次，那里是放松身心的好去处（S25）。"和植被相似，水也能够对空气起到清洁和净化的作用。在某些情况下，这与水的特征有关："……我们走到有水的地方，就会有那种，好像是臭氧吧，或者是别的什么，反正会闻到一种令人神清气爽的气味。"（D10）人们认为，雨水可以去除空气中的污染物。在夏天降雨后，由于蒸发作用，雨水还能促进积极感知气味的释放（而这种气味常常被人们描述为他们喜爱的气味）。还有一些参与者认为这种净化作用与水有关：

"流动的水……就算不能直接改善污染情况，也可以从外观上改善人们的感知，因为如果一个地方有干净的水流，人们就会认为这里的环境很纯净……如果你来到谢菲尔德，看到这里潺潺的河水，你会有一种神清气爽的感觉。我去过巴塞罗那，在那里有各种各样的喷泉，让我感觉整个场所都充满了清新的空气。"（D50）

水本身也会发出气味："我喜欢水的气味……沿着运河往前走，有时候我们可以闻到一种难闻的气味，甚至是腐臭的气味，但我就是喜欢水的气味。"（M18）

因此，人们认为，通过水的合理利用，我们可以提升城市空间内的感知空气清新度。比如我们可以设立一些小型的水景观区域（图9-4）。河流和运河等较大的水体则能为我们提供更具实质性的沉浸式嗅觉环境。从这个角度讲，它们类似于具有康复功能的公园和绿色地带（图9-5）。

图 9-4 曼彻斯特市中心一个公共场所的水景观

图 9-5 沉浸式康复性体验，曼彻斯特城市运河

9.2.3 非自然恢复性气味

正如我们在前文中所指出的，过去关于恢复性环境的研究项目都把重点放在了自然环境方面。卡尔马诺夫和哈梅尔（Karmanov，Hamel，2008：115-116）指出，政策制定者、城市规划者、建筑师以及普通公民普遍认为城市环境缺乏应有的康复潜能。但是，博物馆、教堂或风景名胜等其他环境形势和类别都具有一定的康复功能（卡普兰等，1993；科佩拉，哈蒂格，1996；赫尔佐格等，2010）。卡尔马诺夫和哈梅尔（2008：122）通过相关研究发现，城市环境所具有的压力疏导和情绪提升作用与自然环境等同。通过在各个城市进行的嗅觉漫步，我们清楚地发现，各类非自然环境也能为人们带来康复性体验。一位伦敦居民对其经常参观的一栋古建筑作出了如下描述："在这里我感到很放松，也能感受到这个地方的历史厚重感。这种感觉很棒，我喜欢这个地方。我在这里度过了几个难忘的夜晚。太棒了！"（L36）

在曼彻斯特市中心，市场区域是参与者在嗅觉漫步中走访的所有区域中最受喜爱的一个。在嗅景评分环节，市场区域也获得了最高的分数。这个区域内鱼类、蔬菜、水果、硬纸板、服装和食物的气味混杂在一起，再加上公共厕所释放出来的气味，整个区域的气味和自然环境的气味大相径庭。但是，这些气味组合在一起却增强了总体场所体验，并且人们将这种气味组合与恢复功能联系在了一起："我们会自然而然地将二者联系在一起，不是吗？各种气味混杂在一起闻起来给人一种很舒服的感觉，我很喜欢。这种气味很好闻，而且完全不会让人恼怒。还有人在旁边吃东西，摆出一副很享受的姿态。"（D37）唐卡斯特的多功能优步步行街上的咖啡文化也起到了类似的康复作用："我觉得这个地方很舒服，很适合散步，也适合静坐，放松自我。"（D44）但是，由于区域的特殊设计和管理手段，只有坐在街头咖啡座和公共酒吧中的付费客户才能坐下来享受这个舒适的环境。虽然这些区域都属于城市区域，但它们仍然能为人们带来类似于绿色地带和水道等自然环境可以带来的康复性体验。

更重要的是，在探讨城市嗅景体验和设计时，我们需要意识到，在各种自然和非自然环境下，气味都会对康复性体验产生重大影响，不论是短暂的嗅觉体验，还是沉浸式的康复性体验。

9.2.4 康复性气味在嗅景管理和设计中的应用

随着城市开发密度不断增加，空间竞争日益激烈，人们接触自然环境的机会变得越来越少，而现有的绿色地带面临过度使用的威胁。同时，与日俱增的城市开发密度还加快了城市生活节奏，导致人们和周围的气味来源冲突日益频繁。这样一来，人们对恢复性环境的需求不断增加，而生活在那些能够满足这个需求的城市中的人们往往会更加健康，也拥有更强烈的幸福感。城市中的绿色地带和植物在缓解城市热岛效应和改善空气质量方面也起到了重要的作用，进而达到保护城市居民的长期利益的目的。

气味是绿色区域总体体验的重要组成部分："在建设绿色地带时，我们应该将气味的感官知觉放在一个非常重要的位置。"（D26）即使是小规模的城市植物种植方案都能从一定程度上缓解城市生活压力，比如能够净化空气，并为城市制造积极感知气味。但是，城市内各个角落的绿色地带，以及公共空间管理都对负责城市开发和维护监管的从业人员带来了不小的挑战。城市管理者和从业人员需要考虑土地价值、商业开发和经济开发、维护、故意毁坏文物的行为等问题，并且需要在保障较高的环境质量水平、社区凝聚力、公共空间开放性以及居民生活质量的同时，平衡财政预算。这样一来，基于节省维护成本和防止故意毁坏文物的行为方面的考虑，许多规模较小的环境景观被一一撤除，而人们体验到潜在康复性气味的机会就越来越少。就拿城市中心区域种植的树木的选择来说，为了不阻碍CCTV摄像头对公众的监控，所有种植在市中心区域的树木都必须是枝叶较小的树种。这就说明人们在城市环境中欣赏自然景观的机会非常有限。因为在城市规划中，城市的维护和运转机制被放在比生活在城市中的人们的日常体验更重要的位置。

我们发现了气味在城市内的康复性体验中扮演的重要角色后，就为进一步的研究奠定了重要的概念基础。基于这个概念基础，建筑环境从业人员就可以从多个不同的角度，将气味考虑到他们的日常实践中。根据气味在环境中起到的这一积极作用，这些行动者可以对他们的当前做法进行调整，在城市嗅景设计中采用更多的生态元素。

9.3　气味设计工具

在前面几章中，我强调了城市嗅景体验受多个因素影响的事实。这些影响城市嗅景体验的诸多因素会反过来对气味和场所感知造成影响。虽然人们普遍都有城市环境充斥着不良感知气味这样的先入之见，但实际上人们可以在城市中闻到各种各样的气味。而人们对这些气味的感知则受个体因素、社会和文化体验及规范等因素的影响。我曾经提出，气味和场所之间的一致性会对人们对二者的感知造成影响。在分析人们对气味的不同感知结果的过程中，我发现城市物理特征和空间形态也会对城市嗅景造成影响。建筑行业从业人员在结合气味进行设计时，可以将影响嗅景的城市物理特征和空间特征纳入日常实践中。我们可以将这些特征作如下分类：空气流动和微气候，活动密度，材料，以及地形。

9.3.1　空气流动和微气候

"和其他任何地方的气味一样，城市中的气味也取决于空气流动情况，比如有风还是无风，大风还是微风。如果是无风天气，我们就能闻到更多、更强烈的气味。而如果是有风的天气，我们闻到的气味就会少很多。"（D08）

建筑环境形态对行人的风流量体验（彭瓦登，怀斯，1975；科克伦，2004；皮尤等，2012）和热舒适（尼科洛普卢等，2001；尼科洛普卢，莱科迪斯，2007；尼科洛普卢，2003、2004；塔赫巴兹，2010；采利奥等，2010）的影响是众所周知的。由于空气流动情况会对城市气味体验造成重大影响（图9-6），建筑环境形态也会对气味浓度、稀释度和气味流动造成直接影响。彭瓦登和怀斯（1975）在相关研究报告中强调了风速对人体状态的影响。基于相关的研究结果，本特利（Bentley，1985：75）等人总结道：城市设计者应当使用一定的建筑形态，将风速限制在5m/s以内的微风的范围内。但是，

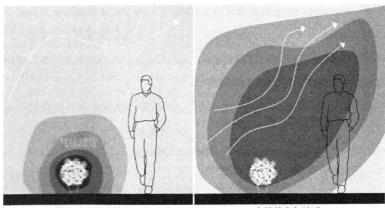

少量的空气流动   大量的空气流动

图9-6 空气流和气味浓度（纳比勒·阿瓦德绘制）

正如嗅觉漫步研究报告中所阐述的，个体对适当风速水平的感知取决于个体所在的场所和区域用途及类别等一系列因素。此外，这还与个体对城市嗅景和总体环境质量的判断有关。在存在汽车尾气的区域，人们普遍认为气流能够对空气起到积极的净化作用。

在唐卡斯特的百银大街，每天都是一幅车水马龙、人流如织的景象。参与者提到，在整条街上都能感觉到强烈的气流，原因是这条街的建筑形态采用直线设计，街道两边的建筑又起到了遮挡作用。参与者认为，他们所感受到的这股强烈的气流有助于驱散汽车尾气的不良感知气味，以及"前一天晚上"留下的残留气味。

在风力较小的时候，参与者对这个区域的印象又有所不同："由于这里地处主要公交车线路沿线，所以我能闻到公交车的气味……而且这种气味不会被风吹走，走在街上迎面而来的全是这种气味，让人难以忍受。"（D38）类似地，参与者认为，在气味可以很快消散的区域，才适合采用气味调节这样的做法："我认为只有足够开放的区域才适合采用这种气味调节做法，但在商场等密闭环境中，我认为这样做会引起一系列问题。"（D28）

就连在密闭的唐卡斯特优步步行街，参与者也感觉到了气流的存在："这是个密闭的环境，所以气味会被封锁在里面……如果没有一定方向上的空气流动的话，这些气味不会轻易地消散。"（D10）大部分参与者喜欢这种密闭的状态，并将其与身体恢复功能联系起来。但是，从气味的角度上讲，部分参与者认为这种密封状态会产生负面影响：

"我喜欢这种被包围在其中的感觉，我们可以通过身体感觉得到……但我记得有一次我是晚上来到这里，当时就闻到了很强烈的香烟烟雾的气味……这种气味让我望而却步。"（D42）

因此，这样的密闭环境能够起到两个潜在的作用，一是输送气流，二是引导空气流方向，以及限制空气流。但是，值得注意的是，虽然人们普遍认为强风能起到改善空气质量或清除气味的作用，但同时也能让人们的身体感到凉意。因此，在考虑设计的总体全身感官方面的因素时，应将气味纳入考虑范围。

实际上，将环境形态用作感官体验的塑造工具对设计者来说并不是什么新鲜事物。借用路堤减少主干道上的车辆产生的噪声，以及借用植物提升区域的视觉美感都是已经被广泛采用的做法。

类似地，人们认为，树木和植物能够起到和建筑物相同的遮挡气味的作用："使用树木或者道路前方的植物屏障遮挡气味，不论是视觉上的遮挡还是完完全全的遮挡，都能够有效改善空气质量和气味。"（D17）但是，这样的看法很可能仅仅基于人们的联想。实际上这样做并不能真正起到阻隔气味的作用。

9.3.2   活动密度

"我在给市场上的人提意见时……我会跟他们说，市场的密度越大越好；我还会跟他们说，如果他们能够保持特定的气味，或者特定的氛围，定期举办特定的活动，这样就能够吸引更多的顾客……我认为产生这种效果的主要原因就是空间强度了。"（D05）

近期唐卡斯特市场的各项开发措施也对相关人员造成了一定的问题。这些相关人员希望能够建立起一个现代零售区域，但又不会破坏市场现有的感官特性。其中一名参与者这样解释道：

"在某些地方，感官设计做起来会比其他地方更简单。我指的就是市场周围的区域……这样就会导致这个地方独有的喧闹、嘈杂和特有的感觉，以及整个市场那种热火朝天的气氛通通消失……在重现市场原貌时，制造市场原有的气味实际上并不难办。"（D31）

市场的密闭状态和较高的集中度是市场取得成功的关键因素。不论是在市场建筑还是总体的周围环境中，气味体验都在场所感知和愉悦度提升方面扮演着重要的角色。此外，其他各类活动都在这个地方进行着，包括集中在一个区域内的夜间经济活动，以及国际区内的民族特色食品商家。这样的空间集中现象或活动区域划分做法虽然与城市设计理论所倡导的多功能开发途径大相径庭，但在近几年中，这样的做法已经开始受到城市改造者们的青睐。在唐卡斯特，那些负责街道清洁、维护和治安的从业人员对高度集中的晚间经济分区持认可态度。因为通过这种方法，可以实现在主要夜间营业时间和这段时间之外的其他时间内资源在特定区域之间的合理分配。这种划分活动区域的做法很快取得了良好的效果：一方面这样做使各种问题得到集中，包括与气味相关的问题（呕吐物、尿液、溢出的酒精、食物和与香烟相关垃圾的气味）；同时，各种气味控制和管理做法也被集中到了同一个区域。

9.3.3 材料

"在我们去过的各个区域内，建筑物的类别不同，区域的气味也会有所不同……我们能够闻到建筑物的气味，比如石头和砖块，我们能够感觉到其中的差异。"（D12）

对于城市中的任何一个给定的场所，其街道景观都是由种类繁多的材料组合而成。包括建筑物构成材料、墙体构成材料，以及地板、公共设施、公共艺术品等的构成材料，而不同的场所和城市，这些材料的组合也千差万别，并且受到当地石料类别、建筑年限、建筑风格和建筑规范的影响。部分参与者怀疑街道景观材料可能会对城市嗅景体验造成影响；还有一些参与者表示他们闻到了这些材料的气味，并谈论了材料的气味对他们的体验的影响。

参与者在嗅觉漫步中遇到的木材等天然材料少之又少。而对于仅有的极少数的天然材料，参与者都表示喜欢这些材料的气味："我们路过的时候他们正在翻修其中一家餐厅；我闻到了木材的气味，因为他们正在锯木头……我喜欢那种气味。"（D21）虽然人们普遍认为石材的气味极淡，但仍能对参与者的体验造成一定的影响：

"我喜欢木材的气味，我也非常喜欢石材的气味……比如当我们坐在距离一栋由石材构筑而成的建筑物 20m 之外的地方，我们可能不会觉得有什么不同；但如果我们走到一个教堂里，而教堂是混凝土结构的，那么我相信我们一定闻不到石材的气味。"（D26）

在以上几个范例中，参与者都认为材料本身就具有自身的气味。但是，通常情况下，造成这种印象的原因是环境中的材料会对其他影响更大的气味来源造成一定的影响。比如，材料是否具有吸附气味的作用这一点尤为重要：

"我认为砖头的表面构造就具有一定的反射作用。如果使用的是约克石或波特兰石，则气味很可能被吸收，这就跟采用专门设计的黏土砖不一样了……使用黏土砖的话，气味就好像被反射回来了一样。"（D31）

在其他一些案例中，参与者对地板材料清洁问题提出了疑虑：

"在设计市场广场时，最好不要使用像这样的砖块，因为我觉得这样的砖块会累积灰尘。如果使用其他材料的话，就更容易冲洗干净了。"（D05）

有的参与者将不同的材料，以及这些材料所具有的气味和其所在区域的类别联系起来：

"这种整块式铺路手法通常用在气味比较集中的区域……还有更加传统的柏油碎石路面区域。时间久了，这样的路面就能够保持特定的气味。实际上这跟路面本身没有太大的关系，而是因为它和建筑物或巷道等距离很近。"（D07）

部分参与者认为，在施工和维护活动持续期间，材料的气味最为强烈。施工工地上的锯木作业就能向空气中释放特定的气味，而石材和其他材料的切割或钻孔作业也能产生一定的嗅觉影响："有时候他们会使用大型钻孔机，或者挖掘机。在作业过程中会产生一波一波的废弃物，有时候是烟雾，有时候是别的东西。我的意思是说我并没有吸入这些东西，但我闻到了气味。"（S15）类似地，道路工程施工也会发出气味："我穿过这条公路的时候，有施工人员正在进行挖掘作业，我就能闻到一种类似于柏油碎石路面的建筑工程特有的气味。"（D42）人们对气味的感知各不相同，但气味感知通常被认为是一种忍忍便会过去的临时现象。但气味来源在很大程度上决定了一种气味会受到人们喜爱（锯木作业）还是厌恶（石头钻孔作业）。

9.3.4　地形

我所嗅觉漫步的各个城镇有着相差较大的地貌特征：加拿大蒙特利尔群山起伏，而纽约的市中心则是一马平川。唐卡斯特市中心地形较为平坦，而谢菲尔德和伦敦则以丘陵地形为主。这样一来，我就可以对地形的各个方面，以及各种地形对城市中气味体验的影响进行深入研究。地形对气味的影响表现在以下几个方面：

"唐卡斯特的几个渠道系统经常给这个城市带来困扰，因为这里地势过于平坦……这个问题已经困扰唐卡斯特多年……唐卡斯特没有天然水流，因此所有的用水都靠水泵输送……只要一下雨，就会出现内涝……下雨时，地下集水坑就会装满水……如果很长时间不下雨，水一旦流动，就会发出腐臭的气味。人们尝试过向这些地方输注氧气来改善这一情况；唐卡斯特面临这种问题的原因是水的天然流量过低。"（D50）

唐卡斯特市中心的居民几乎每天都能闻到渠道系统散发出来的这种难闻的气味。在一年内特定的某些时候，以及在特定的天气条件下，这种气味会更加强烈。在某些场所，这种气味的浓度很高，特别是在中世纪古城的边缘，因为这里的排水基础设施过于老旧。

唐卡斯特市内有几个区域就饱受当地人诟病，排水系统已经成为市中心的一个突出的味标："一旦你来到这个角落……就能闻到下水道传出来的臭味，每天都能闻到，我已经习以为常了。"（D24）从现实角度讲，要采取措施解决这些下水道的相关问题，地方政府就不得不在基础排水设施方面投入大量人力物力。实际上，并不是所有地形平坦的城镇都会面临排水系统发臭的问题。因此，排水系统发出臭味，就表明它没有达到现代的要求和标准。

在某些情况下，即便是丘陵地形也会引发一系列问题。比如在有些坡道上，车辆（特别是公交车）因某些原因不得不停车和启动。在这种区域内，汽车尾气的气味就会非常强烈。

从这方面来讲，城市管理者和设计者在尝试减少不良感知体验的强度和频率时，可以采取更加直接的做法。通过对不同的排放水平，以及行人／汽车尾气遭遇的可能性与坡度之间的关系进行建模，从业人员可以作出更为科学、合理的公交车线路、公交车站选址，以及红绿灯设置相关决策。同样地，在建模过程中，还应当将公交车站相对于住宅区的位置纳入考虑，以尽量减少居民在家中的汽车尾气体验。

因此，地形对嗅觉体验造成的影响是非常直观的。在上面阐述的两个情景中，地形都对嗅觉感知造成了负面影响。但是，地形在促进城市内部空气流动方面也起到了十分重要的作用，这对提升城市的积极体验至关重要。

9.3.5　气味设计工具——概述

通过深入研究人们对街道景观中气味的感知和体验，我们找出了一系列可将气味并入城市环境设计和管理的工具。空气流动和微气候、活动密度和气味浓度、材料及地形等因素均通过这样或者那样的方式，被纳入现有的设计、开发和管理实践中。通过这种方式，我们可以将一个兼顾全局的感官设计方法整合到现有的做法中。显然，上述研究结果仅仅让我们对以上因素对城市嗅景日常体验的影响有一个大概的认识。通过未来更多的研究，以及嗅觉感官设计做法的普及，我们一定能够对影响城市嗅觉景观的因素有一个全面的认识。但是，我们应当意识到，与建筑环境形态和内容相关的问题同样能够影响气味体验。考虑到这一点，我们可以将一些嗅觉设计工具整合到新的城市设计做法中，以确保城市设计符合城市居民的嗅觉感官要求。

9.4 城市设计中的气味新思路

在本章中,我根据人们的现场体验,找出了城市嗅景设计中的重要因素,同时对气味在恢复性环境中所扮演的角色进行了深入的探讨。但是,这并不表示气味本身就具有恢复功能。只不过,在我所列举的某些范例中,确实存在气味本身就能够令人感到愉悦和沉醉的现象。我的观点是,在建立休闲娱乐场所的过程中,我们应该以一种前瞻性的视角对气味进行探讨,而不是将其置于一个无足轻重的位置。这类环境包括城市中的公共空间,以及对个体具有特殊意义的其他区域。和总体气味体验相似,恢复性体验也会随着个体过去的经历和记忆的不同而有所不同。

此外,了解气味在城市环境中的积极作用非常重要,因为只有这样,城市设计者、建筑师和城市管理者才能换一个角度思考城市嗅景的相关问题。如果气味能够促进身体机能恢复,那么在我们找出若干实用的气味设计工具后,我们就可以采取相应的措施,制定更人性化、更符合城市居民需求的感官设计做法,并加以实施。实际上,由于环境中存在各种各样的气味,建筑环境从业人员就可以将恢复功能看作一种可以被整合到城市环境中的积极因素,比如通过小型景观的方式。此外,我们还可以从一个更具前瞻性的视角对气味进行思考,以提升如城市公园或水道等沉浸式恢复性环境的体验。

除此之外,我们还可以将恢复性气味和特定的嗅觉工具搭配使用,以获得现有城市设计做法所预期的气味设计效果。凯文·林奇(Kevin Lynch,1960)认为,人们可以借助城市的可识别性,建立城市的内部形象,并绘制城市的地图,以强化城市记忆,提升城市导航效率,改善城市形象。我在第7章中就着重指出,气味在提升城市可识别性方面起到了至关重要的作用,这是因为人们经常能够闻到来自荒地上生长的鲜花、宠物店和皮具店等专营店,以及唐卡斯特的科普里路和曼彻斯特的唐人街等场地独有气味来源的气味。这些气味可以被称之为味标。味标这一概念不仅仅适用于负面感知气味(如唐卡斯特排水系统散发出来的气味),也同样适用于积极感知气味。

在前一章里，我将现有的嗅觉环境管理和控制过程分为了四个大类，并作了简单的介绍。这四个大类分别为隔离、除味、掩盖和气味调节。而对于恢复性气味和已确定的嗅觉设计工具，我们同样可以将其简单地分为这四个大类。包括新鲜空气的气味在内的恢复性气味能够产生除味效果，并能够稀释气味浓度。从这个角度讲，不同的建筑环境形态可能会对这种净化效果造成阻碍或强化。树木和植物由于具有吸附污染物的功能，因此也能够起到一定的除味作用。同时，由于人们印象中树木和植物还能遮挡气味，因此它们还具有一定的掩盖作用。另外，树木和植物还能向周围的嗅觉环境释放积极感知气味，因此还具有一定的气味调节作用。

9.5　结论

在本章中，我提出了建筑环境从业人员应当能够从更加正面的角度对气味进行思考的观点。但这并不是说在设计中一定要添加气味元素，因为这样的做法并不被一些人接受。在之前的关于康复性环境的研究中，气味在增强城市环境康复性体验方面的潜在作用往往被忽视。这里所说的气味包括天然气味和非天然气味。但是，我在本章所举的几个例子可以被看作是对其他相关研究结果的补充。比如，佩恩（2008）研究了关于声音在康复性体验中的作用，其目的是建立康复性环境的知识体系和多感官的设计方法。

正如我在第 4 章中所述，参与者在英国各个城镇都闻到了各种各样的气味，并且不同参与者对特定的气味有着不同的感知。比如，人们对科普里路上出售的各国食物的气味，或销售加香产品的商店散发出来的气味有着不同的感受。对于一些日常生活中普遍存在的气味，大多数人都有着相同的感知。比如，人们普遍不喜欢汽车尾气的气味。而对于各类植物的气味，大多数的人都表示喜欢。在对气味体验进行深入探讨的过程中，我列举了几种建筑师和城市设计者在塑造场所气味体验时可以使用的工具。如第 7 章所述，这样的气味体验并不是意外出现的，也不是因为设计者疏漏产生的，更不是城市政策的副产物，而是建筑师可以塑造的。因此，结合气味的设计完全被掌握在从业者手中。他们可以利用这些相关知识来完善城市嗅景和热舒适等刚刚兴起的领域的设计准则和设计工具。

在第 10 章中，我将在上述内容的基础上，进一步探讨气味感知和场所感知之间的关系。此外，我将对气味在场所营造中起到的积极作用进行探讨。

10

气味、场所营造和城市嗅景设计

  几年前我走访了格拉斯。这座位于法国南部的小镇因发达的香料工业举世闻名。格拉斯也是帕特里克·苏金德（Patrick Suskind）的小说《香水：一位谋杀者的故事》的原型地。在 20 世纪中叶，这座小镇曾经是法国最富裕的区域之一，而现在这里却成为一个富人和穷人摩肩接踵的地方。有一天，烈日炎炎，我开车进了格拉斯山谷。我记得当时我开着车窗，还没到那个小镇，远远地就能闻到花香。抵达目的地后，我和一群游客一起站在一块巨大的石头上，并开始思考这如此强烈的花香是哪里传来的。后来我发现我们就站在一个加了香水的喷泉（图 10-1）旁边。在格拉斯，街道上以气味为主题的景观随处可见，而这里关于气味是否合理的标准跟其他城市很不一样。气味主题包括在公园里的公共艺术景观上进行气味和鲜花的视觉展示，以及空置的商店橱窗里描绘的壁画，或在学校建筑外墙上所作的壁画。市政厅外面的小型交通岛上，摆放着一个巨型的仿制香奈儿 5 号香水瓶（图 10-2）。在镇上的其中一家咖啡店里，我点了一杯薰衣草味的焦糖布丁。这种咖啡的口味让我永生难忘，而且咖啡中所使用的薰衣草就是在当地种植的。

  整个城市的嗅景体验中，气味调节景观占了很大的比重。整个小镇的街道两边都种满了各种芳香植被（主要是茉莉花）。这些植物一般都种在车水马龙的公路两边的花盆中，或者广场上的喷泉旁边。此外，大型的古旧石屋旁边还有巨大的经过精心修剪的灌木丛。小镇的领导人和香水制造企业进行合作，改善了小镇的嗅景，以及小镇与气味之间的关系，以打入全球旅游市场、商业市场和会议市场。这里还会在每年 8 月初举办茉莉花节，此外还有一年一度的玫瑰展。

图 10-1 位于法国南部格拉斯镇的香水喷泉

图 10-2 位于法国南部格拉斯镇的香奈儿 5 号交通岛景观

　　但是，当我花 5min 从旅游中心前往整个小镇最穷困的街道后，我发现气味调节做法并不是格拉斯城市嗅景的全部。这个小镇最穷的街道也是北非移民社区扎堆的区域。在这里根本闻不到任何鲜花的香味。相反，在这条阴暗、密集的城市街道，给人留下最深刻印象的是这里潮湿的空气、各种石头，以及烹饪的气味。灼热的阳光从两栋建筑物之间穿过，炙烤着大地。抬头可以看到窗外晾着洗过的衣裳。几个年轻人正在这个满是涂鸦、尘土和碎石的地方打篮球。这里的环境和离此处几条街的旅游区截然不同。刚到这里的人甚至会有些不习惯。

　　经过一番周折，我又回到了格拉斯镇的主要旅游区域，这里很明显采取了其他的气味管理和控制措施。在旅游旺季，整个小镇蜿蜒的公路上车满为患，从镇头一直堵到镇尾。除了汽车尾气的气味之外，这里仅有的另外一种突出的不良气味来源就是满大街的宠物狗了。狗主人们经常牵着他们的宠物狗在绿色地带和经过修剪的草地上散步。为了清理狗的粪便和其他一些相关的垃圾，当地人发起了一项除味行动，即每隔数米就安放一个垃圾桶。其他的一些清理措施还包括清扫、设立公共厕所和各项法规标语等，其中包括在任何情况下都禁止攀折花枝的标语。

　　格拉斯镇与香料行业有着千丝万缕的关系，因此在研究普通城镇的日常嗅景管理、控制和设计措施方面，格拉斯的参考价值貌似并不高。但实际上，和气味关系密切的城市很难因优越的气味环境而闻名，反而可能混得"臭名昭著"。比如像香水喷泉这样的景观，如果出现在其他城市的街道上，必定会被人们认为是不合时宜的。但是，英国各个城镇所采取的隔离、除味、掩盖和气味调节等气味管理和控制措施，在格拉斯也可以看到它们的踪影。气味在增强格拉斯场所地域性、设计和控制方面显然占据了举足轻重的地位。但是，考虑到气味、人类和环境之间存在着各种形式的相互作用，我们不得不思考以下两个问题：气味在场所和场所营造活动的总体理解方面起到了什么样的促进作用？对于人们持有的气味设计是一种企图摆布他人行为的不重视做法这样的观念，我们应当如何回应？

10.1　气味在场所营造中起到的促进作用

芭芭拉和佩里斯（2006）对目前的气味和场所感进行了解析，并从两个角度来进行阐述：场所原有的、真实的气味环境；令人难忘的、与众不同的嗅觉体验。但是，不论从哪个角度，都不能完全解释气味和场所的关系。我们在日常生活中也经常使用"真实"一词来表达一个事物或环境不是伪造或虚假的，并且是符合"实际"的。但是，在描述城市嗅景体验时，人们对场所真实性的含义却有着不同的理解。梅西（1991）对全世界范围内复杂的社会流动情况和相互联系进行了探讨，并称许多理论家认为这一现象会使人们感到不安。她还表示，这些理论家采用的是一种"反动主义"做法。她在结论部分指出，强烈的场所感能够"将人从喧嚣中解救出来"。

梅西认为那些反动主义的思维都是行不通的："一种认为场所地域性是单一的、基本的；另外一种则认为场所或者场所感是内观历史的产物。"

在唐卡斯特的科普里路，一些参与者认为一个街区的真实场所地域性跟地方住宅社区和商业社区有关，包括唐卡斯特的少数黑人群体。这一群体中，相当一部分都是最近才来到唐卡斯特的外来移民。这部分参与者喜欢科普里路售卖的各种各国美食，并认为这些美食都是正宗的，是全世界人们都爱吃的（见第5章）。其他一些参与者对住在这些地方的少数人群和商家存在一定的抵触情绪，认为相关的气味让他们感到陌生，并且也不能代表整个街区和城市的真实特点。这些参与者知道会在这个区域内闻到非本土食物的气味，但他们仍然不能接受这种气味。相比之下，他们将记忆中这个区域过去的嗅景理想化。

对于勒尔夫（1976：49）来说，真实性与场所体验中的内在部分和外在部分之间的差异有关："真正置身于一个场所会对这个场所产生归属感和认同感。"对于那些认为科普里路上的气味让他们感到陌生的参与者，那是因为这些气味与他们关于所在场所的联想存在不一致，这说明他们并没有真正置身于这个环境。因此，场所真实性就受到了质疑。在这种情况下，气味感知就成为一种组建和表达总体社会环境因素相关观点的手段。个体可能会根据某种气味是否符合他们对特定场所的个人感知，排斥、厌恶或接受、喜欢这种气味。

　　真实场所感这一概念又与人们持有的城市嗅景设计是一种企图摆布他人行为的做法这种观念有关。人们怀疑合成食物气味可能会掩盖食物真正的质量。同样地，人们也认为气味设计活动也可能会让人们产生不真实的区域印象，从而达到掩盖一个场所真正特点的目的。但是，正如前文中所述，一个场所的真实性的定义本身并不是固定的，而会根据一系列的个体因素、社会因素、文化因素和个人信仰存在差异。在许多情况下，人们会将特定场所的真实性与这个场所过去的样子联系起来，比如真实的街道格局、当地的石材，或街道的传统用途。正如参与者在科普里路所观察到的，场所的真实性还与人和社区有关。这里所说的社区包括那些有一定历史的社区，同时也包括新建成的社区。类似地，有不少的临时或暂时性活动，对一些人来说是真实的，而对另一些人来说则会构成妨碍和骚扰。大多数人都认为，唐卡斯特主要购物街上的汉堡售卖车和卖热狗的小贩独有的气味、声音、味道和视觉效果为街道增添了色彩。但是，负责街道管理的从业人员则对这些气味有着截然不同的态度。他们认为这种气味是整个街道控制力度不足的体现，同时这些气味也与场所感知存在不一致。

　　我在这里想要表达的观点并不是真实性不重要，恰恰相反，真实性是由多个复杂的因素合并而成的，我们需要鼓励各利益攸关者参与到城市嗅景的评估中，以确保不会让任何一种观点占据主导地位，或者凌驾于其他观点之上，甚至排挤其他观点。

　　气味和记忆之间的特殊关联已广为人知。人们关于气味的记忆持续时间甚至要比视觉画面的记忆更持久（恩根，1977；恩根，1982），同时，相较于陌生气味，人们往往更喜欢熟悉的气味（波蒂厄斯，1990）。但是，由于人体会逐渐习惯和适应某种气味，人们会在潜意识中对已知的气味进行处理。只有陌生的气味或者极为强烈的气味才会引起我们的注意，因为我们的大脑会将陌生或强烈的气味视为潜在威胁，或是愉悦感的来源。这样一来，如第

8章所述，通常只有刚刚来到某个城市的游客才能察觉到城市里某个场所、街区或整个城市的总体背景气味，或"基调"，也就是相对稳定的总体背景气味。

芭芭拉和佩里斯（2006：125）在关于城市环境的言论中表示："每个城市都有自身独有的气味，这里所说的气味并不是大都市都有的气味，或者污染物的气味，而是一种嗅觉本质层面上的气味，是各城市的特色。在某些情况下，只有少数人能感受到这种气味。"如果一个区域内的嗅景包括汽车尾气，或区域内的空气质量较差，那么"嗅觉本质"则是一种概念或相关的记忆。人们可能会认为芭芭拉和佩里斯指的是一个场所的背景气味，然而过去存在但现在已经消失不见的气味。场所特色嗅觉本质上也可能是由个体的想象或其他联想构成的，但大部分的联想或想象可能存在争议。因此，芭芭拉和佩里斯审慎地指出，只有少数人能够获得这种微妙的感官体验。

在服务和酒店业，气味已经被越来越多地用于营造能够给人带来难忘的非凡体验的环境。这里所说的非凡体验是指不寻常的令人印象深刻的体验。这两个行业参照其他时代、场所和体验对应的气味，以复制原生态气味，或对原生态气味进行理想化处理，并将这种气味用于为人们提供之前只有在小说中才存在的场所体验。Thorpe 公园是一个位于英格兰的刺激的主题游乐园。这个游乐园主凭借各种气味吸引游客。2010 年，这家游乐园举办了一场比赛，企图找到全国最臭的尿，并计划将这种气味整合到新建成的恐怖电影主题景点的设计中（Merlin Entertainment 集团，2010）。过程中，设计团队巧妙地利用了尿液的气味和阴暗场所之间的联系，以期增强体验中的恐惧感。

该主题园的娱乐项目经理解释道：

"我希望这个景点能够尽量逼真、吓人，让游客有种置身于现实恐怖电影的感觉。为达到这个目的，我们需要从感官的角度，通过使用气味、特殊灯光，以及电刑和振动地板等特效，真正地打破游客的体验极限，刺激游客的感官。我们已经着手开始为这个景点调制臭味，但为了获得更加贴近实际的尿液的臭味，我们需要大众的帮助（Merlin Entertainment 集团，

2010）。"

　　和高度受控的主题乐园以及其他商业场所不同，城镇是一个动态的，时刻处于变化中的有机体。正如勒尔夫（1976：140）、梅西（1991）和史密斯（2007：101）所指出的，城镇包容了城市结构中共生共存的全球元素和地方元素。在英国各个城市，也存在地方气味和全球气味共生共存的现象：比如唐卡斯特鱼类市场的强烈气味、香烟烟雾的气味、香水和加香产品的气味、地下厨房传出来的烹饪的气味，以及品牌咖啡连锁店的咖啡气味等，相互之间的距离不过数米远。梅西（1991）曾指出，一个地方要获得场所感，就必须不断变化、不断向前发展，而不是故步自封。相反，地方政府必须将地方元素和总体元素整合到一起，这样才能体现出这个区域的独特性。

　　段（Tuan）（1977：183-184）指出：

　　"只要足够用心，我们就能在很短的时间内对一个地方有一个抽象的认识。拥有敏锐的眼光，我们就能很快了解一个环境的视觉特性。但是，场所'感'的获取就没那么简单了。场所感是由各方面的体验组成的，并且其中大部分的体验都是在数年之久的时间内每天重复出现，平淡无奇，且持续时间较短。场所感是各种景观、声音和气味的独特组合，是自然和人工韵律的完美结合。"

　　在这样的环境下，即便是像唐卡斯特地下餐厅的通风系统排气这样不起眼的气味之类的味标，都同样能够帮助我们获得场所感。造成这一现象的原因是这种气味构成了人们日常记忆，以及关于它们所在街道的联想的组成部分。但如果让他们从一个试管中去闻这种气味，他们并不一定会喜欢。这类气味逐渐成为这个地方的背景气味，并构成了人们的个人记忆和社会记忆的一部分，并让他们产生一种归属感或"当局者"的感觉。

　　丹恩和雅各布森（2003）提出，为了树立理想的当代旅游目的地形象，各个城镇应当尽可能真实地保留或重现其历史基础设施，同时尽量去除负面感知气味，引入更多令人愉悦的气味。

　　根据勒尔夫（1976）、段（1977）和梅西（1991）提出的深刻见解，上面提出的这种方法明显太过简单化，因为这种方法并没有将城市嗅景处于不断变化和发展中这一事实纳入考虑。此外，这种方法将游客的体验放在其他利益攸关者的体验之前，这说明这种方法的提出者并没有意识到气味在地方场所地域性和体验的营造方面起到的重要作用。因此，唐卡斯特市场区域内鱼的气味、地下室餐厅的通风系统排气的气味，以及伦敦 Soho 发出的烟雾的气味，不仅仅受到了许多参与者的喜爱和青睐，此外它们还满足了参与者的预期，并和地标一样增强了这个地方的可识别性（梅等，2003）。同时，这些气味还有助于形成熟悉感和归属感。

因此，丹恩和雅各布森所提出的战略衍生出了一系列关于利益攸关者的重要问题。而城市和城市各个组成部分的设计必须迎合这些利益攸关者的要求，同时在设计过程中，我们必须将这些利益攸关者的感知纳入考虑。

10.2　城市嗅景设计：实践的价值还是争议？

"我们人类通过感官了解世界，又通过感官为这个世界赋予价值。虽然许多人并不赞同这样的说法。"（波斯特莱尔，2003：191）

弗吉尼亚·波斯特莱尔（Virginia Postrel，2003）在一本关于 21 世纪美学价值的编年史和探讨著作中提出，设计的感官特质常常受到人们的质疑，其原因是许多人认为追求美感是一种没有必要的浪费。实际上，弗吉尼亚·波斯特莱尔在其作品中引用了贝尔（1996）的观点：美学建立在"一个虚幻的世界"的基础之上。她还表示，虚幻的世界之所以存在，是因为人们担心美学设计能够诱惑我们的感官，并颠覆我们的理性思维。此外，弗吉尼亚·波斯特莱尔还认为"人们普遍存在的对外表和实质无法并存的担心，以及对巧妙的艺术与真实无法同在的担心。"（Postrel，2003：70）

在人们的印象中，嗅觉要比其他感官更能够对人们的情绪状态和行为造成无意识的影响，甚至个体在完全不知晓的情况下就受到了影响。这样一来，一些人就认为城市嗅景设计是一种企图摆布他人行为的不诚实的做法。而从城市设计和真实性争论的角度上讲，这种做法还可能会隐藏一个地方"真正的"特征。说到这里，我认为有必要对气味对人类情绪和行为的影响局限性进行充分的说明。

世界卫生组织（2008）指出，研究表明，人们在吸入许多气味或有害气体后，身体和大脑都会受到一定程度的影响。一些空气污染物的气味能够对人体造成伤害甚至威胁生命（世界卫生组织，2008），导致已有的呼吸道疾病加重（詹森，芬格，1994），并对人们的嗅觉造成临时性或永久性的负面影响（哈德森等，2006）。某些鲜花和植物的气味，以及香水等的气味均可能引起人类的过敏反应（弗莱彻，2005，2006）。对于任何气味，如果长期接触，或者气味浓度较高，都会引起人们的厌恶，对人们造成烦扰、压力，甚至直接损害人们的健康，即使受到人们普遍喜爱的气味也不例外（埃文斯，科恩，1987；米德玛，汉姆，1988；卡瓦利尼等，1991）。

有证据表明，绝大多数气味都能对人们的心理状态产生影响。海利等人（1998）指出，羊水的气味对包括新生儿在内的刚出生的哺乳动物具有镇定作用。此外，多个细致的市场营销研究项目的研究结果表明，情绪和气味之间确实存在关联（如阿格雷顿，瓦斯凯特，1999；赫希，2006）。由于人类的嗅觉具有特殊功能，包括三叉神经所具有的功能（多蒂，2001），气味和人类记忆和联想之间也存在重要的关联（恩根，1991；赫希，2006），此外人们通常更容易喜欢上熟悉的气味（波蒂厄斯，1990: 24），因此，让人们认为某种气味是否好闻，或平淡无奇，以及赋予这种气味恢复性功能的，主要是人们的思维和认知过程。这个过程包括激起人们关于这种气味的回忆、情感依附和联想。

非吸烟者前往餐厅的路上从吸烟人群中穿过时，会不自觉地屏住呼吸，或者为了闻某种植物的气味会选择绕道而行。决定他们这一行为的就是他们的思维和联想。但是，人们对以上两种气味的看法和反应取决于他们在闻到这种气味时所处的位置和时间。在对大量的市场影响和零售相关文献资料进行仔细研究后，菲茨杰拉德·博恩（Fitzgerald Bone）和舒尔德 - 艾伦（Scholder-Ellen）提出，人们为什么会认为气味在任何情况下都会影响他们的情绪和行为是一个未解之谜。他们还提出了从环境或记忆中获取的信息影响最大的理论，并认为基于这个理论，我们可以对受气味影响的判断和行为有一个更加深刻的理解（菲茨杰拉德·博恩，舒尔德 - 艾伦，1999: 253）。

我在英国城市和其他一些城市开展研究工作的过程中发现，气味信息和其他感官功能获得的信息、之前关于特定或类似场所的经历，以及相关的联想和因此产生的预期等，都在场所环境和感知的营造，以及个体行为的产生中扮演着重要角色。

气味在任何情况下都可能对个体情绪产生影响这种观念是复杂的，也是根深蒂固的，并且有一定的历史渊源（克拉森，1993；克拉森等，1994）。

在苏金德（Suskind）的小说《香水》等文艺作品中，这一观念也有所体现，并得到了进一步巩固。此外，人们还将这种观念运用到复杂的香气味市场营销行动中，比如将性魅力和气味联系在一起（德罗巴尼克，2000）。人们在日常生活中，会不自觉地闻到各种气味，而我们的大脑会下意识地处理大部分这类气味。因此，上面这种观念早已深入人心。人们认为，这种下意识的效果与感知脆弱性或控制力度不足有关。正是受到这种观点的影响，人们才会将结合气味的设计视为一种企图摆布他人行为的做法。一名参与者在说起用于掩盖汽车尾气气味的植物时评论道：

"我的意思是，这样做不太诚实。但从另一个方面来看，如果设计者这样做是为了迎合人们的需求，那么我想人们不会介意自己被人摆布了，甚至他们根本就不会意识到这一点……我想设计者的初衷也是想让整个场所更舒适、美观。"（D06）

有的人认为刻意的城市嗅景设计是一种企图摆布他人行为的做法；也有人认为，总体建筑设计做法能够有效提升一个区域的视觉美感。这两种观点相去甚远。实际上，城市领导人、规划者、设计者和建筑师在制定相关决策时，都会将城市环境的日常容貌纳入考虑，塑造特定的场所形象吸引特定人群到特定区域或建筑物中，或为人们提供放松娱乐的区域。从这个角度讲，这些设计因素并没有企图摆布人们的行为；相反，人们认为这些因素是设计中不可或缺的部分："设计是连接创意和创新的桥梁。设计师们通过设计让理念变为对使用者或客户具有吸引力的现实命题。我们可以将设计看作特定方向上的创意思维。"（科克斯，2005：2）相比之下，结合气味的设计在当下通常被认为是一种居家的或者个体的艺术尝试，一般以气味调节或加香的形式体现出来。但是，实验性设计包括气味调节已经被越来越多地使用在各大商业场地和活动中。

因此，通过在城市设计实践和场所营造活动中充分地考虑气味的作用，从业者可以增强和保护城市体验和特质，强化场所感知，甚至可以改善城市居民的生理和心理状态。同样地，如果没有充分考虑当地利益攸关者的需求，或者没有他们的参与，则通过采用去除现有气味，并使用其他气味予以取代原有气味。结合气味设计，很可能会对区域的整体感知产生影响。因为整个设计过程中，设计者必须将地方因素、熟悉感或气味的意义纳入考虑。

面对如此复杂的情况，加之上面提到的人们持有的相互矛盾的观点，城市领导人和建筑行业从业人员就不得不思考这样一个问题：如何才能有效地将嗅觉这种感官整合到城市管理和设计活动中，又顾及部分人对气味有过敏反应？

几年前，我在思考如何将自己的研究项目从理论层面提升到城市和建筑设计中的实际使用和应用层面时，我也问过自己同样的问题。为了实现这一过渡，我套用了实用主义哲学的某些原理。在处理环境道德和伦理问题方面，实用主义哲学推崇基于环境的多元主义，强调基于具体情况的体验和实践。这里所说的道德和伦理问题指在城市嗅景设计中会遇到的相关问题。法默和盖伊（Farmer，Guy，2010：371）将实用主义描述为："一种多环境（而非单一环境）哲学，此哲学体系中的价值体现在人类和环境之间持续不断的相互影响中"。法默和盖伊在莱特（Light）（2009）的研究结果的基础上提出，在可持续设计中，实用主义大大提升了抽象理论的实际应用价值："其目的是对实践进行详细说明和协调，并为实践提供更多的理论基础。独立于实践之外的理论更像是一种智力游戏。理论和实际需要处理的问题之间仅仅存在非常微弱的联系（法默，盖伊，2010：371）。"

通过将这种实用主义做法应用到城市嗅景设计中，我发现即便我与地方利益攸关者之间已经做过细致、深入的探讨，并且在嗅景设计决策制定过程中将气味纳入了考虑，但是仍不能保证我设计出来的嗅景会受到所有人的喜爱。波斯特莱尔曾指出，人和人之间必定会存在差异，比如品位、价值观和观念及特点都会有所不同:"为避免出现设计专制,我们需要找到正确的边界,即设立相应的规则来保护审美发现和审美多样性,协调多方品位和特点,同时保障一致性和连贯性。"(波斯特莱尔,2003:123)因此,在进行城市嗅景设计的过程中,我们必须承认并接受差异。具体地说,我们必须意识到不同的人对相同的气味会有不同的感知,并将一个城市或街区内存在的多种气味同时纳入考虑。

在这里我并没有提倡在各种不同场所和环境中使用相同的严格标准,比如 ISO 国际标准 7730(ISO,1994)。该 ISO 国际标准规定,环境热舒适设计者应尽量满足 90% 的群体的要求。但我认为,这种预定目标太过于死板,并不适用于全部的城市嗅景设计。因为这种试图迎合所有区域内多数群体的做法最终可能会使得整个环境变得枯燥乏味。同样地,持续存在的强烈或非常规的气味可能并不适用于所有场地或街区。比如,旧金山市民在察觉到公交车站的加香广告运动后的反应,就和伦敦及其他英国城市市民的反应有所不同。旧金山市民对这种做法表示了强烈的抗议,而伦敦市民则对这种做法表示赞同,但前提是气味的浓度被控制在一个很低的水平。

因此,我建议建筑环境从业人员在设计与管理中应当确保空间中的气味类别、浓度及范围适当,不让使用者感觉到与环境不协调。在某些特定区域内,具有刺激作用的、挑战常规的嗅景的效果可能优于相同的嗅景在其他区域内的效果。同样地,在其他一些区域,比如在车水马龙的城市公路两旁,新鲜、干净、流动通畅的空气可能是更理想的选择。

因此,在城市嗅景设计和管理实践中,必须充分考虑当地环境、开发项目的用途、使用者,以及与场地相关的问题。在设计公共区域和城市街道时,设计者应尽量创建一个具有包容性,能够与其他感官功能互动的城市嗅景,从而让使用者感到愉悦和被吸引。

10.3 城市嗅景设计的战略背景

"一直以来,人们在营造一个场所时,通常就是在这个场所内填充各种元素，但气味是一种无法填充的东西。我们不能制造气味；因此我们就要换一种设计方式和设计思维。这跟一砖一瓦完全不一样……"（D43）

在设计城市嗅景时，城市领导人和建筑行业从业人员都抱有不同的目的和观点。这些目的和观点不仅受个体因素、社会因素和专业因素的限制，还受场地本身的限制。正如前文中所述，城市嗅景一词表示不同的空间层面，从与街道上咖啡店飘散出来的食物气味、香水气味和鲜花的气味的短暂遭遇等微观层面，到大海、高山和乡村的气味，或者污染严重的城镇中汽车尾气的气味等宏观层面上的气味来源（见图9-1）。对于这些宏观层面上的气味特征，许多都不能放在同一方案中进行考虑。相反，它们为环境气味设计项目提供了背景基调。在这里就以新西兰北岛上因地热活动以及间歇泉的气味闻名遐迩的罗托鲁瓦市为例。对外来者来说，有"硫磺之城"之称的罗托鲁瓦市的气味可能并不好闻，甚至很难闻，但每年仍有数千名游客慕名而来。许多当地人非常喜欢温泉的气味，这种气味让他们有种强烈的归属感。这种感觉就跟粪便的气味给工作和生活在农场的人们带来的感觉相同。

我在写此书的这部分内容时身在法国罗讷阿尔卑斯地区的格勒诺布尔。这里空气中弥漫的山体发出的冰冷的泥煤似的气味是我最喜欢的气味之一。

我的一名同事向我描述了她刚刚搬到这里时，是如何绞尽脑汁消除公寓内的这种气味的。因为这种气味和构成公寓的老旧石材的气味相互作用，产生了一种类似于发霉的气味。但是，这种气味引起了她的反感。然而，正如我们所看到的，这种无处不在的气味实际上构成了整座城市嗅景的基调，并且被认为是整个城市和特定场地的独有特色。人们无法忽略这种气味。虽然随着时间的推移，我们会逐渐适应和习惯这种气味，但这并不代表气味就消失了。每当我们从公寓中走到大街上，或离开城市一段时间后再回到这里，我们都能闻到这种气味。我们应当直面这种宏观层面上的嗅景，也就是整个城市的背景气味，并巧妙地利用这种气味，不论这种气味是否受人们喜爱，或人们是否对这种气味持中立态度。

以上这个论点同样适用于声音环境。几年前我曾到过瑞典首都斯德哥尔摩。逗留期间，我游览了位于市中心一个广场内的一个名叫Mariatorget的小型公园，这里有经过精心修剪的草坪、喷泉，售卖食物和饮料的手推车，以及供人们休息的长凳（图10-3）。广场三面都有建筑物环绕，而另一面则是一条繁忙的公路。城市设计者在设计之初就知道，附近办公大楼里的白领会来这里吃午餐，或者放松自己。但这条公路上的汽车噪声很大，大多数人都难以在这样吵闹的环境下好好享受一顿户外野餐。城市设计者应当在长期战略计划中考虑更改这条公路的路径，鼓励人们尽量选择公共交通，并要求车辆定期接受检查，限制汽车尾气排放。实际上，城市设计者们已经在城市的战略计划、总体规划和规划图中对以上方案的可行性进行了探讨。但是，基于这个场地的局限性和其他问题，我们可以采取什么样的措施来提升人们在广场中的体验呢？

面对这些问题，城市设计者采取了一种实用主义实验研究法，并请来建筑学副教授兼执业声音艺术家比约恩·赫尔斯特伦（Bjorn Hellstrom）为场地设计并安装了一套声音装置。在最终形成的方案中采用的是一种具有掩盖作用的做法，即使用若干小型的扬声器，向广场传输悦耳的声音，比如流水声（特别是喷泉的声音）和鸟叫声。这样做的目的是淹没公路上车辆发出的声音。在其他一些城市也采用了类似的方案，比如意大利城市米兰、罗马、佛罗伦萨和威尼斯就建立了多个声音公园（里契特拉等，2011）。但是，这些意大利城市不仅利用了声音元素，还巧妙地将声音元素和视觉元素组合起来，设计精美的扬声器还起到了装饰作用（图10-4）。

同样地，在进行城市嗅景设计时，我们不仅要注意城市总体层面上存在的长期问题，还要注意街区或特定场地内存在的具体问题。因此，我所建立的这个用于帮助建筑环境从业人员设计城市嗅景的模型需要一个战略、政治和立法框架（图10-5）。

空气污染物特别是汽车尾气的气味和城市噪声问题相似。二者都属于广泛存在的战略问题，但个人的力量过于微薄，对这种问题束手无策，因此常常把责任归结到城市管理者身上。相关的政策和立法可以为解决这一问题提供指导原则，并设定降低污染的目标，限制对人类和环境监控的不良影响。但是，随着各国的交通量不断增加，主要污染物水平居高不下，空气污染从

图 10-3　瑞典斯德哥尔摩的 Mariatorget 公园，照片由霍尔加尔·埃尔加德（Holgar Ellgaard）拍摄

图 10-4　意大利威尼斯声音公园的扬声器 ©architectturasonora

各个方面对当代城市嗅景的日常体验产生着深刻的影响。绝大多数人都对汽车尾气表示反感，认为汽车尾气不仅危害人类健康，气味也很难闻。此外，这类污染物还能对人类嗅觉功能造成暂时性或永久性的影响。但是，这些都是生活在城市中，享受城市便捷生活不得不付出的代价。

为提升城市区域嗅景，空气质量成为不得不考虑的一个重要因素。除意在降低总体汽车尾气水平的政策措施外，建筑环境从业人员还能从一定程度上影响城市中气味接触的频率、位置和潜在浓度。人们在很大程度上都依靠嗅觉来判断周围的空气质量（比克斯塔夫，沃克，2001）。因此，通过深入研究英国城市中的城市嗅景体验，我们可以找出多种缓和或降低汽车尾气影响的方法：

- 控制气流和空气流：建筑环境形态不仅在影响城市热体验和声音体验方面起到了重要的作用，同时还能减少气味浓度，对繁忙路段周围的空气也能起到一定的净化作用。
- 辟设行人专用区：此方案可减少城市核心区域内汽车尾气污染物的浓度；但这样做会导致汽车尾气的气味在行人专用区附近区域集中，对这些区域的感知造成影响。
- 树木和植物：人们普遍认为树木和植物能够对空气起到净化和清洁的作用。皮尤等人（2012）近期完成的一项研究也印证了这种说法。但是，由于对于不同的城市空间，植物的作用也会有所不同，因此在采用这种做法之前应审慎考虑。在人们的印象中，树木和植物能够形成物理屏障，从而阻隔汽车尾气的气味。但是，目前为止关于"屏障"的说法并没有取得确定性的证据。
- 公园和绿色地带：公园和绿色地带也能起到清洁空气的作用，被人们认为是城市的肺脏；同时还能为人们提供一个放松自我的沉浸式环境。但是，不同城市的居民对此观点的看法相去甚远，同时污染水平也会造成一定的影响。

- 水和水景：除废水外，所有形式的水，包括大型的沉浸式运河环境以及小型的水景观和喷泉，都具有净化空气的作用。
- 汽车停靠点、红绿灯／公交车站／计程车候客站的战略位置：城市中常有车辆怠速等客的区域都会造成不小的问题。通过对红绿灯、公交车站和计程车候客站进行战略性选址，可有效减少人们与汽车尾气遭遇的频率、强度和持续时间。

对于任何城市来说，决策制定过程也会对城市嗅景造成影响，同时也为相关方案的运作限定了背景条件。对于发达国家，这里所说的背景条件实际上就是环境立法和指导方针，以及对开发项目的位置、类别和数量加以限制的规划条例。为确保所制定的决策行之有效，且符合地方实际情况，必须将上面提到的立法和指导方针同时纳入考虑。一方面，环境指导方针决定了可以排放到这个环境中的有害排出物的类别和浓度；另一方面，根据规划指导方针，可通过战略性土地分配将气味和潜在敏感人类隔离开来。这样一来，规划者将掌握决定城市不同区域内可经营的业务种类的权力。以上两类立法的核心内容就是对不良气味的排放加以限制，从而保障更多人的利益。但把重点放在不良气味上，就容易忽略一些对这一区域具有重要意义，以及受人们喜爱的气味。从这方面讲，城市监管部门如果能够采取更加主动的战略性气味控制措施，就必定能够带来更多利益。比如日本环境部发起了一项行动，即通过调查社区居民意见，找出"100 个可以闻到芳香气味的场地"。最后，日本环境部将调查结果整合到了环境政策中（见第 2 章）。

规划部门通过区域评估、美学决策和城市设计及总体规划，对拟开发项目进行引导和控制。城市监管部门可以提供进一步的指导方针，比如规定不同建筑类别的外观、尺寸和位置的相关设计风格，以及公共空间的位置；此外，城市监管部门也可以通过积极的气味处理途径，进一步强化潜在烦扰的管制："如果市政局出台一套芳香政策……就可以告诉人们他们这样做是有目的的。"（D09）

通过这种方法，我们可以在设计指南中确定所需的气味，并对城市的与嗅觉事宜相关的政策进行清晰的说明。这方面的工作可能涉及城市的宏观嗅景，以及地理特征或气象条件等重要背景气味，以及城市内的其他重要气味的识别。为识别上述气味，城市公职人员需要了解地方社区居民和其他重要利益攸关者的意见，这与场地特定评估和设计阶段的做法相同。相关的指导方针中应说明城市监管部门在街区纠纷或气味投诉方面所持立场：比如城市监管部门是否认为新搬到一个区域或长期住在这个区域内的居民有足够的理由对附近长期存在的气味来源提出投诉，以及具体的限制条件应当如何规定？城市监管部门将如何评估城市内现有或拟设立气味来源发出的气味？城市监管部门是否将上述气味来源为整个社区带来的利益纳入了考虑？如就业机会、产品、购买食物和饮品的便捷性、交通设施或地方可识别性、场所特色，或气味本身就能够给人带来愉悦感？

同样地，城市监管部门也可以将以上因素整合到涉及所有美学相关指导方针的总体战略文件中。总而言之，嗅觉仅仅是我们人类具有的多种感官之一。人类通过这些感官获取信息，而大脑则负责对各感官所获得的信息进行整合、分析，以形成一个总体的场所感知、体验和印象。城市监管部门如果采取这种方法，就必须清楚地了解自身对以上各项因素所持立场，并让利益攸关者也对此有一个清楚的认识。因为如果没有利益攸关者的参与，我们就无法保护现有嗅景中的重要特征，也无法提升将来的城市嗅景质量。

格拉斯镇领导人显然已经制定了一套计划。但和大多数其他城镇不同，这项计划倡导大范围使用人们在城市生活中每天都能闻到的各种气味。在格拉斯镇的部分区域，嗅景的管理和设计可以说非常用心。而在其他一些区域，和环境特质的其他方面相比，气味就显得无足轻重了。在下面的内容中，我将大致介绍城市嗅景设计过程，并提出一些可帮助城市领导人和建筑环境从业人员更好地实施城市嗅景设计的工具。

10.4　城市嗅景设计过程和工具

正如我在前文中所述，城市嗅景设计是一项相对复杂的工作。此外，由于当代建筑环境实践中，视觉效果被放在了极为重要的位置，嗅景设计尚未得到普及。因此，通过建立一个包含多种城市嗅景设计方法和城市嗅景工具识别方法的模型，可有效引导城市嗅景设计工作。

接下来要介绍的这种城市嗅景设计过程包含城市嗅景设计中的四个阶段（图10-5）。实际上，这四个阶段就是对蒂皮特（Tippett，2007：19）等人对环境和空间规划过程的概念重建，其目的是实现可持续发展。下面，我将对这四个阶段逐一进行详细介绍。各个阶段之间存在相互联系。在开展某一阶段的工作时，需要反复参考前一个或多个阶段的内容，比如在设计开发过程中征求利益攸关者的意见时。嗅景设计过程并不是一个独立的方案，而是一个

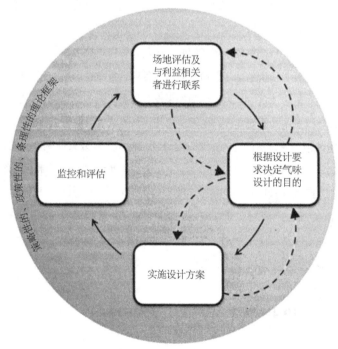

图 10-5　城市嗅景设计过程

循环反复的过程。这样才能为将来方案的设计和实施获得更多的有用信息。

10.4.1　场地评估和利益攸关者参与

大多数情况下，通过进行有利益攸关者参与的城市场地研究，我们就能够了解在任何场所在不同的时间点能闻到的气味。由于气味感知受个体因素、社会因素和文化因素的影响，且与场所环境之间存在密切关系，因此，在进行城市嗅景设计之前，我们必须充分了解场所内存在的具有重要意义的气味，以及人们对这些气味的不同感知。细致、充分的嗅景评估可以和其他的场地感官评估工作分开进行，比如可以针对特定场地嗅景改良进行专门的嗅景评估。但在多数情况下，我们需要将嗅景评估和场地的其他评估项目合并进行，以完成多感官评估工作。因为只有通过这种方式，我们才能制定出一套真正的城市设计协同感官做法。

不论是以独立评估的形式进行，还是与其他感官信息评估同时进行，场地的嗅觉评估都要实现以下三个重要目标：对现有环境和相关的感知和体验进行评估；对区域的总体环境和历史气味参考信息进行深入分析；通过提出设想，以及将场地嗅景与宏观城市总体规划和战略工作联系起来，探讨将来场地嗅景设计的可行方案。通过开展关于特定场地的案头研究，比如仔细浏览官方记录和战略文件资料，我们可以了解相关的背景信息，比如场地的空气质量数据、公众媒体发表的评论，包括地方和地区性平面媒体和电子媒体及博客等。通过这些渠道，我们可以了解人们对这个场地的不同感知。这个场地有什么历史背景？是否有相关文件资料记载了这个场地和气味的关系？区域内是否有已知的气味来源，或者过去是否有气味来源？这个场地在总体城市战略计划中处于哪个位置？扮演着什么样的角色？该区域属于多功能区域、主要商业区域还是休闲娱乐场所？场地周边有什么其他场地？这些其他场地在过去对当前场地起到了什么样的作用？在将来的城市形象中又能起到什么样的作用？

在这个阶段的初期，建筑环境从业人员应对场地进行考察，并对区域和环境进行评估。在感官研究和设计这一新兴领域之外的其他领域，目前已经

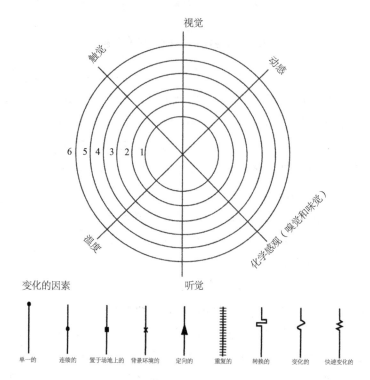

图 10-6　感官标记工具：雷达图（Lucas 等，2009）

有了可用于合并其他感官的感知结果记录场地气味特征的工具。比如，马尔纳尔和沃德瓦尔卡（2004）就将气味看作是"感官游标"的一个方面，并提出，气味具有强烈的直接性、偶然性或环绕性。这一感官游标为独立评估人员提供了一种可用于记录区域内气味强度的工具，以确定这种气味是否是该空间所特有的，以及这种气味是暂时存在还是持续存在的。卢卡斯（2009；卢卡斯等，2009；卢卡斯，罗米采斯，2010）引入了一种用于分析气味临时特征的感官标记工具（图 10-6）。该工具还能帮助评估人员对评估过程中发现的处于重要位置的不同感官信息形式进行评估。比如，如果通过某种特定感官功能获取的感官信息占据了主导地位，则可以将这一感官信息视为重要信息；而那些没有占据主导地位的感官信息则被归类为次要信息。该模型遵循吉布森（Gisbon）（1966）在将嗅觉和味觉刺激合并到"化学刺激"类别时提出的传统理念。

在使用这些工具时，我们需要对场地内一个或多个特定点进行标记。在进行感官漫步时，我使用移动评估法进行了试验，即对通过不同感官功能感知到的刺激物进行评估。图10-7所示为我于2010年在唐卡斯特完成一段定性感官漫步后进行的类似评估。

在评估特定时间点的感觉景观方面，或从个体感知或群体共同感知的角度进行评估方面，这种工具能取得良好的效果。但是如果要把这种工具独立地用于总体设计目的中的气味和感官环境评估，又未免显得太过简单。因为这种工具没有考虑到嗅觉感知和差异的复杂性，认为嗅觉感知是一成不变，不受环境因素和历史因素影响的。但是，这种方法确实可以帮助我们了解不同感觉之间的联系，同时也可以被看作一种简单且便于使用的工具。建筑环境从业人员可以使用这种工具进行感官体验的场地评估，包括嗅觉的场地评估。

人们对城市嗅景感知存在个体差异，且构成不同的城市嗅景的气味也有所不同。因此，在进行现场评估时，我们需要各方面的利益攸关者和潜在使用者的参与。如果所涉及的场地是一个公共城市空间，这就说明场地的服务对象包含多个群体。在进行场地评估时，就需要各个年龄段、性别、阶层和种族，以及吸烟习惯的人的共同参与。利益攸关者参与的组织负责人还可以鼓励特殊利益群体参与到场地评估中，比如患有呼吸系统疾病的

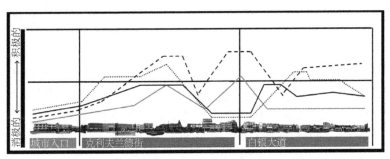

······声觉审美   ——嗅觉审美   - - -视觉审美   ——肌理/材料

图10-7 唐卡斯特各场地的感官体验评分

人，或对特定区域内的气味感到不满的人。从业人员在对城市中的不同区域或街区的嗅觉组成要素进行评估时，嗅觉漫步不失为一种理想的方法。此外，这种方法的具体实施过程视场地的具体情况而定。这一点跟 Enquiry by Design 和 Planning for Real 等其他已经广泛使用的场地评估方法相似。通过这类方法可以收集不同利益攸关者的意见，并以各种方式，使用地图、模型和标识等让人们表达出他们对特定区域的感知、担心或期待。蒂皮特等人（2007）对各种用于鼓励利益攸关者参与到规划和设计过程中的方法进行了总结和评论。

如果人们仅仅是从记忆中获取信息，而不是通过进行现场评估获取信息，那么关于特定场地的气味的先入之见就会非常有限。这一点从参与者在进行嗅觉漫步之前的城市环境感知就可见一斑。虽然这种先入之见确实能够从某个角度提供有用的信息，因为它至少体现了人们对不同场地的预期。但是，关于城市嗅景的记忆通常并不可信，也并不完整。通过进行现场评估，我们可以更准确地了解现场体验，以及现场存在的感官刺激和直接感知，从而获得更有价值的评估结果。我们应当鼓励各方利益攸关者单独或组团前往场地进行实地考察，并记录他们闻到的气味，以及他们对这些气味的看法。在现场考察结束后，利益攸关者应聚集到一起，并将他们所闻到的气味标注在平面图上。他们也可以使用文字或图形将可能的气味来源标注在平面图上，并用文字或评分系统表示他们是否喜欢这种气味。这里所说的评分系统可以是我在嗅觉漫步时使用的场所喜好度评分（见第4章）。还可以让利益攸关者谈论他们的体验，并就场地内的未来开发项目的优先事项与其他利益攸关者进行探讨。关于涉及感官的场地评估的一个有趣的例子，是思韦茨（Thwaites）和西姆金斯（Simkins，2007，2010）在开展试验性景观相关工作时想出的一个方法。在此方法中，利益攸关者被要求对他们所在的场地进行评估，并通过区分"他们的""我们的"和"我自己的"，表达他们对这个场地将来的期待。

使用新的技术不仅有助于收集更多的场地相关信息，还可以促进不同参与者之间的探讨。通过鼓励利益参与者参与到场地评估中，建筑环境从业人员可以制定更符合具体场地或场所的背景条件的气味目标。

10.4.2 在设计纲要中确定气味目标和设定

想要制定合理的气味目标，并将这些目标整合到设计纲要中，我们就必须通过场地评估和利益攸关者参与获得场地相关的详细信息。根据通过综合性的场地评估获得的感知信息和环境信息，我们可以识别出对给定场所内的地方社区和区域使用者来说具有深远意义，且为他们所接受的气味。借助将来的城市嗅景设计和管理活动，这些气味有助于保存或增强场所特色，为与地方气味敏感度相关的决策提供指引，并从一定程度上减少人们对嗅觉操纵的担忧。

这样一来，建筑环境从业人员就能够与地方利益攸关者保持长期的合作关系，以确定合理的目标。并且，这样可以在不破坏地方场所感的前提下，完成方案，达到环境行动的总体目标。

具体措施包括建设康复性环境，为人们提供更多的休闲场所；利用气味在多文化街区内起到标识性作用；或其他旨在保护现有历史区域特征和组成部分的人性化措施。因此，通过确定与气味相关的设计目标，利益攸关者关于场地期待的沟通就会更加顺畅，也更容易达成一致。此外，规划和设计工作也会变得更加简单。

10.4.3 设计并实施方案

将已确定的气味目标整合到总体设计纲要中之后，建筑环境从业人员就需要着手规划，考虑如何将设计转化为现实的方法了。这个问题实际上并不简单，因为这需要设计者摒弃传统思维方式。仔细思考嗅觉的适应和习惯特性所带来的一系列问题之后，我们就能理解插入式空气净化器背后的基本原理。插入式空气净化器能每隔 15 ~ 20min 在三种气味之间进行一次切换，使客户在家中就能闻到不同的气味。在城市环境中进行嗅景设计时，设计者也会面临同样的问题。设计团队在设计开发和实施的整个过程中，在制定相关决策时，都应将这个问题纳入考虑。

　　苏泽尔·巴莱兹（Suzel Balez）在法国进行室内嗅景体验研究工作期间，就建立了一种从一个全新角度思考气味设计的有用工具。巴莱兹（2001）也进行了类似的嗅觉漫步，但选择的环境则是购物商场等密闭环境。根据人们的气味感知，巴莱兹识别出了 32 种与气味体验和设计相关的气味"作用"。关于这些气味作用的总结请见巴莱兹（2002）。这些作用有的与嗅觉特征和空气质量有关，还有的则与人们在闻到气味后的行为和判断有关。其中，最引人注意的是巴莱兹所描述的与环境特征和空气流动相关的气味作用。我将在后文中引用巴莱兹的相关研究结果，但会作一定的改动。

　　一个场地的历史和属性都会对人们对这个区域的嗅景预期造成影响。设计师可以巧妙地利用这一现象，让人们在到达一个场地之前，产生期待效应。设计者可以考虑使用其他的感官途径强化这一效果，比如使用极具创意的路标、相关的声音，使用特殊质地或带有特殊花纹的地板等。人们在进入一个空间时，会产生"入口"效应。从嗅觉的角度上讲，这可能与这个空间的特定出入口的某些气味类别有关。

　　如果某个空间被用于特定的目的，那么这个空间的入口就很容易确定。但是，更常见的情况是，一个空间通常会有多个入口，且通常情况下出口和入口实际上在同一个地方。这样一来就可以同时产生离开效应。设计者可以为不同的入口设定不同的优先事项或特征，以确定适用于这些区域的气味设计方法。此外，当人们进入某个区域或从某个区域经过时，都会产生一种过渡效应。这种过渡效应在很大程度上取决于个体对这种气味的态度，而不是气味源本身（不论是体味还是香水的气味）。就如人们来自一个完全不同的区域时，他们对设计的新环境中的气味很可能会变得十分警觉，却也更容易接受新的气味。但是，如果新设计场地内的气味和周边区域的气味十分相似，那么从这里路过的人们可能根本不会注意到这里的嗅觉环境。然而，这正是某些方案想要达到的气味目的。

　　在场地区域内，人、空气和物品在整个空间内的移动都可能会对最终形成的嗅景造成重大影响。一个场地内的人、空气和物品本身具有一定的气味，比如香水、香烟或从其他区域带来的气味；此外，他们在移动时就会对场地内的气味造成搅动，并在身后产生能够被其他人感受到的唤醒效应。如果空气是静止不动的，则又会对气味产生一种静态效应。但空气流动又会产生中和效应，即气味被稀释到一个人类嗅觉无法探测到的浓度。此外，空气流动还可能产生扩散效应，可逐渐降低气味浓度，将气味从一个固定的地方扩散到其他地方。气味可能产生弥漫效应，即主导整个区域内全部或部分的嗅景；也可能产生浸渍效应，即附着到在空间内停留或经过空间的物体或材料上，比如当我们从一个密闭区域内的香烟烟雾中穿过时。气味在被释放时，可能产生爆发效应，即气味在一瞬间就被喷发出来。气味也可以逐渐累积或消散，这种现象被称为渐强效应或渐弱效应。也有一些气味本身就属于特定的场所。这类气味可以是独立的气味，也可以是多种气味的混合体，但都具有独特的品质或强度，因此可以构成一个场所的味标。这种现象被称为标识效应。

设计者可以将以上效应用在城市嗅景的不同嗅觉组成部分的空间含义规划中。设计者也可以借用以上术语来表达他们的意图，并根据气味目标和气味来源的性质，将它们应用到各个设计方案中。实际上，在这里我们有必要反过来探讨气味来源，因为气味效应为我们提供了构建和规划想法的方法和语言。但是，特定场所的嗅景则取决于气味成分本身。气味能够与其他环境因素合并，并为人们所察觉。

设计者在选择和实施设计效果时，可以参考场地评估以及利益攸关者的意见。同时，设计者也应该考虑该区域人们普遍的气味敏感度。在此过程中，设计者可考虑与气味的空间和时间隔离相关的问题和方法，根据气味来源对气味的隔离或合并进行细致研究，从而获得理想的气味效果。也可对场地内现有或拟使用的除味方法进行细致研究，以确定应对这类方法进行强化，还是弱化，或保持当前状态，或将其瞄准场地范围内的特定区域，比如定期对巷道或楼梯间进行清洁。设计者可检查场地内存在的掩盖效应的合理性，比如检测汽车尾气水平。同时，设计者还可考虑是否应当采用弱化掩盖效应的措施。最后，设计者可对场地内现有气味调节措施的合理性进行分析，并根据方案目标决定是否可在场地内引入新的气味。如果场地内现有的气味调节做法适合该场地，设计者则需要确定这些气味的性质。设计者可考虑在方案中引入种植植物等气味调节做法，或尝试将特定类别的商家吸引到某个区域内，比如售卖食物、饮品或其他商品的街头摊贩。

和总体可持续设计实践相同，城市嗅景设计也要求设计者能够将场地的持续维护纳入考虑，并在第一时间就给出一个实体方案。如果气味组成部分不断增长，是否需要加以抑制或洒水？现行的清洁体制对特定的区域意味着什么？如果安装在墙上的烟头处理装置反复被人为破坏，是否可以将其轻松更换？如果使用了合成气味，那么应当采取何种方式在场地内释放这种气味？相关的设备是否需要维护？气味是否需要替换或更换？

值得注意的是，相对于其他设计形式，如视觉设计和城市声景设计，与室外城市环境、室内空间或大型娱乐场所相关的气味设计目前仍处于初级阶段。相关的技术尚未成熟，比如在某些城镇的公交车站用于促进气味调节的技术。因此，这些技术还没有达到其他感官所对应的技术的高度。但是，这个世界无时无刻不在发生着变化，我相信，在不久的将来，城市嗅景设计者们就可以使用相关技术创建试验性的气味环境。需要特别注意几个方面的问题，比如与场地存在一定关系的气味成分之间的平衡，如植被、材料、食物和地理特征；这些场所的流动性和变化性，如区域内的新迁入移民带来的特定气味；以及地方嗅景被从其他地方提取的合成气味覆盖的风险。

10.4.4 监控和评估

"供应增加，需求也会增加；反之，需求增加也会导致供应的增加。在任何时候，人们都在学习新的事物。人们一直都在探寻着从美学角度上讲可行的人们所喜爱的事物。在不断了解新事物的过程中，人们的品位也会发生变化。"（波斯特莱尔，2003: 55）

波斯特莱尔在关于当代美学设计、社会和市场之间关系的评论中阐述了个体在接触新产品、陌生人、陌生的场所和想法时会出现的"棘轮"效应。这种现象与城市嗅景设计多方面相关，不仅是有关建筑环境从业人员对于在日常实践中采纳嗅景设计的看法。目前，可以体现气味对城市环境体验产生积极作用的例子少之又少。虽然格拉斯的香水喷泉可能无法迎合每个人的品位,但至少为人们提供了一个实例,让人们知道原来我们可以从更具前瞻性的角度来思考城市中存在的气味。其他方案的实施、监控和推广也可以在城市嗅景设计常规化方面起到一定的推动作用,从而使城市嗅景设计成为总体城市设计实践的重要组成部分。

但是,上面所提到的"棘轮"效应也带来了一个潜在的危险:当人们慢慢习惯了各种新技术时,他们就会需要更多、更细致的城市嗅景设计和控制的方法。久而久之,就可能产生两个截然相反的结果:一方面,人们会在环境中越来越多地使用合成气味,而这样一来,存在呼吸系统疾病、其他健康问题或敏感问题的人就会对这样的环境望而却步;另一方面,将人们的注意力转移到嗅觉控制实践之后,人们可能会对环境采取进一步的除味措施。目前,这一现象在加拿大和美国的部分地区非常普遍,因为这些地区存在较为严重的过敏问题。简而言之,环境敏感问题日益严重也正是"棘轮"效应的客观反映。人们对环境卫生的要求越来越高,因此,越来越多的人都希望可以去除环境中的所有气味。从一个较为乐观的角度来看,对城市嗅景设计需求增加势必会刺激相关新技术和知识的研究开发,从而为方案实施提供帮助。这样一来,人们就可以从各种各样的气味释放和管理方案中进行选择。

因此,对于那些将气味纳入考虑,或尝试使用气味的项目,其实施过程也可以为从业人员提供城市嗅景设计和实施相关的更多知识和信息。

此外,通过这类项目的实施,从业人员还能监控项目对城市居民的生理和心理健康造成的总体影响。比如与数量或质量相关的数据的收集。如果在方案实施以前就能收集数据,或就有现成的可用数据,则评估的意义将大大提升,从而为总体影响和方案所涉及问题的严格调查提供帮助。从业人员可将从中学习到的知识和经验在全市范围甚至更大的范围内传播和分享。比如,我在第8章中着重讲解了气味在恢复性环境体验中起到的重要作用。只有通过进一步的研究,包括方案实施后的监控和更广泛的评估,我们才能对气味在身体康复方面起到的作用有一个更深入的理解。

值得注意的是,进行方案实施后评估还有其他几个实用的目的,包括检验是否达到了方案所预期的嗅觉目标,以及使环境满足在设计阶段确定的当地利益攸关者和区域使用者的需求和要求。

10.5　结论

如前文所述，气味在城市场所感知中起到了十分重要的作用。此外，气味除了会对人们对区域的感知造成影响外，还能与基于场所的预期相互作用。通过深入研究气味和场所之间的关系以及气味对场所的意义，我们更加透彻地了解了气味在创造场所感中的作用，并努力去思考结合气味的设计的真正含义。与此同时，我们也发现一些人错误地认为气味设计具有操纵性，甚至认为气味能够颠覆人们的理性思维和决策制定。关于气味能够影响人们的情绪状态的说法，我们进行了论证。然而，事实证明嗅觉并不能影响我们的理性思维，更不能让我们做出任何不自主的行为，相反，气味还能从多个方面增强人们的场所体验。

但是，气味感知存在个体差异。因此，在进行城市嗅景设计时，除了设计团队外，还需要将其他群体的观点纳入考虑。在理想条件下，设计中应考虑大部分利益攸关者对该场所的感知。特别是，在处理公共空间的时候，设计者更应该考虑如何平衡不同使用者的感知。我们可以在城市嗅景设计中合理地安排设计元素，进一步探索可供设计者们使用的方法和工具，并对现有的做法进行调整。通过这些方式，设计者们能够有效地保证地方性的气味不被其他气味覆盖，取代或是被去除，同时增加气味给人们带来的愉悦感。

11

结论

"伦敦的喧嚣不仅体现在视觉上，还体现在空间和其他方面……比如人们手上拿着的食物的气味……噪声和音乐……还有公路上的车流……在这样嘈杂的氛围中，气味也起到了很重要的作用。如果没有气味，这种感官刺激不会如此强烈。"（D09）

气味在商品、服务和商业环境设计中扮演着越来越重要的角色。在未来数年里，气味势必会以商业气味调节活动等形态在城市中大大小小的街道上涌现。仅在过去12个月的时间里，英国媒体至少报道了3起覆盖全英国的室外加香公交车站广告运动。这种运用气味进行商品推广的做法，很可能在当地甚至全国的私营或者公共领域持续增加。总部位于美国的气味营销机构总裁哈罗德·沃格特（Harold Vogt）称，商业气味调节做法的市值在2008年已经达到了1亿美元。他预测此行业的市值在10年内将达到10亿美元（Herz，2008）。

但是，现有的城市嗅景并不是一张白纸。除了气味调节广告外，城市中还有其他的气味。在某些情况下，城镇以及城镇内的各个区域都具有一般城市所拥有的气味，比如污染物、废弃物和油腻食物的气味，以及植物、食物、饮料和市场等受到人们普遍喜爱的气味。城市当然不是一个无菌的静态环境，而城市中的气味也并没有因为各种气味控制措施和设计实践被完全清除。相反，城市是一个有着各种不同气味的地方。这些气味中，大多数气味都不是特定的场所、街区或城市所特有的，在全世界的所有城市几乎都能闻到这些气味。但是，一个地方的气味组合和强度则会与其他地方有所不同，具有一定的独特性。在这里，我要对这一独特的组合理念进行进一步扩展：我认为，这种独特的组合还包含了除嗅觉之外的其他感官感受。我们可以将一个场所的气味概念化，把它们当作香水的各个成分。假设一款香水共由 20 种不同的成分组成，如果有人尝试用完全相同的成分复制这款香水，会很难取得成功，因为他并不知道每种成分在香水中所占的比重是多少。这个道理也同样适用于城市嗅景。不论是气味的组合本身，还是我们的气味感受器的运转，都遵循独特的模式。我们的大脑会自动识别这种模式，并将其与特定的场所相联系。

在某些情况下，我们可以重现记忆中与特定的场所、人或事物相关的色彩和景色。有时候我们仅仅依靠关于一个地方的回忆，就几乎可以感受到炽热的阳光和冬天凛冽的寒风，品尝到食物的美味，听到动人的歌声。但是，只有关于气味的回忆会深深地印在我们的大脑里，经久不忘。正因如此，我们旧地重游时会很容易想起这个地方的气味；如果因为种种原因我们没有闻到这种气味，我们就会感到若有所失。就像阿舍森（Ascherson，2007）回忆道：

"前民主德国在 1990 年从世界地图上永远消失了……但这个地方曾经拥有一种独特的原生态气味。这是一种人们使用的清洁液、两冲程汽油机、褐煤球和廉价烟草的气味相互混合产生的一种刺鼻的臭味……我怎么都无法接受再也闻不到这种气味的事实。过去每次闻到这种气味我就知道来到了'Stasiland'，而不是地球上的其他任何地方。这个有着 1700 万人口、30 万秘密警察或告密者和 500 万份个人档案的共和国怎么可能刹那间凭空消失了，甚至没有留下丝毫的痕迹？"

关于气味的记忆包含了我们过去的种种，我们曾经去过、生活过和爱过的地方，遇见过的朋友。如果我们习惯了我们每天都能闻到的某个场所的气味，我们就可能注意不到这种气味。但如果有一天我们又来到这个地方，却没有闻到这种气味，我们很快就会发现这种气味消失了。因此，气味虽然会引起各种问题，需要城市领导人和建筑环境从业人员采取相应的措施和做法对城市嗅景进行设计和管理。但是，气味也会增加人们对空间使用的愉悦度，需要保护有意义的城市气味，利用现有嗅景建设有识别度的场所。

　　我们深入探讨了英国各个城市和其他国家的城市内的气味体验和感知，并提到了建筑环境中的各种嗅觉元素。这些嗅觉元素中，有极为好闻的，也有难闻至极的，比如收费吸烟室、散发着恶臭的垃圾桶、散发着香气的公交车站、加香的停车场、香水喷泉和弹出式小便斗。如果有人认为现有的城市管理和设计实践已经完全摒弃了所有气味，那就大错特错了。城市嗅景并不是一成不变的，也并没有衰落；相反，城市嗅景无时无刻不在发生着变化。

　　构成城市嗅景的因素是多方面的，这些因素中大多数都不属于气味管理或设计活动的直接目的或规划范围，而是其他活动产生的嗅觉残留物。这种嗅觉残留物受时间、空间和文化等多方面因素的影响。比如，城市健康政策的出台、商业许可法的变更、夜间经济的发展、公共厕所的封闭，以及禁止在密闭公共场所吸烟等法令的实施，均对城市嗅景造成了一定的影响。

　　香烟烟雾、垃圾、溢出酒精、呕吐物和尿液等现有气味出现的地点和浓度都发生了变化。因此，气味控制体制通常体现为气味隔离、除味、掩盖和气味调节。这些做法的目的不外乎去除、控制或者掩盖某些气味，以及在相同的地方引入其他气味。但是，由于人们对哪些气味属于"芳香"气味，哪些又属于"恶臭"气味的看法存在强烈的个体差异，在某些情况下，以上这几种做法所依赖的关于我们应当去除或添加哪些气味的假定条件可能并不成立。即使是遭到人们普遍抵触的气味都有可能为城市设计中的积极的方面作出贡献，比如城市的可识别性。同样地，如果一种受人们普遍喜爱的气味出现在了不该出现的地方，则也会对这个地方的场所体验造成负面影响。因此，如果设计者们仅仅简单地去除难闻的气味，并用好闻的气味予以替代的话，就会引发一系列严重的问题。比如在设计过程中，我们应当以哪个群体的看法为准？此外，对于许多城市嗅景来说，这种做法还很可能会破坏嗅景的多样性和独特性，进而降低场所体验和感知。

　　在我踏上全球城市的嗅觉探索之旅之初，我总是担心如果我只注重嗅景体验的话，就会把气味和其他感官体验硬生生地拆分开。这也是许多设计条例饱受诟病的原因：它们将城市的视觉效果放在了其他感官功能之前。我从一些有丰富的从业经验的同事那里征求了一些意见。他们指出，城市的感官设计必须基于人们在城市中全面的、详细的体验和感受。所以，我们必须对各个感官感知的独特性和不同反应，以及它们之间的相互作用有一个更加深入、透彻的了解。正如在城市声景相关的研究工作中，布朗（Brown，2011：13）指出："专家们总是试图将环境拆分为若干个组成部分，但实际上人们的体验是由整个环境的方方面面构成的。"

关于城市视觉特征的研究项目比比皆是。当下，与城市中灯光和色彩的使用相关的研究更是如火如荼。实际上，几年以前，我也是在查尔斯·兰德里关于色彩的研究项目的激发下决定对嗅觉环境进行进一步研究（兰德里，2006，2008）。与声学相关的研究为开展各类高端城市声景体验和设计研究奠定了学科基础。目前，已经有许多引人注目的试验方案正在全世界多个城市实施（阿克塞尔松，2011）。除声学外，与这门学科密切相关的环境中的振动体验也是人们争相探索的领域，研究重点就是环境烦扰。

虽然大多数的这类研究采用的都是定量的方法，比如测量声贝，分析声贝与参与者的烦扰度评分的相关性进行定量分析（参见康蒂和布朗在2009年的研究项目）。越来越多的人开始担心能源消耗和能源保护的问题，加之全球气候变化和室外环境中的城市热岛问题日益严重，以室内或室外空间热体验或"热舒适"为研究重点的研究项目和课题受到了人们的普遍关注（尼科洛普卢，2003，2004；尼科洛普卢等，2001；尼科洛普卢，莱科迪斯，2007）。

但是，正如我在本书一开始所指出的，与城市嗅景体验和设计相关的知识非常有限。当下有的几个相关项目也都用法语写成，而非英语。我在本书中引用了从其他角度谈及气味的研究项目，比如比克斯塔夫和沃克（2001，2003）完成的空气质量评估，或24小时城市体验中的气味因素（亚当斯等，2009）。但是，要想将理论转化为实践，现有的相关文献资料还远远不够。我在城市嗅景部门对这一问题的解决方案进行了探讨，以期为建筑环境从业人员提供在面对城市中气味设计所带来的问题和机遇时所需的信息和必要的指引。为此，我借鉴了横跨多个学科的研究结果，比如与康复性环境和环境设计中利益攸关者的参与方面相关的研究工作。我对城市嗅景体验进行了深入的探讨，并确定了多种嗅觉控制方法，此外还对城市嗅景方案制定、设计和实施组织过程中可使用的工具进行了大致的介绍。只有通过涉及气味或将气味纳入目标的战略下的项目的实施，我们才能制定更详细的指导方针。因此，在本书的最后部分，我必须承认书中提出的一些问题还没有得到解答，比如人们在不同类别的城市空间中会期待遭遇什么样的感官组合？随着人们所在城市和国家的不同，这个问题的答案又是如何？

但是，有几个观点我十分确定。首先，气味在城市环境体验、感知和场所地域性方面都扮演着重要角色。人们应当在总体城市设计和城市管理实践中将气味纳入考虑。其次，人们对气味的感知存在明显的个体差异，负责城市嗅景的设计者应在实施新的方案和项目之前，理清区域内气味和场地之间的关系。最后，嗅景仅仅是场所体验的其中一个感官维度。因此，在制定设计方案时，设计者不仅需要注意气味本身，还应当注意气味与其他感官信息之间的相互作用，如一个区域内的人们对声音、质感、景色、温度的体验以及味觉感受。只有这样，设计师们才能为人们设计出更加人性化的场所。

术语表

适应性 （Adaptation）	在首次探测到某种气味之后嗅觉细胞对这种气味的敏感度会降低
嗅觉丧失症（Anosmia）	暂时或者永久性的丧失嗅觉
嗅觉缺失者（Anosmic）	丧失嗅觉的人
AQMA	空气质量检测区域
BME	黑人少数族裔
建成环境专业人士（Built enviroment professionals）	包括城市管理者，规划师，建筑师，常识设计师，工程师及环境健康工作人员
化学感官（Chemical senses）	通常用阿里描述味觉，嗅觉及触觉
DEFRA	英国环境、食品及农业相关事务部
DMBC	唐卡斯特大都会地方议会
EPSRC	工程及物理科学研究评审会
习惯性（Habituation）	潜意识的调整对熟悉气味的评价认为没有明显的影响或者可以忽略
触觉（Haptic）	跟触觉相关的方面，其中也包含环境里面能通过触摸感知（包含震动跟温度）的元素
嗅觉（Olfactory）	生理上的嗅觉感知系统及气味相关的物体及人的特性
ONS	英国国家数据办公室
PM_{10}	颗粒物直径为 $10\mu m$ 以下
敏感度（Sensitivity）	由气味感知引起的生理，情感或行为上的反应，可好可坏
气味接收器 （Smell receptors）	连接嗅觉神经，提供气味探知的首要途径
气味感知 （Smell perception）	包含气味探知及心理感受
气味记号（Smellmark）	跟地标和声音记号一样的概念
嗅景（Smellscape）	气味景观的总和，包含单独的气味，混合的气味及环境气味
三叉神经（Trigeminal）	在面部的感知神经。嗅觉神经末梢连接在三叉神经上，能感知微量的气味，产生身体反应
VOC_s	挥发性有机化合物

参考文献

Adams, M., Moore, G., Cox, T.J., Croxford, B., Refaee, M., and Sharples, S. (2007) 'The 24-Hour City: Residents' Sensorial Experiences', *The Senses and Society*, 02 (2): 201–215.

Adams, M.D. and Askins, K. (2009) *Sensewalking: Sensory Walking Methods for Social Scientists*, available at: http://www.iaps-association.org/blog/2008/12/19/sensewalking-sensory-walking-methods-for-social-scientists/ (accessed 11 May 2013).

Adams, M.D., Cox, T.J., Croxford, B., Moore, G., Sharples, S., and Rafaee, M. (2009) 'The Sensory City', in R. Cooper, G.W. Evans and C. Boyko (eds), *Designing Sustainable Cities*, Chichester: Wiley-Blackwell.

Aggleton, J.P. and Waskett, L. (1999) 'The Ability of Odours to Serve as State-Dependent Cues for Real-World Memories: Can Viking Smells Aid the Recall of Viking Experiences?', *British Journal of Psychology*, 90 (1): 1–7.

Ascherson, N. (2007) 'Beware, the Walls have Ears', London: *The Observer*.

ASEAN (2008) *The ASEAN Charter*, The ASEAN Secretariat, Jakarta, Indonesia (First published December 2007).

Atkinson, R. (2003) 'Domestication by Cappuccino or a Revenge on Urban Space? Control and Empowerment in the Management of Public Spaces', *Urban Studies*, 40 (9): 1829–1843.

Axelsson, Ö. (ed.). (2011) *Designing Soundscape for Sustainable Urban Development*, Stockholm, Sweden, available online: http://www.decorumcommunications.se/pdf/designing-soundscape-for-sustainable-urban-development.pdf.

Barbara, A. and Perliss, A. (2006) *Invisible Architecture – Experiencing Places through the Sense of Smell*, Milan: Skira.

Balez, S. (2001) *Characterisation of an Existing Building according to Olfactory Parameters*, PhD Thesis, The Graduate School of Architecture, Grenoble, France.

Balez, S. (2002) *Characterisation of an Existing Building According to Olfactory Parameters*, The Graduate School of Architecture, Grenoble, France.

Baron, R.A. (1983) 'The Sweet Smell of Success? The Impact of Pleasant Artificial Scents on Evaluation of Job Applicants', *Journal of Applied Psychology*, 68: 709–713.

Baron, R.A. (1997) 'The Sweet Smell of Helping: Effects of Pleasant Ambient Fragrance on Prosocial Behavior in Shopping Malls', *Personality and Social Psychology Bulletin*, 23: 498–503.

Baumbach, G., Vogt, U., Hein, K.R.G., Oluwole, A.F., Ogunsola, O.J., Olaniyi, H.B. and Akeredolu, F.A. (1995) 'Air Pollution in a Large Tropical City with a High Traffic Density: Results of Measurements in Lagos, Nigeria', *Science of the Total Environment*, 169 (1–3): 25–31.

BBC (2002) 'Smoking Ban on Tokyo's Streets', available at: http://news.bbc.co.uk/1/hi/world/asia-pacific/2292007.stm (accessed 28 March 2011).

BBC (2004) 'History of Manchester's Chinatown', Manchester, available at: http://www. bbc.co.uk/manchester/chinatown/2004/01/history.shtml (accessed 3 August 2010).

BBC (2007a) 'Chinese Sniffers to Hunt Fumes', BBC News World (20 June).

BBC (2007b) 'New Yorkers Puzzled by Smell', available at: http://news.bbc.co.uk/1/hi/ world/americas/6243165.stm (accessed 29 April 2008).

BBC (2008a) 'What Does the Stink Smell Of?' News Broadcast, UK, available at: http:// news.bbc.co.uk/1/hi/uk/7355574.stm (accessed 23 April 2008).

BBC (2008b) 'Unintended Consequences of the Smoking Ban', BBC News, available at: http://news.bbc.co.uk/1/hi/magazine/7483057.stm (accessed 3 July 2008).

BBC (2009) 'NCPs to come up Smelling of Roses', available at: http://news.bbc.co.uk/1/hi/ uk/7967251.stm (accessed 21 April 2009).

BBC (2011a) 'Are Public Toilets Going Down the Pan?' London (9 March).

BBC (2011b) 'Tetley's Closes Leeds Brewery Landmark', available at: http://www.bbc.co. uk/news/uk-england-leeds-13768975 (accessed 13 July 2011).

BBC Radio 4 (2009) 'Who Knows What The Dog's Nose Knows?' London, available at: http://www.bbc.co.uk/pressoffice/proginfo/radio/2009/wk5/tue.shtml (accessed 3 February 2009).

Bell, D. (1996) The Cultural Contradictions of Gratification, 2nd edn, New York: Basic Books.

Bell, D. (2008) 'Two Views of Outside in British City Centres', Urban Design 108: 24–27.

Bendix, J. (2000) 'A Fog Monitoring Scheme Based on MSG Data', presented at The First MSG RAO Workshop, CNR, Bologna, Italy: European Space Agency.

Bentley, I., Alcock, A., Murrain, P., McGlynn, S. and Smith, G. (eds) (1985) Responsive Environments, Oxford: Architectural Press.

Berrigan, C. (2006) 'The Smelling Committee', New York, available at: http://membrana.us/ smellingcommittee.html# (accessed 12 July 2008).

Bhaumik, S. (2007) 'Oxygen Supplies for India Police', BBC World News, available at: http://news.bbc.co.uk/1/hi/world/south_asia/6665803.stm (accessed 12 August 2012).

Bichard, J.A. and Hanson, J. (2009) 'Inclusive Design of 'Away from Home' Toilets', in R. Cooper, G.W. Evans and C. Boyko (eds), Designing Sustainable Environments, Chichester: Wiley-Blackwell.

Bickerstaff, K. (2004) 'Risk Perception Research: Socio-Cultural Perspectives on the Public Experience of Air Pollution', Environment International, 30 (6): 827–840.

Bickerstaff, K. and Walker, G. (2001) 'Public Understandings of Air Pollution: The Localisation of Environmental Risk', Global Environmental Change, 11 (2): 133–145.

Bickerstaff, K. and Walker, G. (2003) 'The Place(s) of Matter: Matter Out of Place – Public Understandings of Air Pollution', Progress in Human Geography, 27 (1): 45–67.

Blackett, M. (2007) 'The Smells of Toronto', in Spacing Toronto – Understanding the Urban Landscape, Toronto, available at: http://spacing.ca/wire/2007/11/29/the-smells-of-toronto/ (accessed 6 June 2008).

Bokowa, A.H. (2010) 'Review of Odour Legislation', Chemical Engineering Transactions, 23: 31–36.

Bonnes, M., Uzzell, D., Carrus, G. and Kelay, T. (2007) 'Inhabitants' and Experts' Assessments of Environmental Quality for Urban Sustainability', Journal of Social Issues, 63 (1): 59–78.

Booth, R. and Carrell, S. (2010) 'Iceland Volcano: First Came the Floods, then the Smell of Rotten Eggs', London: The Guardian.

Boring, E.G. (1942) *Sensation and Perception in the History of Experimental Psychology*, New York: Appleton-Century.

Bouchard, N. (2013) *Le Théâtre de la Mémoire Olfactive: le Pouvoir des Odeurs à Modeler notre Perception Spatio-temporelle de l'Environnement*, unpublished thesis, Université de Montréal, Canada.

Bristow, M. (2012) 'Beijing Sets 'Two Flies Only' Public Toilet Guidelines', BBC News (23 May).

Brody, S.D., Peck, B.M. and Highfield, W.E. (2004) 'Examining Localized Patterns of Air Quality Perception in Texas: A Spatial and Statistical Analysis', *Risk Analysis*, 24 (6): 1561–1574.

Brown, L. (2011) 'Acoustic Design of Outdoor Space', in Ö. Axelsson (ed.), *Designing Soundscape for Sustainable Urban Development*, Stockholm, Sweden: 13–16, available at: http://www.decorumcommunications.se/pdf/designing-soundscape-for-sustainable-urban-development.pdf

Buck, L. and Axel, R. (1991) 'A Novel Multigene Family may Encode Odorant Receptors: A Molecular Basis for Odor Recognition', *Cell*, 65: 175–187.

Burr, D. and Alais, D. (2006) 'Combining Visual and Auditory Information', in S. Martinez-Conde, L.M. Martinez, P.U. Tse, S. Macknik and J.M. Alonso, (eds), *Visual Perception Part 2: Fundamentals of Awareness, Multi-Sensory Integration and High-Order Perception*, Oxford: Elsevier Science & Technology.

Burrows, E., Wallace, M. and Wallace, M.L. (1999) *Gotham: A History of New York City to 1898*, Oxford: Oxford University Press.

Cain, W.S. (1982) 'Odor Identification by Males and Females: Predictions vs. Performance', *Chemical Senses*, 7: 129–142.

Cain, W.S. and Drexler, M. (1974) 'Scope and Evaluation of Odor Counteraction and Masking', *Annals of the New York Academy of Sciences*, 237 (1): 427–439.

California Healthy Nail Salon Collaborative (2010) *Framing a Proactive Research Agenda to Advance Worker Health and Safety in the Nail Salon and Cosmetology Communities – Research Convening Report*, available at: http://saloncollaborative.files.wordpress.com/2009/03/collab_researchrpt_final.pdf (accessed 16 January 2013).

Carmona, M., Heath, T., Oc, T. and Tiesdell, S. (2003) *Public Places – Urban Spaces: The Dimensions of Urban Design*, Oxford: Architectural Press.

Carolan, M.S. (2008) 'When Good Smells Go Bad: A Sociohistorical Understanding of Agricultural Odor Pollution', *Environment and Planning A*, 40: 1235–1249.

Cavalini, P.M., Koeter-Kemmerling, L.G. and Pulles, M.P.J. (1991) 'Coping with Odour Annoyance and Odour Concentrations: Three field studies', *Journal of Environmental Psychology*, 11 (2): 123–142.

Chan, S. (2007) 'A Rotten Smell Raises Alarms and Questions', New York: *New York Times*, available at: http://www.nytimes.com/2007/01/09/nyregion/09smell.html?scp=4&sq=Good%20Smell%20Vanishes&st=cse (accessed 12 July 2008).

Chang, C.Y., Hammitt, W.E., Chen, P.K., Machnik, L. and Su, W.C. (2008) 'Psychophysiological Responses and Restorative Values of Natural Environments in Taiwan', *Landscape and Urban Planning*, 85 (2): 79–84.

Cheremisinoff, P. (1995) 'Work Area Hazards', in *Encyclopedia of Environmental Control Technology*, Oxford: Butterworth-Heinemann.

Chiesura, A. (2004) 'The Role of Urban Parks for the Sustainable City', *Landscape and Urban Planning*, 68 (1): 129–138.

Chiquetto, S. and Mackett, R. (1995) 'Modelling the Effects of Transport Policies on Air Pollution', *Science of the Total Environment*, 169 (1–3): 265–271.

Christiansen, F. (2003) *Chinatown, Europe: An Exploration of Overseas Chinese Identity in the 1990s*, London: Routledge.

Chudler, E.H. (2010) *Amazing Animal Senses*, available at: http://faculty.washington.edu/chudler/amaze.html (accessed 16 January 2013).

City of Montreal (1978) By-law No. 44: Air Purification.

Classen, C. (1993) *Worlds of Sense: Exploring the Senses in History and Across Cultures*, London: Routledge.

Classen, C. (1999) 'Other Ways to Wisdom: Learning through the Senses across Cultures', *International Review of Education*, 45 (3/4): 269–280.

Classen, C. (2001) 'The Senses', in P. Stearns (ed.), *Encyclopedia of European Social History*, New York: Charles Scribner's Sons.

Classen, C. (2005a) 'The Sensuous City: Urban Sensations from the Middle Ages to Modernity', in *Sensing the City: Sensuous Explorations of the Urban Landscape*. Montréal: Canadian Centre for Architecture.

Classen, C. (2005b) 'The Witch's Senses – Sensory Ideologies and Transgressive Femininities from the Renaissance to Modernity', in D. Howes (ed.), *Empire of the Senses – The Sensual Culture Reader*, Oxford: Berg.

Classen, C., Howes, D. and Synnott, A. (1994) *Aroma – The Cultural History of Smell*, New York: Routledge.

Cochran, L.S. (2004) 'Design Features to Change and/or Ameliorate Pedestrian Wind Conditions', in *ASCE Structures Congress*, Nashville, Tennessee.

Cockayne, E. (2007) *Hubbub: Filth, Noise and Stench in England, 1600–1770*, London: Yale University Press.

Cohen, Eric. (2006) 'The Broken Cycle - Smell in a Bangkok Lane', in J. Drobnick (ed.), *The Smell Culture Reader*, Oxford: Berg.

Colletti, J., Hoff, S., Thompson, J. and Tyndall, J. (2006) 'Vegetative Environmental Buffers to Mitigate Odor and Aerosol Pollutants Emitted from Poultry Production Sites', in V.P. Aneja, J. Blunden, P.A. Roelle, W.H. Schlesinger, R. Knighton, Dev Niyogi, W. Gilliam, G. Jennings, C.S. Duke (eds), Workshop on Agricultural Air Quality: State of the Science, Potomac, Maryland.

Condie, J and Brown, P. (2009) 'Using a Qualitative Approach to Explore the Human Response to Vibration in Residential Environments in the United Kingdom', *The Built & Human Environment Review*, 2(1).

Cooper, R., Evans, G.W. and Boyko, C. (eds) (2009) *Designing Sustainable Cities*, Chichester: Wiley-Blackwell.

Cornell University (2009) 'Improved Air Quality During Beijing Olympics Could Inform Pollution-curbing Policies', *Science Daily* (5 August).

Corwin, J., Loury, M. and Gilbert, A.N. (1995) 'Workplace, Age, and Sex as Mediators of Olfactory Function: Data from the National Geographic Smell Survey', *The Journals of Gerontology*, 50B (4): 179–186.

Cox, G. (2005) *The Cox Review of Creativity in Business*. London: HM Treasury, HMSO.

Cullen, G. (1961) *The Concise Townscape*, Oxford: Architectural Press.

Curren, J., Synder, C., Abrahams, S. and Seffet, I.H. (2013) 'Development of Odor Wheels for the Urban Air Environment', in *The International Water Association Specialized Conference on Odors & Air Emissions*, San Francisco, USA (4–7 March).

Daily Yomiuri Online (2012) 'Smokers Face Increased Restrictions in Tokyo', *The Daily Yomiuri*, http://www.yomiuri.co.jp/dy/national/T120725004117.htm (26 July).

Damhuis, C. (2006) 'There is More than Meets the Nose: Multidimensionality of Odor Preferences', in *A Sense of Smell Institute White Paper*: Sense of Smell Institute.

Damian, P. and Damian, K. (2006) 'Environmental Fragrancing', in J. Drobnick (ed.), *The Smell Culture Reader*, Oxford: Berg.

Dann, G. and Jacobsen J.K.S. (2002) 'Leading the Tourist by the Nose', in G. Dann (ed.), *The Tourist As a Metaphor of the Social World*, CAB International, Wallingford, UK: 209–236.

Dann, G. and Jacobsen, J.K.S. (2003) 'Tourism Smellscapes', *Tourism Geographies*, 5 (1): 3.

Davies, L. (2000) *Urban Design Compendium*, English Partnerships (ed.).

Davies, W., Adams, M.D., Bruce, N.S., Cain, R., Carlyle, A., Cusack, P., Hume, K.I., Jennings, P. and Plack, C.J. (2007) 'The Positive Soundscape Project', in *19th International Congress on Acoustics*, Madrid.

Davis, F. (1979) *Yearning for Yesterday: A Sociology of Nostalgia*, New York: The Free Press.

Day, R. (2007) 'Place and the Experience of Air Quality', *Health & Place*, 13 (1): 249–260.

DCLG (2008) *The Provision of Public Toilets – Twelfth Report of Session 2007–08*, London: HMSO.

DeBolt, D. (2007) 'Neighbors dislike smell of KFC', in *Mountain View Voice*, available at: http://www.mv-voice.com/morguepdf/2007/2007_09_14.mvv.section1.pdf (accessed 16 January 2013).

DEFRA (2002) *Air Pollution: What it Means for Your Health'*, available at: http://archive.defra.gov.uk/environment/quality/air/airquality/publications/airpoll/documents/airpollution_leaflet.pdf (accessed 16 January 2013).

DEFRA (2007a) *The Air Quality Strategy for England, Scotland, Wales and Northern Ireland*, London: HMSO.

DEFRA (2007b) *Human Response to Vibration in Residential Environments*, London: HMSO.

DEFRA (2008) *Air Pollution in the UK 2007*, DEFRA (ed.), available at: http://www.airquality.co.uk/annualreport/annualreport2007.php (accessed 16 January 2013).

DEFRA (2010) *Odour Guidance for Local Authorities*, London: HMSO, available at: www.defra.gov.uk/.../files/pb13554-local-auth-guidance-100326.pdf (accessed 16 January 2013).

Degen, M. (2008) *Sensing Cities: Regenerating Public Life in Barcelona and Manchester*. London and New York: Routledge, Taylor & Francis Group.

DePalma, A. (2005) 'Good Smell Vanishes, But It Leaves Air of Mystery', New York: *New York Times*, available online: http://www.nytimes.com/2005/10/29/nyregion/29smell.html?_r=1&scp=1&sq=Good%20Smell%20Vanishes&st=cse&oref=slogin (accessed 16 January 2013).

Desor, J.A. and Beauchamp, G.K. (1974) 'The Human Capacity to Transmit Olfactory Information', *Perception and Psychophysics*, 16: 551–556.

DETR (2000) *Our Towns and Cities: The Future – Delivering an Urban Renaissance*, London: DETR.

Devlieger, P.J. (2011) 'Blindness/City: The Local Making of Multisensorial Public Spaces', in M. Diaconu, E. Heuberger, R. Mateus-Berr and L.M. Vosicky (eds), *Senses and the City: An Interdisciplinary Approach to Urban Sensescapes*, London, Transaction Publishers: 87–98.

Diaconu, M. (2011) 'Mapping Urban Smellscapes', in M. Diaconu, E. Heuberger, R. Mateus-Berr and L.M. Vosicky (eds), *Senses and the City: An Interdisciplinary Approach to Urban Sensescapes*. London: Transaction Publishers.

Diaconu, M., Heuberger, E., Mateus-Berr, R. and Vosicky, L.M. (eds) (2011) *Senses and the City: An Interdisciplinary Approach to Urban Sensescapes*. London: Transaction Publishers.

Diamond, J., Dalton, P., Doolittle, N. and Breslin, P.A.S. (2005) 'Gender-Specific Olfactory Sensitization: Hormonal and Cognitive Influences', *Chemical Senses* 30 (1): 224–225.

Dickens, C. (1837–39) *Oliver Twist*, London: Bentley's Miscellany.

Dimoudi, A. and Nikolopoulou, M. (2003) 'Vegetation in the Urban Environment: Microclimatic Analysis and Benefits', *Energy and Buildings* 35: 69–76.

DMBC (2005) *Doncaster M.B.C. Air Quality Action Plan*, available online: http://www.doncaster.gov.uk/sections/environment/pollution/air/Air_Quality_Reports_available_to_the_public.aspx (accessed 16 January 2013).

DMBC (2008) '*Estimating and Profiling Population and Deprivation in Doncaster*', in Mayhew, L. and Harper, G. (eds), Doncaster, UK.

Dodd, G. (1856) *The Food of London: A Sketch of the Chief Varieties, Sources of Supply, Probable Quantities, Modes of Arrival, Processes of Manufacture, Suspected Adulteration, and Machinery of Distribution, of the Food for a Community of Two Millions and a Half*, London: Longman, Brown, Green and Longmans.

Doty, R.L. (2001) 'Olfaction', *Annual Review of Psychology*, 52 (1): 423.

Doty, R.L., Brugger, W.E., Jurs, P.C., Orndorff, M.A., Snyder, P.J. and Lowry, L.D. (1978) 'Intranasal Trigeminal Stimulation from Odorous Volatiles: Psychometric Responses from Anosmic and Normal Humans', *Physiology & Behaviour*, 20 (2): 175–185.

Doty, R.L., Applebaum, S., Zusho, H. and Settle R.G (1985) 'Sex Differences in Odor Identification Ability: A Cross Cultural Analysis', *Neuropsychologica*, 23: 667–672.

Douglas, M. (1966) *Purity and Danger*, London: Routledge & Kegan Paul.

Dove, R. (2008) *The Essence of Perfume*, London: Black Dog Publishing.

Doyle, K. (2008) 'Smoking Ban Increases Litter', BBC1 (09 February 2008).

Drobnick, J. (2000) 'Inhaling Passions, Art, Sex and Scent', *Sexuality & Culture* 4 (3): 37–56.

Drobnick, J. (2002) 'Toposmia: Art, Scent and Interrogations of Spatiality', *Angelaki* 7 (1): 31–46.

Drobnick, J. (ed.) (2006) *The Smell Culture Reader*, Oxford: Berg.

Elliot, R. (2003) 'Faking Nature', in A. Light and H. Rolston (eds), *Environmental Ethics*, Oxford: Blackwell Publishing.

Engen, T. (1982) *The Perception of Odors*, London: Academic Press Inc.

Engen, T. (1991) *Odor Sensation and Memory*, New York: Praeger.

English Heritage (2010) '*Understanding Place Historic Area Assessments: Principles and Practice*', available at: http://www.english-heritage.org.uk/publications/understanding-place-principles-practice/.

EUKN (2002) 'NOZONE – An Intelligent Responsive Pollution and Odour Abatement Technology for Cooking Emission Extraction Systems', available at: http://www.eukn.org/susta/themes/Urban_Policy/Urban_environment/Environmental_sustainability/Air_quality/NOZONE_1069.html (accessed 14 July 2008).

European Parliament (2009) 'Decision No 406/2009/EC on the Effort of Member States to reduce their Greenhouse Gas emissions to meet the Community's Greenhouse Gas Emission reduction commitments up to 2020', in Official Journal of the European Union, European Parliament and the Council of the European Union (ed.), L 140/136. Strasbourg, France.

Evans, G. (2003) 'Hard-Branding the Cultural City – From Prado to Prada', International Journal of Urban and Regional Research, 27 (2): 417–440.

Evans, G.W. and Cohen, S. (1987) 'Environmental Stress', in D. Stokols and I. Altman Handbook of Environmental Psychology, New York: Wiley.

Fanger, P.O. (1988) 'Introduction of the Olf and the Decipol Units to Quantify Air Pollution Perceived by Humans Indoors and Outdoors', Energy and Buildings, 12 (1): 1–6.

Fanger, P.O., Lauridsen, J., Bluyssen, P. and Clausen, G. (1988) 'Air Pollution Sources in Offices and Assembly Halls, Quantified by the Olf Unit', Energy and Buildings, 12 (1): 7–19.

Farmer, G. and Guy, S. (2010) 'Making Morality: Sustainable Architecture and the Pragmatic Imagination', Building, Research and Information, 38: 368–378.

Fitzgerald Bone, P. and Scholder-Ellen, P. (1999) 'Scents in the Marketplace: Explaining a Fraction of Olfaction', Journal of Retailing, 75 (2): 243–262.

Fleming, R.L. (2007) The Art of Placemaking – Interpreting Community Through Public Art and Urban Design, London: Merrell Publishers Ltd.

Fletcher, C. (2005) 'Dystoposthesia – Emplacing Environmental Sensitivities' in D. Howes (ed.), Empire of the Senses – The Sensual Culture Reader, Oxford: Berg.

Fletcher, C.M. (2006) 'Environmental Sensitivity: Equivocal Illness in the Context of Place', Transcultural Psychiatry, 43 (1): 86–105.

Fox Claims (2008) 'Fox Claims', available at: http://www.foxclaims.co.uk/Claims.htm (accessed 3 July 2008).

Fox, K. (2006) The Smell Report, Social Issues Research Centre, available at: http://www.sirc.org/publik/smell.pdf (accessed 24 April 2010).

Frank, A., Hill, B., Lalloo, V., Possa, P., Ren, H., Tjoa, J., and Brod, D.V. (2001) Experience Marketing: Lush Gets a Makeover, Rotterdam School of Management, Erasmus Graduate School of Business.

Fraser, S. (2002) 'Odours – What a Nuisance – Regulation and Quantification of Environmental Odour', in The Chartered Institute of Water and Environmental Management – National Odour Conference, Hatfield.

Freud, S. (1961) Beyond the Pleasure Principle, New York: W.W. Norton.

Furniss, J. (2008) 'Purity and Pollution between Researcher and Researched: Barriers to Ethnography among a Community of Egyptian Garbage Collectors', Oxford Researching Africa Day 2008, Oxford: Oxford University.

George, C. (2000) Singapore: The Air-Conditioned Nation: Essays on the Politics of Comfort and Control, 1990–2000, Singapore: Landmark Books.

Gibson, J.J. (1966) The Senses Considered as Perceptual Systems, Westport: Greenwood.

Gilbert, A.N. and Wysocki, C.J. (1987) 'The Smell Results: Survey', *National Geographic*, 172 (4): 1.

Gill, A.A. (2005) 'A Sense of Loss', *Australian Gourmet Traveller*, 5 (11): 61–62.

Gordon, R. (2006) 'Aromatic ads pulled from city bus shelters', *San Francisco Chronicle*, available at: http://www.sfgate.com/bayarea/article/SAN-FRANCISCO-Aromatic-ads-pulled-from-city-bus-2483659.php (accessed 31 March 2013).

GOYH (2009) *Yorkshire and the Humber Regional Sustainable Development Indicators Factsheet*, available at: http://www.defra.gov.uk/SUSTAINABLE/GOVERNMENT/PROGRESS/regional/documents/yorkshire_and_humber_factsheet.pdf (accessed 31 March 2009).

Grant, A. (2006) 'Smoking ban has unexpected spin-offs', BBC, available at: http://news.bbc.co.uk/1/hi/magazine/7483057.stm (accessed 31 March 2013).

Greed, C. (2003) *Inclusive Urban Design: Public Toilets*, Oxford: Architectural Press.

Grésillon, L. (2010) *Sentir Paris: Bien-être et Matérialité des Lieux*, Paris: Collection Indisciplines, QUAE: 192.

Grimwood, C.J., Skinner, C.J. and Raw, G.J. (2002) 'The UK National Noise Attitude Survey 1999/2000', in *Noise Forum Conference*, 20 May.

Guski, R. and Felscher-Suhr, U. (1999) 'The Concept of Noise Annoyance: How International Experts See It', *Journal of Sound and Vibration*, 223 (4): 513–527.

Hamanzu, T. (1969) 'Odour Perception Measurement by the Use of an Odourless Room', *Sangyo Kogai*, 5: 718–723.

Harrison, R.M. (2000) 'Studies of the Source Apportionment of Airborne Particulate Matter in the United Kingdom', *Journal of Aerosol Science*, 31 (1): 106–107.

Hartig, T., Mang, M. and Evans, G.W. (1991) 'Restorative Effects of Natural Environment Experiences', *Environment and Behavior*, 23 (1):3–26.

Heath, T. (1997) 'The Twenty-Four Hour City Concept – A Review of Initiatives in British Cities', London: Routledge.

Heili, V., Christensson, K. Porter, R.H and Winberg, J. (1998) 'Soothing Effect of Amniotic Fluid Smell in Newborn Infants', *Early Human Development*, 51 (1): 47–55.

Henshaw, V., Adams, M.D. and Cox, T.J. (2009) 'Route Planning a Sensory Walk: Sniffing Out the Issues', paper presentation at *The Royal Geographical Society Annual Conference*, University of Manchester (26–28 August).

Herbert, S. (2008) 'Contemporary Geographies of Exclusion I: Traversing Skid Road', *Progress in Human Geography*, 32 (5): 659–666.

Herz, R.S. (2006) 'I Know What I Like – Understanding Odor Preferences', in J. Drobnick (ed.), *The Smell Culture Reader*, Oxford: Berg.

Herz, R. (2008) 'Art & Commerce: Buying by the Nose', *Adweek*, available at: http://www.adweek.com/aw/magazine/article_display.jsp?vnu_content_id=1003695821 (21 January).

Herzog, T.R., Ouellette, P., Rolens, J.R. and Koenigs, A.M. (2010) 'Houses of Worship as Restorative Environments', *Environment and Behavior*, 42: 395–419.

Hillier, B. and Sahbaz, O. (2009) 'Crime and Urban Design: An Evidence Based Approach', in R. Cooper, G.W. Evans and C. Boyko (eds), *Designing Sustainable Cities*, Chichester: Wiley-Blackwell.

Hinton, D.E, Pich, V., Chhean, D. and Pollack, MH. (2006) 'Olfactory-Triggered Panic Attacks Among Khmer Refugees', in J. Drobnick (ed.), *The Smell Culture Reader*, Oxford: Berg, 68–81.

Hirsch, A.R. (1990) *Preliminary Results of Olfaction Nike Study*, The Smell and Taste Treatment and Research Foundation Ltd., Chicago, IL.

Hirsch, A.R. (1995) 'Effects of Ambient Odors on Slot-Machine Usage in a Las Vegas Casino', *Psychology and Marketing*, 12 (7): 585–594.

Hirsch, A.R. (2006) 'Nostalgia, the Odors of Childhood and Society', in J. Drobnick (ed.), *The Smell Culture Reader*, Oxford: Berg.

Howes, D. (1991) 'Olfaction and Transition', in D. Howes (ed.) *Varieties of Sensory Experience*, Toronto: University of Toronto Press.

Howes, D. (2005) 'Architecture of the Senses', in M. Zardini (ed.), *Sense of the City – An Alternative Approach to Urbanism*, Montreal: Lars Muller Publishers.

Hudson, R., Arriola, A., Martinez-Gomez, M. and Distel, H. (2006) 'Effect of Air Pollution on Olfactory Function in Residents of Mexico City', *Chemical Senses*, 31: 79–95.

Illich, I. (1986) H_2O *and the Waters of Forgetfulness*, London: Marion Boyars Publishers Ltd.

Invest in Doncaster (2009) *Prosper de Mulder to Invest £12m in Cutting Edge Recycling Plant*, Doncaster: DMBC.

ISO (1994) *ISO 7730:1994 – Moderate Thermal Environments – Determination of the PMV and PPD Indices and Specification of the Conditions for Thermal Comfort*, Geneva, 1994, International Organisation for Standardisation.

Jacobs, J. (1961) *The Death and Life of Great American Cities*, New York: Random House.

Japanese Ministry for the Environment (date unknown) Measures for Problems Relating to Local Living Environment, http://www.env.go.jp/policy/hakusyo_e/honbun. php3?kid=221&bflg=1&serial=67 (accessed 6 January 2013).

Jenkinson, A. and Sain, B. (2003) *Lush, the scent of success*, Luton: Centre for Integrated Marketing.

Jensen, F. P. and Fenger, J. (1994) 'The Air Quality in Danish Urban Areas', *Environmental Health Perspectives*, 102 (4): 55–60.

Kang, J. and Yang, W. (2003) 'Sound Preferences in Urban Open Public Spaces', *Journal of the Acoustical Society of America*, 114: 2352.

Kaplan, R. and Kaplan, S. (1989) *The Experience of Nature: A Psychological Perspective*, New York: Cambridge University Press.

Kaplan, S., Bardwell, L.V. and Slakter, D.B. (1993) 'The Museum as a Restorative Environment', *Environment and Behavior*, 25: 725–742.

Kaplan, S. (1995) 'The Restorative Benefits of Nature: Toward An Integrative Framework', *Journal of Environmental Psychology*, 15 (3): 169-182.

Karmanov, D. and Hamel, R. (2008) 'Assessing the Restorative Potential of Contemporary Urban Environment(s): Beyond the Nature versus Urban Dichotomy', *Landscape and Urban Planning*, 86 (2): 115–125.

Keep Britain Tidy (2003) *Fast Food Study 2003*, available at: http://www.keepbritaintidy. org/ImgLibrary/fastfood_study_641.pdf (accessed 16 January 2013).

Keep Britain Tidy (2009) *Call for more action on Cig Litter*, available at: http://www. keepbritaintidy.org/News/Default.aspx?newsID=869 (accessed 16 January 2013).

Keep Britain Tidy (2010) *Smoking Related Litter*, available at: http://www.keepbritaintidy. org/AboutUs/Policy/WhatWeThink/SmokingRelatedLitter/Default.aspx (accessed 16 January 2013).

Keller, A., Hempstead, M., Gomez, I.A., Gilbert, A.N. and Vosshall, L.B. (2012) 'An Olfactory Demography of a Diverse Metropolitan Population', BMC Neuroscience, 13:122.

Kentucky Fried Chicken Corporation (2007) Special Delivery: Scent of Freshly Prepared Kentucky Fried Chicken to Tempt Tastebuds of American Office Workers, press release, available at: http://www.kfc.com/about/pressreleases/082807.asp (accessed 6 June 2008).

King, P. (2008) 'Memory and Exile: Time and Place in Tarkovsky's Mirror', Housing, Theory & Society, 25 (1): 66–78.

Kivity, S., Ortega-Hernandez, O.D. and Shoenfeld, Y. (2009) 'Olfaction – A Window to the Mind', IMAJ, 11.

Knasko, S.C. (1995) 'Pleasant Odors and Congruency: Effects on Approach Behavior', Chemical Senses, 20: 479-487.

Knopper, M. (2003) 'Cities that Smell: Some Urban Centres use Common Scents', Expanded Academic ASAP, 22 (3).

Korpela, K. and Hartig, T. (1996) 'Restorative Qualities of Favorite Places', Journal of Environmental Psychology, 16 (3): 221–233.

Kostner, E.P. (2002) 'The Specific Characteristics of the Sense of Smell', in C. Rowby (ed.), Olfaction, Taste and Cognition, Cambridge: Cambridge University Press.

Kotler, P. (1973) 'Atmospherics as a Marketing Tool', Journal of Retailing, 49(4): 48–64.

Kreutzer, R., Neutra, R.R. and Lashuay, N. (1999) 'Prevalence of People Reporting Sensitivities to Chemicals in a Population-Based Survey', American Journal of Epidemiology, 150: 1–12.

Lagas, P. (2010) 'Odour Policy in the Netherlands and Consequences for Spatial Planning', Chemical Engineering Transactions, 23: 7–12.

Laing, D. G., Legha, P.K., Jinks, A.L. and Hutchinson, I. (2003) 'Relationship between Molecular Structure, Concentration and Odor Qualities of Oxygenated Aliphatic Molecules', Perception, 28: 57–69.

Landry, C. (2006) The Art of City Making, London: Earthscan.

Landry, C. (2008) The Creative City: A Toolkit for Urban Innovators, London: Routledge.

Larssona, M., Finkeld, D. and Pedersenc. N.L. (2000) 'Odor Identification: Influences of Age, Gender, Cognition, and Personality', The Journals of Gerontology: Series B 55 (5): 304–310.

Le Guerer, A. (1993) Scent: The mysterious and essential powers of smell, London: Chatto & Windus.

Lefebvre, H. (2009) The Production of Space, Oxford: Blackwell.

Leino, T. (1999) Working Conditions and Health in Hairdressing Salons, London: Taylor & Francis.

Leith, S. (2008) 'Supermarkets are evil: What a shame we love Tesco and Waitrose so', London: The Telegraph.

Li, W., Howard, J.D. Parrish, T.B. and Gottfried, J.A. (2008) 'Aversive Learning Enhances Perceptual and Cortical Discrimination of Indiscriminable Odor Cues', Science 319 (5871): 1842–1845.

Licitra, G., Brusci, L. and Cobianchi, M. (2011) 'Italian Sonic Gardens: An Artificial Soundscape Approach for New Action Plans', in Ö. Axelsson (ed.), Designing Soundscape for Sustainable Urban Development, Stockholm, Sweden, available online: http://www.

decorumcommunications.se/pdf/designing-soundscape-for-sustainable-urban-development.pdf: 21–24.

Light, A. (2009) 'Contemporary Environmental Ethics', in C.B.M. Reynolds, S. Smith and J. Mark (eds), *The Environmental Responsibility Reader*, London, Zed: 94–102.

Lindstrom, M. (2005a) *BRANDSense*. London: Kogan Page Ltd.

Lindstrom, M. (2005b) 'Broad Sensory Branding', *Journal of Product & Brand Management* 14 (2): 84–87.

Linklater, A. (2007) 'The Woman who was Afraid of Water', London: *The Guardian* (10 February).

Low, K.E.Y. (2006) 'Presenting the Self, the Social Body, and the Olfactory: Managing Smells in Everyday Life Experiences', *Sociological Perspectives*, 49 (4): 607–631.

Low, K.E.Y. (2009) *Scents and Scent-sibilities: Smell and Everyday Life Experiences*, Newcastle: Cambridge Scholars Publishing.

Lucas, R. (2009) 'Designing a Notation for the Senses', *Architectural Theory Review*, 14 (2): 173.

Lucas, R. and Romice, O. (2008) 'Representing Sensory Experience in Urban Design', *Design Principles and Practices: An International Journal*, 2 (4): 83–94.

Lucas, R. and Romice, O. (2010) 'Assessing the Multi-Sensory Qualities of Urban Space', in *Psyecology*, 1 (2): 263–276.

Lucas, R., Romice, O. and Mair, G. (2009) 'Making Sense of the City: Representing the Multi-modality of Urban Space', in T. Inns (ed.), *Designing for the 21st Century: Interdisciplinary Methods & Findings*, Burlington: Ashgate.

Lynch, K. (1960) *The Image of the City*, Cambridge, MA: MIT Press.

Macdonald, L., Cummins, S. and Macintyre, S. (2007) 'Neighbourhood Fast Food Environment and Area Deprivation-Substitution or Concentration?', *Appetite* 49 (1): 251–254.

Macintyre, S., McKay, L., Cummins, S. and Burns, C. (2005) 'Out-of-Home Food Outlets and Area Deprivation: Case Study in Glasgow, UK', *International Journal of Behavioral Nutrition and Physical Activity*, 2.

Malnar, J.M. and Vodvarka, F. (2004) *Sensory Design*, Minneapolis: University of Minnesota Press.

Malone, G. and Wicklen, G. Van (2001) 'Trees as a Vegetative Filter', *Poultry Digest Online* 3 (1).

Manalansan, M.F. (2006) 'Immigration Lives and the Politics of Olfaction in the Global City', in J. Drobnick (ed.), *The Smell Culture Reader*, Oxford: Berg.

Mason, K. (2009) 'Residents Don't Want Bad Smells on their Doorstep', *Doncaster Free Press*, Doncaster, available online: http://www.doncasterfreepress.co.uk/free/Residents-don39t-want-bad-smells.4922881.jp.

Massey, D. (1991) 'A Global Sense of Place', *Marxism Today*, 38.

Mavor, C. (2006) 'Odor di Femina', in J. Drobnick (ed.) *The Smell Culture Reader*, Oxford: Berg.

May, A.J., Ross, T. and Bayer, S.H. (2003) 'Drivers' Information Requirements when Navigating in an Urban Environment', *Journal of Navigation*, 56 (1): 89–100.

McFrederick, Q.S., Kathilankal, J.C. and Fuentes, J.D. (2008) 'Air Pollution Modifies Floral Scent Trails', *Atmospheric Environment*, 42 (10): 2336–2348.

McGinley, C. M., Mahin, T.D. and Pope, R.J. (2000) 'Elements of Successful Odor/Odour Laws', *WEF Odor/VOC 2000 Specialty Conference*, Cincinnati, Ohio.

McLean, K. (2012) 'Emotion, Location and the Senses: A Virtual Dérive Smell Map of Paris', in J. Brasset, J. McDonnell and M. Malpass (eds), *Proceedings of the 8th International Design and Emotion Conference*, London.

McLean, K. (2013) 'Sensory Maps (Cities)', available at http://www.sensorymaps.com/maps_cities/glasgow_smell.html (accessed 31 March 2013).

Mean, M. and Tims, T. (2005) *People Make Places: Growing the Public Life of Cities*, London: DEMOS.

Mehrabian, A. and Russell, J.A. (1974) *An Approach to Environmental Psychology*, Cambridge, MA: MIT Press.

Merlin Entertainments Group (2010) 'Ur-ine the money with new THORPE PARK attraction, SAW Alive!', press release, available at: http://www.thorpepark.com/press/releases/2010/24-02-10.doc (accessed 16 January 2013).

Miedema, H.M.E. and Ham. J.M. (1988) 'Odour Annoyance in Residential Areas', *Atmospheric Environment (1967)*, 22 (11): 2501–2507.

Miedema, H.M.E., Walpot, J.I., Vos, H. and Steunenberg, C.F. (2000) 'Exposure-Annoyance Relationships for Odour from Industrial Sources', *Atmospheric Environment*, 34: 2927–36.

Milligan, (2005) *Wake Up and Smell the Coffee!*, press release, available at: http://www.milliganrri.co.uk/News-Press/Triangle/Wake-up-and-smell-the-coffee.aspx (accessed 10 June 2008).

Minton, A. (2009) *Ground Control – Fear and Happiness in the Twenty-First-Century City*, London: Penguin.

Moore, E.O. (1981) 'A Prison Environment's Effect on Health Care Service Demands', *Journal of Environmental Systems*, 11: 17–34.

Morris, N. (2003) *Health, Well-Being and Open Space – Literature Review*, Edinburgh: OPENspace.

Moss, M. and Oliver, L. (2012) 'Plasma 1,8-Cineole Correlates with Cognitive Performance Following Exposure to Rosemary Essential Oil Aroma', *Therapeutic Advances in Psychopharmacology*, 1–11.

Mukherjee, B.N. (1993) 'Public Response to Air Pollution in Calcutta Proper', *Journal of Environmental Psychology*, 13 (3): 207–230.

Muiswinkel, W.J. Van, Kromhout, H. Onos, T. and Kersemaekers, W. (1997) 'Monitoring and Modelling of Exposure to Ethanol in Hairdressing Salons', *Annals of Occupational Hygiene*, 41 (2): 235–247.

Netcen (2005) *Guidance on the Control of Odour and Noise from Commercial Kitchen Exhaust Systems*, (ed.), London: DEFRA.

New Economics Foundation (2005) 'Clone Town Britain', in A. Simms (ed.), *The Survey Results on the Bland State of the Nation*, available online: http://www.neweconomics.org/sites/neweconomics.org/files/Clone_Town_Britain_1.pdf (accessed 10 May 2010).

Nikolopoulou, M. (2003) 'Thermal Comfort and Psychological Adaptation as a Guide for Designing Urban Spaces', *Energy and Buildings*, 35: 95–101.

Nikolopoulou, M. (ed.) (2004) *Designing Open Spaces in the Urban Environment*, Athens: Centre for Renewable Energy Sources.

Nikolopoulou, M. and Lykoudis, S. (2007) 'Use of Outdoor Spaces and Microclimates in a Mediterranean Urban Area', *Building and Environment*, 42: 3691–3707.

Nikolopoulou, M., Baker, N. and Steemers, K. (2001) 'Thermal Comfort in Outdoor Urban Spaces: Understanding the Human Parameter', *Solar Energy*, 70 (3): 227–235.

Nordin, S., Bende, M. and Millqvist. E. (2004) 'Normative Data for the Chemical Sensitivity Scale', *Journal of Environmental Psychology*, 24 (3): 399–403.

Nordin, S. and Lidén, E. (2006) 'Environmental Odor Annoyance from Air Pollution from Steel Industry and Bio-Fuel Processing', *Journal of Environmental Psychology*, 26 (2): 141–145.

ONS (2012) '2011 Census: Ethnic Group, Local Authorities in England and Wales', available at: http://www.ons.gov.uk/ons/publications/re-reference-tables.html?edition=tcm%3A77-286262.

Ousset, P.J., Nourhashemi, F., Albarede, J.L. and Vellas, P.M. (1998) 'Therapeutic Gardens', *Archives of Geronotolgy and Geriatrics*, 6: 369–372.

Oxford English Dictionary (2012a) *Definition: Synthetic*, available at: http://oxforddictionaries.com/definition/english/synthetic (accessed 27 December 2012).

Oxford English Dictionary (2012b) *Definition: Windflow*, available at: http://oxforddictionaries.com/definition/english/wind?q=wind (accessed 5 October 2012).

Pallasmaa, J. (2005) *The Eyes of the Skin*, Sussex: John Wiley and Sons Ltd.

Payne, S.R. (2008) 'Are Perceived Soundscapes within Urban Parks Restorative?', *Journal of the Acoustical Society of America*, 123: 3809.

Penwarden, A.D. and Wise, A.F.E. (1975) 'Wind Environment around Buildings', in *Building Research Establishment Report*, London.

Piaget, J. (1969) *The Mechanisms of Perception*, New York: Basic Books.

Pocock, I. (2006) 'California Town Bans Public Smoking', BBC.

Porteous, J.D. (1990) *Landscapes of the Mind - Worlds of Sense and Metaphor*, Toronto: University of Toronto Press.

Postrel, V. (2003) *The Substance of Style: How the Rise of Aesthetic Value is Remaking Commerce, Culture and Consciousness*, New York: Harper Collins.

Pottier, J. (2005) 'Food', in A. Barnard and J. Spencer (eds), *Encyclopaedia of Social and Cultural Anthropology*, London and New York: Routledge.

Proust, M. (2006) *Remembrance of Things Past*, Hertfordshire: Wordsworth Editions Ltd.

Pugh, T.A.M., MacKenzie, A.R., Whyatt, J.D. and Hewitt, C.N. (2012) 'The Effectiveness of Green Infrastructure for Improvement of Air Quality in Urban Street Canyons', *Environmental Science & Technology*, 46 (14): 7692–7699.

Quality of Urban Air Review Group (1996) *Airbourne Particulate Matter in the United Kingdom*. Available online: http://uk-air.defra.gov.uk/reports/empire/quarg/q3intro.html (accessed 17 January 2013).

Radford, C. (1978) 'Fakes', *Mind, New Series*, 87 (345): 66–67.

Rasmussen, S.E. (1959) *Experiencing Architecture*, Cambridge, MA: MIT Press.

Redlich, C.A., Sparer, J. and Cullen, M.R. (1997) 'Sick-Building Syndrome', *The Lancet*, 349 (9057): 1013–1016.

Reinarz, J. (2013) *Past Scents: Historical Perspectives on Smell*. DeKalb, IL: University of Illinois Press.

Relph, E. (1976) *Place and Placelessness*, London: Pion.

Reynolds, R. (2008) *On Guerrilla Gardening*, London: Bloomsbury.

Riessman, C.K. (2004) 'Narrative Analysis', in M.S. Lewis-Beck, A. Bryman and T.F. Liao (eds), *The Sage Encyclopedia of Social Science Research Methods* (1–3), California: Sage.

Rivera, L. (2006) 'Where the Air Leaves Them Breathless', New York Times, New York, available at: http://www.nytimes.com.2006/11/05/nyregion/thecity/05asth.html?_r=0 (accessed 31 March 2013).

Rodaway, P. (1994) Sensuous Geographies, London: Routledge.

Rouse, J. (2003) Factories in Wheatley, http://archiver.rootsweb.ancestry.com/th/read/ENG-YKS-DONCASTER/2003-07/1059426556 (accessed 16 January 2013).

Sacks, O. (2005) 'The Mind's Eye – What the Blind See', in D. Howes (ed.), Empire of the Senses – The Sensual Culture Reader, Oxford, Berg: 25–42.

Sardar, Z. (2000) 'Our Fetish for Fake Smells', New Statesman, available at: http://www.newstatesman.com/200009110018 (accessed 24 September 2009).

Schafer, R.M. (1994) Our Sonic Environment and the Soundscape – The Tuning of the World, Rochester, VT: Destiny Books.

Schemper, T., Voss, S. and Cain, W.S. (1981) 'Odor Identification in Young and Elderly Persons: Sensory and Cognitive Limitations', The Journal of Gerontology, 36: 446–452.

Schenker, S. (2001) 'Gruesome Gourmets', Nutrition Bulletin, 26 (1):2.

Schiffman, S.S., Graham, B.G. Sattely-Miller, E.A., Zervakis, J. and Welsh-Bohmer, K. (2002) 'Taste, Smell and Neuropsychological Performance of Individuals at Familial Risk for Alzheimer's Disease', Neurobiology of Aging, 23 (3): 397–404.

Schleidt, M., Neumann, P. and Morishita, H. (1988) 'Pleasure and Disgust: Memories and Associations of Pleasant and Unpleasant Odours in Germany and Japan', Chemical Senses, 13 (2): 279–293.

Schlosser, E. (2002) Fast Food Nation, London: Penguin Books Ltd.

Selvaggi-Baumann, C. (2004) 'New Sony Store to Woo Women with Style', Orlando Business Journal. Available at: http://www.bizjournals.com/orlando/stories/2004/10/04/story6.html?page=2 (accessed 2 January 2013).

Sen, U., Sankaranarayanan, R., Mandal, S., Ramanakumar, A.V., Maxwell-Parkin, D. and Siddiqi, M. (2002) 'Cancer Patterns in Eastern India: The First Report of The Kolkata Cancer Registry', International Journal of Cancer, 100: 86–91.

Sennett, R. (1994) Flesh & Stone – The Body and the City in Western Civilization, London: W.W. Norton & Company.

Shaw, S., Bagwell, S. and Karmowska, J. (2004) 'Ethnoscapes as Spectacle: Reimaging Multicultural Districts as New Destinations for Leisure and Tourism Consumption', Urban Studies, 41 (10): 1983–2000.

Sibun, J. (2008) 'Carlsberg to close Tetley brewery in Leeds after 186 years', London: The Telegraph, available at: http://www.telegraph.co.uk/finance/newsbysector/retailandconsumer/3385146/Carlsberg-to-close-Tetley-brewery-in-Leeds-after-186-years.html (accessed 28 December 2012).

Smith, M. (2007) 'Space, Place and Placelessness in the Culturally Regenerated City', in G. Richards (ed.), Cultural Tourism, Binghamton, NY: Haworth Press Inc.

Smith, R.S., Doty, R.L.. Burlingame, G.K. and McKeown, D.A. (1993) 'Smell and Taste Function in the Visually Impaired', Perception & Psychophysics, 54 (5): 649–655.

Southworth, M. (1969) 'The Sonic Environment of Cities', Environment and Behavior, 1 (1): 49–70.

Spangenberg, E.A., Crowley, A.E. and Henderson, P.W. (1996) 'Improving the Store Environment: Do Olfactory Cues Affect Evaluations and Behaviors?', *Journal of Marketing* 60 (2): 67–80.

Stallen, P. (1999) 'A Theoretical Framework for Environmental Noise Annoyance', *Noise and Health*, 1: 69–80.

Starr, C. (1969) 'Social Benefits versus Technological Risks', *Science*, 165 (3899): 1232–1238.

Steel, C. (2008) *Hungry City – How Food Shapes our Lives*, London: Vintage Books.

Stein, M., Ottenberg, M.D. and Roulet, N. (1958) 'A Study of the Development of Olfactory Preferences', *Archives of Neurological Psychiatry*, 80: 264–266.

Steinheider, B., Both, R. and Winneke, G. (1998) 'Field Studies on Environmental Odours Inducing Annoyance as well as Gastric and General Health Related Symptoms', *Journal of Psychophysiology Supplement*, 64–79.

Stewart, H., Owen, S., Donovan, R., MacKenzie, R., Hewitt, N., Skiba, U. and Fowler, D. (2002) *Trees and Sustainable Urban Air Quality – Using Trees to Improve Urban Air Quality in Cities*, Lancaster: Lancaster University.

Strous, R.D. and Shoenfeld, Y. (2006) 'To Smell the Immune System: Olfaction, Autoimmunity and Brain Involvement', *Autoimmunity Reviews*, 6 (1): 54–60.

STV (2012) 'Glasgow Smells of 'Square Sausage and the Subway' According to Map Project', available at: http://local.stv.tv/glasgow/187583-glasgow-smells-of-hot-bovril-and-the-subway-according-to-map-project/ (26 August).

Suffet, I. H. and P. Rosenfeld (2007) 'The Anatomy of Odour Wheels for Odours of Drinking Water, Wastewater, Compost and the Urban Environment', *Water Science & Technology*, 55 (5): 335–344.

Sundell, J. (2004) 'On the History of Indoor Air Quality and Health', *Indoor Air Quality*, 14 (7): 51–58.

Süskind, P. (1987) *Perfume: The Story of a Murderer*, London: Penguin.

Synnott, A. (1991) 'A Sociology of Smell', *Canadian Review of Sociology & Anthropology*, 28 (4): 437–459.

Tafalla, M. (2011) 'Smell, Anosmia, and the Aesthetic Appreciation of Nature', paper presentation at the *Sensory Worlds Conference* at the University of Edinburgh (7–9 December).

Tahbaz, M. (2010) 'Toward a New Chart for Outdoor Thermal Analysis', in *Adapting to Change: New Thinking on Comfort*. Cumberland Lodge, Windsor, UK.

Taiwo, O. (2009) *Carbon Dioxide Emission Management in Nigerian Mega Cities: The Case of Lagos*, Lagos Metropolitan Area Transport Authority (LAMATA), available at: www.unep.org/urban_environment/PDFs/BAQ09_olukayode.pdf (accessed 5 August 2012).

Taylor, N. (2003) 'The Aesthetic Experience of Traffic in the Modern City', *Urban Studies* 40 (8): 1609–1625.

The History Channel (2012) 'Stink: Modern Marvels', US, available at: http://www.youtube.com/watch?v=mQgWc25NGB4&feature=youtu.be (accessed 2 August 2012).

The Washington Times (2008) 'World Class Hype', Washington, US, available at: http://www.washtimes.com/news/2008/mar/17/world-class-hype/ (accessed 17 March 2008).

Thwaites, K. and Simkins, I.M. (2007) *Experiential Landscape: An Approach to People, Space and Place*, London: Taylor & Francis.

Thwaites, K. and Simkins, I.M. (2010) 'Experiential Landscape: Exploring the spatial Dimensions of Human Emotional Fulfillment in Outdoor Open Space', in M.K. Tolba, Abdel-Hadi, A. and Soliman, S.G. (eds), *Environment, Health, and Sustainable Development*, Cambridge, MA: Hogrefe & Huber.

Thibaud, J.P. (2002) *Regards en Action: Ethnométhodologie de l'Espace Public*, Editions A la Croisée, Grenoble.

Thibaud, J.P. (2003) 'La Parole du Public en Marche', in G. Moser and K. Weiss (eds), *Espaces de Vie: Aspects de la Relation Homme-Environnement*, Paris: Armand Colin: 213–234.

Tiesdell, S. and Slater, A. (2004) 'Managing the Evening/Night Time Economy', *Urban Design Quarterly*, 91: 23–26.

Tinsley, J. and Jacobs, M. (2006) *Deprivation and Ethnicity in England: A Regional Perspective*, UK: ONS.

Tippett, J., Handley, J.F. and Ravetz, J. (2007) 'Meeting the Challenges of Sustainable Development – A Conceptual Appraisal of a New Methodology for Participatory Ecological Planning', *Progress in Planning*, 67 (1): 1–98.

Trivedi, B.P. (2002) 'U.S. Military Is Seeking Ultimate Stink Bomb', *National Geographic Today* (7 January).

Truax, B. (1984) *Acoustic Communication*, Norwood, NJ: Ablex Publishing Corporation.

Tseliou, A., Tsiros, I.X., Lykoudis. S. and Nikolopoulou, M. (2010) 'An Evaluation of Three Biometeorological Indices for Human Thermal Comfort in Urban Outdoor Areas under Real Climatic Conditions', *Building and Environment*, 45: 1346–1352.

Tuan, Y.F. (1975) 'Place: An Experiential Perspective', *Geographical Review* 65 (2): 151–165.

Tuan, Y.F (1977) *Space and Place: The Perspective of Experience*, Minneapolis: University of Minnesota Press.

Tuan, Y.F. (1993) *Passing Strange and Wonderful*. Connecticut: Island Press.

Twilley, N. (2010) *How to: Make your own Scratch-and-Sniff Map*, available at: http://urbanheritages.wordpress.com/tag/smellscapes/ (accessed 12 May 2013).

Ulrich, R.S. (1983) 'Aesthetic and Affective Response to Natural Environment', in I. Altman and J.F. Wohlwill (eds), *Human Behavior and Environment: Advances in Theory and Research*, New York: Plenum.

Ulrich, R.S. (1984) 'View Through Window May Influence Recovery from Surgery', *Science* 224: 420–421.

Ulrich, R.S., Simons, R.F., Losito, B.D., Fiorito, E., Miles, M.A. and Zelson, M. (1991) 'Stress Recovery During Exposure to Natural and Urban Environments', *Journal of Environmental Psychology*, 11 (3): 201–230.

United Nations (2008) 'City Dwellers set to Surpass Rural Inhabitants in 2008', *DESA News* 12 (2).

United States Environmental Protection Agency (2004) *Pollution Prevention Practices for Nail Salons – A Guide to Protect the Health of Nail Salon Workers and their Working Environment*, available at: http://www.salonstore.co.uk/PDF/EPA-USA-NailBook.pdf (accessed 12 October 2010).

UNFCCC (2008) 'Kyoto protocol reference manual on accounting of emissions and assigned amount', in *United Nations Framework Convention on Climate Change (UNFCC)* (ed.). Bonn, Germany.

Urban Planet (2007) *New Aroma To Replace Stale Smoke In Clubs*, available at: http://www. urbanplanet.co.uk/showArticle.aspx?loadid=00310 (accessed 13 January 2013).

Urban Task Force (1999) *Towards an Urban Renaissance: Final Report of the Urban Task Force*, London: Spon.

Urry, J. (1990) *The Tourist Gaze: Leisure and Travel in Contemporary Societies*, London: Sage.

Urry, J. (1999) 'Sensing the City', in S.S. Fainstein and D.R. Judd (eds), *The Tourist City*, London: Yale University Press.

Urry, J. (2003) 'City Life and the Senses', in S. Watson and G. Bridge (eds), *A Companion to the City*, Oxford: Blackwell.

Vennemann, M.M., Hummel, T. and Berger, K. (2008) 'The Association between Smoking and Smell and Taste Impairment in the General Population', *Journal of Neurology* 255 (8): 1121–1126.

Vroon, P. (1997) *Smell the Secret Seducer*, New York: Farrar, Strauss and Giroux.

Walsh, D. (2002) 'Blitz on Smoking – Council to Crackdown on Burning of Unauthorised Fuels', Doncaster: *The Star*.

Wargocki, P., Wyon, D.P., Baik, Y.K., Clausen, G. and Fanger, P.O. (1999) 'Perceived Air Quality, Sick Building Syndrome (SBS) Symptoms and Productivity in an Office with Two Different Pollution Loads', *Indoor Air* 9 (3): 165–179.

Weber, C. (2011) 'Augmented Nose Sniffs out Illegal Stenches', *New Scientist*, 2799, available at: http://www.newscientist.com/article/mg20927995.300-augmented-nose-sniffs-out-illegal-stenches.html (17 February).

Weinstein, N.D. (1978) 'Individual Differences in Reactions to Noise: A Longitudinal Study in a College Dormitory', *Journal of Applied Psychology*, 63: 458–466.

Winneke, G., Neuf, M. and Steinheider, B. (1996) 'Separating the Impact of Exposure and Personality in Annoyance Response to Environmental Stressors, Particularly Odors', *Environment International*, 22 (1): 73–81.

Winter, R. (1976) *The Smell Book*, Philadelphia, PA: JB Lippincott.

World Health Organisation (2008) *Air Quality and Health Factsheet No. 31*, available at: http://www.who.int/mediacentre/factsheets/fs313/en/print.html (accessed 16 January 2013).

World Health Organisation (2011) Urban Outdoor Pollution Database, available to download at: http://www.who.int/gho/phe/outdoor_air_pollution/oap_city_2003_2010.xls

Wrzesniewski, A., McCauley, C. and Rowzin, P. (1999) 'Odor and Affect: Liking for Places, Things and People', *Chemical Senses*, 24: 713–721.

Wysocki, C. (2005) *Gender and Sexual Orientation Influence Preference for Human Body Odors*, Philadelphia, PA: Monell Chemical Senses Center.

Wysocki, C.J. and Pelchat, M.L. (1993) 'The Effects of Aging on the Human Sense of Smell and its Relationship to Food Choice', *Critical Reviews in Food Science and Nutrition*, 33(1): 63–82.

Yang, G and Hobson, J. (2000) 'Odour Nuisance – Advantages and Disadvantages of a Quantitative Approach', *Water Science and Technology*, 41 (6): 97–106.

Zardini, M. (ed.) (2005) *Sense of the City – An Alternative Approach to Urbanism*, Montreal: Lars Muller Publishers.

译者简介

刘　俊　能量设计创始人，仁浩设计（深圳仁浩工程设计有限公司）创始人，国家注册规划师，国际城市与区域规划师学会会员，中国乡村建设学院设计顾问，华侨城策划规划联盟成员，重庆市城市规划协会副会长。仁浩设计为重建中国设计的主体性和精神框架，提出能量设计理论并在文旅设计中持续实践。

谢　辉　重庆大学建筑城规学院教授，博士生导师。博士毕业于英国谢菲尔德大学建筑学院，主要从事声环境与健康的研究，主持国家级、省部级科研项目10余项，已发表学术论文70多篇，英文专著2本。现为欧洲声学学会噪声委员会常务理事，Building Acoustics编委，中国声学学会理事，全国声学标准化技术委员会委员，中国建筑学会建筑物理分会理事。

肖捷菱　英国伯明翰城市大学建筑与城市学院环境设计方向高级讲师，城市设计师，博士生导师，主要研究方向为城市与建筑空间的感官环境设计与主观评价。其博士研究为城市交通空间的嗅觉景观评估与设计，毕业于英国谢菲尔德大学规划学院。